"十三五"国家重点图书出版规划项目

总主编 马金双　　　　　**总主审** 李振宇
General Editor in Chief　Jinshuang MA　　General Reviewer in Chief　Zhenyu LI

中国外来入侵植物志

Alien Invasive Flora of China

―――――――― 第五卷 ――――――――

严　靖　　唐赛春　　李惠茹　　王樟华　**主编**

上海交通大学出版社
SHANGHAI JIAO TONG UNIVERSITY PRESS

内容提要

本书为《中国外来入侵植物志·第五卷》。本卷记载了外来入侵植物11科31属45种（包括种下等级，下同）：其中泽泻科2属2种，水鳖科2属2种，百合科1属1种，石蒜科2属2种，雨久花科1属1种，鸢尾科2属2种，鸭跖草科3属4种，禾本科14属25种，天南星科1属1种，莎草科2属4种，竹芋科1属1种。此外，还对部分种的分类学问题和相似种进行了讨论。

图书在版编目（CIP）数据

中国外来入侵植物志. 第五卷 / 马金双总主编；严靖等主编. —上海：上海交通大学出版社，2020.12
ISBN 978-7-313-24027-9

Ⅰ. ①中… Ⅱ. ①马… ②严… Ⅲ. ①外来入侵植物—植物志—中国 Ⅳ. ①Q948.52

中国版本图书馆CIP数据核字（2020）第216908号

中国外来入侵植物志·第五卷
ZHONGGUO WAILAI RUQIN ZHIWU ZHI·DI-WU JUAN

总　主　编：马金双
主　　　编：严　靖　唐赛春　李惠茹　王樟华
出版发行：上海交通大学出版社　　　　　　地　　址：上海市番禺路951号
邮政编码：200030　　　　　　　　　　　　电　　话：021-64071208
印　　制：上海盛通时代印刷有限公司　　　经　　销：全国新华书店
开　　本：787mm×1092mm　1/16　　　　印　　张：23
字　　数：373千字
版　　次：2020年12月第1版　　　　　　　印　　次：2020年12月第1次印刷
书　　号：ISBN 978-7-313-24027-9
定　　价：192.00元

序

　　随着经济的发展和人口的增加，生物多样性保护以及生态安全受到越来越多的国际社会关注，而生物入侵已经成为严重的全球性环境问题，特别是导致区域和全球生物多样性丧失的重要因素之一。尤其是近年来随着国际经济贸易进程的加快，我国的外来入侵生物造成的危害逐年增加，中国已经成为遭受外来生物入侵危害最严重的国家之一。

　　入侵植物是指通过自然以及人类活动等无意或有意地传播或引入异域的植物，通过归化自身建立可繁殖的种群，进而影响侵入地的生物多样性，使入侵地生态环境受到破坏，并造成经济影响或损失。

　　外来植物引入我国的历史比较悠久，据公元 659 年《唐本草》记载，蓖麻作为药用植物从非洲东部引入中国，20 世纪 50 年代作为油料作物推广栽培；《本草纲目》（1578）记载曼陀罗在明朝末年作为药用植物引入我国；《滇志》（1625）记载原产巴西等地的单刺仙人掌在云南作为花卉引种栽培；原产热带美洲的金合欢于 1645 年由荷兰人引入台湾作为观赏植物栽培。从 19 世纪开始，西方列强为扩大其殖民统治和势力范围设立通商口岸，贸易自由往来，先后有多个国家的探险家、传教士、教师、海关人员、植物采集家和植物学家深入我国采集和研究植物，使得此时期国内外来有害植物入侵的数量急剧增加，而我国香港、广州、厦门、上海、青岛、烟台和大连等地的海港则成为外来植物传入的主要入口。20 世纪后期，随着我国国际贸易的飞速发展，进口矿物、粮食、苗木等商品需求增大，一些外来植物和检疫性有害生物入侵的风险急剧增加，加之多样化的生态系统使大多数外来种可以在中国找到合适的栖息地；这使得我国生物入侵的形势更加严峻。然而，我们对外来入侵种的本底资料尚不清楚，对外来入侵植物所造成的生态和经济影响还没有引起足够的重视，更缺乏相关的全面深入调查。

　　我国对外来入侵植物的调查始于 20 世纪 90 年代，但主要是对少数入侵种类的研究及总结，缺乏对外来入侵植物的详细普查，本底资料十分欠缺。有关入侵植物的研究资料主要集中在东南部沿海地区，各地区调查研究工作很不平衡，更缺乏全国性的权威资料。与此同时，关于物种的认知问题存在混乱，特别是物种的错误鉴定、名称（学名）误用。外来入侵植物中学名误用经常出现在一些未经考证而二次引用的文献中，如南美天胡荽的学名误用，其正确的学名应为 *Hydrocotyle verticillata* Thunberg，而不是国内文献普遍记载的 *Hydrocotyle vulgaris* Linnaeus，后者在中国并没有分布，也未见引种栽培，两者因形态相近而混淆。另外，由于对一些新近归化或入侵的植物缺乏了解，更缺乏对其主要形态识别特征的认识，这使得对外来入侵植物的界定存在严重困难。

开展外来入侵植物的调查与编目，查明外来入侵植物的种类、分布和危害，特别是入侵时间、入侵途径以及传播方式是预防和控制外来入侵植物的基础。2014 年"中国外来入侵植物志"项目正式启动，全国 11 家科研单位及高校共同参与，项目组成员分为五大区（华东、华南、华中、西南、三北①），以县为单位全面开展入侵植物种类的摸底调查。经过 5 年的野外考察，项目组共采集入侵植物标本约 15 000 号 50 000 份，拍摄高清植物生境和植株特写照片 15 万余张，记录了全国以县级行政区为单位的入侵植物种类、多度、GIS 等信息，同时还发现了一大批新入侵物种，如假刺苋（*Amaranthus dubius* Martius）、蝇子草（*Silene gallica* Linnaeus）、白花金钮扣 [*Acmella radicans* var. *debilis* (Kunth) R.K. Jansen] 等，获得了丰富的第一手资料，并对一些有文献报道入侵但是经野外调查发现仅处于栽培状态或在自然环境中偶有逸生但尚未建立稳定入侵种群的种类给予了澄清。我们对于一些先前文献中的错误鉴定或者学名误用的种类给予了说明，并对原产地有异议的种类做了进一步核实。此外，项目组在历史标本及早期文献信息缺乏的情况下，克服种种困难，结合各类书籍、国内外权威数据库、植物志及港澳台早期的植物文献记载，考证了外来入侵植物首次传入中国的时间、传入方式等之前未记载的信息。

《中国外来入侵植物志》不同于传统植物志，其在物种描述的基础上，引证了大量的标本信息，并配有图版。外来入侵植物的传入与扩散是了解入侵植物的重要信息，本志书将这部分作为重点进行阐述，以期揭示入侵植物的传入方式、传播途径、入侵特点等，

---

① 三北指的是我国的东北、华北和西北地区。

为科研、科普、教学、管理等提供参考。本志书分为 5 卷，共收录入侵植物 68 科 224 属 402 种，是对我国现阶段入侵植物的系统总结。

《中国外来入侵植物志》由中国科学院上海辰山植物科学研究中心 / 上海辰山植物园植物分类学研究组组长马金双研究员主持，全国 11 家科研单位及高校共同参与完成。项目第一阶段，全国各地理区域资料的收集与野外调查分工：华东地区闫小玲（负责人）、李惠茹、王樟华、严靖、汪远等参加；华中地区李振宇（负责人）、刘正宇、张军、金效华、林秦文等参加；三北地区刘全儒（负责人）、齐淑艳、张勇等参加，华南地区王瑞江（负责人）、曾宪锋、王发国等参加；西南地区税玉民、马海英、唐赛春等参加。项目第二阶段为编写阶段，丛书总主编马金双研究员、总主审李振宇研究员，参与编写的人员有第一卷负责人闫小玲、第二卷负责人王瑞江、第三卷负责人刘全儒、第四卷负责人金效华、第五卷负责人严靖等。

感谢上海市绿化和市容管理局科学技术项目（G1024011，2010—2013）、科技部基础专项（2014FY20400，2014—2018）、2020 年度国家出版基金的资助。感谢李振宇研究员百忙之中对本志进行审定。感谢上海交通大学出版社给予的支持和帮助，感谢所有编写人员的精诚合作和不懈努力，特别是各卷主编的努力，感谢项目前期入侵植物调查人员的辛苦付出，感谢辰山植物分类学课题组的全体工作人员及研究生的支持和配合。由于调查积累和研究水平有限，书中难免有遗漏和不足，望广大读者批评指正！

2020 年 11 月

编写说明

　　《中国外来入侵植物志》基于近年来的全面的野外调查、标本采集、文献考证及最新的相关研究成果编写而成，书中收载的为现阶段中国外来入侵植物，共记载中国外来入侵植物 68 科 224 属 402 种（含种下等级）。

　　分类群与主要内容　本志共分为五卷。第一卷内容包括槐叶蘋科～景天科，共记载入侵植物 22 科 33 属 53 种；第二卷内容包括豆科～梧桐科，共记载入侵植物 10 科 41 属 77 种；第三卷内容包括西番莲科～玄参科，共记载入侵植物 20 科 52 属 113 种；第四卷内容包括紫葳科～菊科，共记载入侵植物 5 科 67 属 114 种；第五卷内容包括泽泻科～竹芋科，共记载入侵植物 11 科 31 属 45 种。

　　每卷的主要内容包括卷内科的主要特征简介、分属检索表、属的主要特征简介、分种检索表、物种信息、分类群的中文名索引和学名索引。全志书分类群的中文名总索引和学名总索引置于第五卷末。

　　物种信息主要包括中文名、学名（基名及部分异名）、别名、特征描述（染色体、物候期）、原产地及分布现状（原产地信息及世界分布、国内分布）、生境、传入与扩散（文献记载、标本信息、传入方式、传播途径、繁殖方式、入侵特点、可能扩散的区域）、危害及防控、凭证标本、相似种（如有必要）、图版、参考文献。

　　分类系统及物种排序　被子植物科的排列顺序参考恩格勒系统（1964），蕨类植物采用秦仁昌系统（1978）。为方便读者阅读参考，第五卷末附有恩格勒（1964）系统与 APG IV 系统的对照表。

　　物种收录范围　《中国外来入侵植物志》旨在全面反映和介绍现阶段我国的外来入侵植物，其收录原则是在野外考察、标本鉴定和文献考证的基础上，确认已经造成危害的外来植物。对于有相关文献报道的入侵种，但是经项目组成员野外考察发现其并未造成危害，或者尚且不知道未来发展趋势的物种，仅在书中进行了简要讨论，未展开叙述。

入侵种名称与分类学处理 外来入侵种的接受名和异名主要参考了 *Flora of China*、*Flora of North America* 等，并将一些文献中的错误鉴定及学名误用标出，文中异名（含基源异名）以"——"、错误鉴定以 auct. non 标出，接受名及异名均有引证文献；种下分类群亚种、变种、变型分别以 subsp.、var.、f. 表示；书中收录的异名是入侵种的基名或常见异名，并非全部异名。外来入侵种的中文名主要参照了 *Flora of China* 和《中国植物志》，并统一用法，纠正了常见错别字，同时兼顾常见的习惯用法。

形态特征及地理分布 主要参照了 *Flora of China*、*Flora of North America* 和《中国植物志》等。另外，不同文献报道的入侵种的染色体的数目并不统一，文中附有相关文献，方便读者查询参考。

地理分布是指入侵种在中国已知的省级分布信息（包括入侵、归化、逸生、栽培），主要来源于已经报道的入侵种及归化种的文献信息、*Flora of China*、《中国植物志》和地方植物志及各大标本馆的标本信息，并根据项目组成员的实际调查结果对现有的分布地进行确认和更新。本志书采用中国省区市中文简称，并以汉语拼音顺序排列。

书中入侵种的原产地及归化地一般遵循先洲后国的次序，主要参考了 *Flora of China*、CABI、GBIF、USDA、*Flora of North America* 等，并对一些原产地有争议的种进行了进一步核实。

文献记载与标本信息 文献记载主要包括两部分，一是最早或较早期记录该种进入我国的文献，记录入侵种进入的时间和发现的地点；二是最早或较早报道该种归化或入侵我国的文献，记录发现的时间和发现的地点。

标本信息主要包括三方面的内容：① 模式标本，若是后选模式则尽量给出相关文献；② 在中国采集的最早或较早期的标本，尽量做到采集号与条形码同时引证，若信息缺乏，至少选择其一；③ 凭证标本，主要引证了项目组成员采集的标本，包括地点、海拔、经纬度、日期、采集人、采集号、馆藏地等信息。

本志书中所有的标本室（馆）代码参照《中国植物标本馆索引》（1993）和《中国植物标本馆索引（第 2 版）》（2019）。

传入方式与入侵特点 基于文献记载、历史标本记录和野外实际调查，记录了入侵种进入我国的途径（有意引入、无意带入或自然传入等）以及在我国的传播方式（人为有意或无意传播、自然扩散）。基于物种自身所具备的生物学和生态学特性，主要从繁殖性（种子结实率、萌发率、幼苗生长速度等）、传播性（传播体重量、传播体结构、与人类活动的关联程度）和适应性（气候、土壤、物种自身的表型可塑性等）三方面对其入侵特点进行阐述。

危害与防控　基于文献记载和野外实际调查，记录了入侵种对生态环境、社会经济和人类健康等的危害程度，包括该物种在世界范围内所造成的危害以及目前在中国的入侵范围和所造成的危害。综合国内外研究和文献报道，从物理防除、化学防控和生物控制三个方面对入侵种的防控进行了阐述。

相似种　主要列出同属中其他的归化植物或者与收录的入侵种形态特征相似的物种，将主要形态区别点列出，并讨论其目前的分布状态及种群发展趋势，必要时提供图片。此外，物种存在的分类学问题也在此条目一并讨论。

植物图版　每个入侵种后面附有高清的彩色植物图版，并配有图注，方便读者识别。图版主要包括生境、营养器官（植株、叶片、根系等）和繁殖器官（花、果实、种子等），且尽量提供关键识别特征，部分种配有相似种的图片，以示区别。植物图片的拍摄主要由项目组成员完成，也有一些来自非项目组成员完成，均在卷前显著位置标出摄影者的姓名。

前　言

　　生物安全是国家安全的重要组成部分，而外来植物的入侵已经严重危及我国的粮食安全、经济安全、生物安全和农产品贸易安全。如何有效防控外来入侵植物的传入与扩散是当前国家面临的重要课题。在团队的共同努力下，我们发表了数篇中国外来植物新归化记录以及入侵植物的省级变化动态等方面的文章，并出版了《中国外来入侵植物彩色图鉴》（2016）、《广西外来入侵植物研究》（2020）等学术著作。这些成果构成了《中国外来入侵植物志·第五卷》的雏形，为本卷志书的编撰工作奠定了基础。

　　2014年，由马金双研究员主持的"中国外来入侵植物志"项目获得国家科技部基础专项的资助，在该项目的支持下，我们负责了本套志书第五卷的编研工作。植物类志书的撰写是一项艰苦而繁杂的工作，因为每一类群所涉及的科、属、种以及参考文献都有差异，基础资料的丰富程度也有差异，要达到完全统一的格式非常困难，特别是模式文献和模式标本的考证尤其花费心力。并且《中国外来入侵植物志》的编写又有其特殊性，除了基础的分类学描述之外，本志书更注重的是与其入侵性有关的内容，包括入侵植物的传入时间和地点、传入方式、扩散途径、在中国可能扩散的区域、繁殖特性（种子结实率、萌发率、幼苗生长速度等）、入侵性（传播体重量、传播体结构、与人类活动的关联程度等）、适应性（适宜的气候条件、土壤条件和物种自身的表型可塑性等）以及危害与防控等。这部分内容可以说是《中国外来入侵植物志》的核心内容，也是亮点所在，可以为科研工作者和相关管理部门提供翔实的资料，为外来入侵植物的防控提供重要参考。

　　由于各种原因，我们对一些外来植物的认识还不够全面，部分物种的传入方式、扩散途径、生态学特性以及有效的防控措施等信息仅来自文献记载或没有任何信息。另外，外来植物的生长和扩散也会随着时间表现出较强的动态变化。传入时间和首次传入地的确定则需要非常复杂的考证，包括海量的历史标本查询和浩瀚的文献数据查阅。其最终目的是确定某物种的第一份标本或（和）第一次出现或报道的文献，以确定其首次引入（发现）地和引入（发现）时间。这其中借助了诸多古籍的信息，虽然古籍能提供的信息有限，但至少有一个中文名，有的还有特征和分布的描述。因此编撰时还需要结合现代植物学家如吴征镒先生、汤彦承先生、李振宇先生等的植物学考证。外来入侵植物的研究是一个长期性的工作，而《中国外来入侵植物志》的出版仅仅是当下一个阶段性成果，希望后续还能进一步开展更为深入的研究。

外来植物的入侵直接关系到国家生物安全，外来入侵植物种类的收录和入境生物检验检疫又有着密切的联系，因此对外来入侵植物的收录应本着谨慎的原则。本卷严格按照外来入侵植物的定义收录物种，收录原则是在野外考察、标本鉴定和文献考证的基础上，确认已经造成危害的外来植物。本卷收录了中国外来入侵植物共 11 科 31 属 45 种（包括种下等级），其中泽泻科 2 属 2 种，水鳖科 2 属 2 种，百合科 1 属 1 种，石蒜科 2 属 2 种，雨久花科 1 属 1 种，鸢尾科 2 属 2 种，鸭跖草科 3 属 4 种，禾本科 14 属 25 种，天南星科 1 属 1 种，莎草科 2 属 4 种，竹芋科 1 属 1 种。另外还对其他 30 余种相似种进行了讨论。同时，对于一些有相关文献报道，经项目组成员野外考察发现其并未造成危害，或者尚且不知道未来发展趋势的物种，也在书中进行了简要讨论。

在《中国外来入侵植物志·第五卷》的编研过程中，中国科学院上海辰山植物科学研究中心马金双研究员给予了指导，中国科学院植物研究所李振宇研究员、北京师范大学刘全儒教授和华南植物研究所王瑞江研究员均给予了大力的支持和帮助，上海辰山植物园的杜诚、上海世博文化公园建设管理有限公司的汪远、中国科学院西双版纳热带植物园的左云娟、华东师范大学的廖帅等人在野外调查和志书编写过程中亦给予了帮助，团队的每一位成员都付出了极大的努力，图片的收集工作还得到了其他单位多位同行的鼎力相助，在此我们表示诚挚的感谢！

由于编写工作艰巨，考证难度较大，编者的学识水平有限，书中难免存在一些疏漏和不足，恳请读者不吝批评指正！

编者

2020 年 11 月

作者分工

泽泻科	唐赛春（广西壮族自治区中国科学院广西植物研究所、广西喀斯特植物保育与恢复生态学重点实验室）、严靖（上海辰山植物园）
水鳖科	唐赛春、严靖
百合科	唐赛春、严靖
石蒜科	唐赛春、严靖
雨久花科	唐赛春、严靖
鸢尾科	唐赛春、严靖
鸭跖草科	唐赛春、严靖
禾本科	严靖、李惠茹（上海辰山植物园）、王樟华（上海辰山植物园）
山羊草属、燕麦属、地毯草属、臂形草属、雀麦属、大麦属	王樟华
蒺藜草属、黑麦草属、雀稗属、狼尾草属	严靖
糖蜜草属、黍属、高粱属、米草属	李惠茹
天南星科	唐赛春、严靖
莎草科	唐赛春、严靖
竹芋科	唐赛春

摄影（以姓氏笔画为序）

王金旺　　　王瑞江　　　王樟华　　　韦春强

闫小玲　　　朱鑫鑫　　　刘全儒　　　刘德团

严　靖　　　汪　远　　　唐赛春　　　龚　理

曾宪锋

目　录

泽泻科 | Alismataceae

　　草本，多年生，稀一年生，水生或沼生；具根状茎、匍匐茎、球茎、珠芽。叶基生，直立，挺水、浮水或沉水；叶片条形、披针形、卵形、椭圆形、箭形等，全缘；叶脉平行；叶柄长短随水位深浅有明显变化，基部具鞘。花在花葶上轮状排列，常形成总状、圆锥状或圆锥状聚伞花序，稀1～3花单生或散生。花两性、单性或杂性，辐射对称，通常有苞片；花被片6枚，排列成2轮，外轮花被片绿色，宿存，内轮花被片易枯萎、凋落或脱落，常白色，有时黄色；雄蕊6枚至多枚，轮状排列，花丝分离，花药2室，外向，纵裂；心皮3至多数，轮生，或螺旋状排列，分离，花柱宿存，胚珠通常1枚。瘦果两侧压扁，或为小坚果。种子通常褐色、深紫色或紫色；胚马蹄形，无胚乳。

　　泽泻科在系统学上的位置尚无定论，有不少学者认为该科为单子叶植物中最原始的科之一。但从维管束解剖学上看，该科植物导管呈单孔或多孔，具有相当的进化特征。根据 FOC（*Flora of China*）及分子系统学证据，泽泻科合并了原属花蔺科（Butomaceae）的黄花蔺属（*Limnocharis*）以及拟花蔺属（*Butomopsis*），花蔺科则仅剩花蔺属（*Butomus*）一个属（Chen et al., 2004; Les & Tippery, 2013）。

　　该科约13属100种，主要产于北半球温带至热带地区，大洋洲、非洲亦有分布。中国有6属18种，南北均有分布，其中外来入侵2属2种，另外还引进了假泽泻属（*Baldellia*）、水金英属（*Hydrocleys*）和肋果慈姑属（*Echinodorus*）。此外，阔叶慈姑［*Sagittaria platyphylla* (Engelmann) J. G. Smith］和心叶刺果泽泻［*Echinodorus cordifolius* (Linnaeus) Grisebach］为近年来报道的新记录种，归化于浙江（王金旺 等，2018），两者在中国尚未造成入侵危害，本志暂不收录。

分属检索表

参考文献

王金旺，邹颖颖，王军峰，等，2018. 浙江水生植物分布 5 新记录种［J］. 浙江大学学报（理学版），45（1）：127–130.

Chen J M, Chen D, Gituru W R, et al, 2004. Evolution of apocarpy in Alismatidae using phylogenetic evidence from chloroplast *rbc*L gene sequence data[J]. Botanical Bulletin of Academia Sinica, 45(1): 33–40.

Les D H, Tippery N P, 2013. In time and with water… the systematics of alismatid monocotyledons[M]//Wilkin P, Mayo S J. Early Events in Monocot Evolution. Cambridge, England: Cambridge University Press: 118–164.

1. 慈姑属 *Sagittaria* Linnaeus

　　水生草本，具根状茎、匍匐茎、球茎、珠芽。叶沉水、浮水、挺水；叶片条形、披针形、深心形、箭形，箭形叶有顶裂片与侧裂片之分。花序总状、圆锥状；花和分枝轮生，2 至多轮，每轮 1～3 花，基部具 3 枚苞片，分离或基部合生；花两性或单性，雄花生于上部，花梗较细长，雌花位于下部，花梗较短粗；雌、雄花被片相似，通常 6 枚，外轮 3 枚，绿色，反折或包果，内轮花被片花瓣状，白色，稀粉红色，或基部具紫色斑点，花后脱落；雄蕊 9 至多数，花丝不等长，长于或短于花药，花药黄色，稀紫色；心皮离生，多数，螺旋状排列。瘦果两侧压扁，通常具翅，或无。种子发育或否，马蹄形，褐色。

　　本属约 30 种，分布于世界各地，多数种类集中分布于北温带，少数种类分布于热带或近北极圈。中国有 11 种，其中外来入侵 1 种，新归化 2 种（王金旺 等，2018）。新归化种阔叶慈姑在澳大利亚西部（Sage et al., 2000）和南非（Kwong et al., 2019）被报道为入侵种。该种可快速增长，爆发密度大，堵塞沟渠和水道，增加沉积和洪水危害，并且危害农作物和水生生物多样性，具有较大的入侵潜力，目前在中国仅在浙江省发现归化，种群数量不大，本志暂不收录，但需要注意防范。

禾叶慈姑 *Sagittaria graminea* Michaux, Fl. Bor.-Amer. 2: 190. 1803. —— *Sagittaria cycloptera* (J. G. Smith) C. Mohr, Bull. Torrey Bot. Club 24(1): 20. 1897. —— *Sagittaria eatonii* J. G. Smith, Rep. (Annual) Missouri Bot. Gard. 11: 150. 1899.

【特征描述】 多年生水生草本，高 40～100 cm。根状茎粗，无匍匐茎和球茎。叶基生，有沉水叶和挺水叶之分；沉水叶柄状，背面有棱，腹面扁平，长 6.4～35 cm，宽 0.5～4 cm；挺水叶线形至线状倒披针形，叶柄长 2.5～17 cm，宽 0.2～4 cm。花序总状，每轮 3 花，花序梗长 6.5～29.7 cm，苞片合生。花单性，直径 2.3 cm；萼片反折至平展；花丝扩大，被毛，短于花药；雌花梗长 0.5～3 cm，初期有不育雄蕊。聚合瘦果球形，直径 0.6～1.7 cm，瘦果倒披针形，背部常具翅，腺体 1～2 个，果喙自腹侧伸出，宿存，直立，长约 0.2 mm。染色体：$2n=22$（Tanimoto & Morikawa, 1988）。物候期：在每年的 5 月末至 6 月初从宿存的绿色球茎发出新芽，花期 7 月初至 8 月底，果期 8—9 月（张文彦 等，2011）。

【原产地及分布现状】 禾叶慈姑原产于北美洲（Hayness & Hellquist, 2000），在澳大利亚归化（Nitschke et al., 2006）。在中国，张彦文等（2010）在辽宁丹东鸭绿江口岸首次发现该种，为东亚新记录植物。国内分布：目前仅在辽宁发现，但极有可能在东北地区的河流、湖泊等浅水水域或沼泽地扩散。

【生境】 常生于浅水沼泽、河流、湖泊及河口潮汐区域。

【传入与扩散】 文献记载：禾叶慈姑于 2010 年被首次报道归化，当时已在鸭绿江湿地保护区五道河入江段的河滩处零散分布，此前于 1995 年调查时该地并未发现禾叶慈姑存在（张文彦 等，2010）。**标本信息**：André Michaux s.n.［Type（模式标本）：MO］。模式标本采自加拿大，现存放于美国密苏里植物园标本馆（MO104278）。中国尚无历史标本记录。**传入方式**：历史上，中国无禾叶慈姑的引种记录，但在日本，该种被当作水族馆观赏植物出售。由此推测，禾叶慈姑极有可能是人为有意引种后被遗弃，传入中国的时间应该是 21 世纪初，首次传入地可能为东北地区。**传播途径**：种子或球茎通过水流、人或其他动物等传播。**繁殖方式**：种子繁殖或以球茎进行无性繁殖。**入侵特点**：① 繁殖性　无性繁殖通过地下球茎产生分株，增加斑块面积和植株个体数，而传入新的生境中则主要依靠有性繁殖产生种子。并且，在氮和磷等养分丰富的生境中，开花结实量加大（Zhang et al.，2014）。② 传播性　其种子或球茎可能随水漂流，或者由人或动物等携带到达新的生境中。③ 适应性　禾叶慈姑对水位变化的要求较高，一定的水位深度和间歇性淹没是禾叶慈姑生长的必要条件。潮区界是禾叶慈姑沿江分布的上限，该植物只可能分布在低位湿地而不分布在高位湿地；其生长和繁殖受盐度和基质营养的影响（张文彦 等，2011）。随着氮和磷等养分增加，禾叶慈姑总生物量增加（Zhang et al.，2018）。**可能扩散的区域**：禾叶慈姑在东北地区可能扩散至河流、湖泊以及稻田等浅水水域或沼泽地。

【**危害及防控**】 **危害**：禾叶慈姑在澳大利亚墨累-达令流域（Murray-Darling Basin）快速扩散，阻塞水渠和水道，耐除草剂，影响本地植物，减少本地生物的多样性，已成为危害严重的水生杂草（Nitshke et al.，2006）。该种在美国华盛顿州被列为 B 类杂草［详见有害杂草控制委员会（Noxious Weed Control Board, NWCB）官网信息］。目前，禾叶慈姑在中国鸭绿江口湿地的月亮岛段江岸边、五道河入江口河道地段、大沙河入江口处的淤泥滩等地生长密集，以几平方米至上百平方米的带状或斑块状密集（每平方米约130 株）而茂盛地生长（平均株高 60 cm），从而导致河道淤塞，阻碍水流畅通，易滋生蚊虫，可能会增加水患的发生率（黄胜君，2013）。此外，其相似种野慈姑（*Sagittaria trifolia* Linnaeus）是稻田杂草，两者较相似。禾叶慈姑目前虽未在稻田中发现，但一旦其入侵稻田和水生生态系统，极有可能影响水稻等农作物和水生生物的多样性。**防控**：加强对入侵地邻近湿地和水生生态系统的监测，一旦发现有该种植株定居，应及时拔除；对于已入侵的种群，为避免化学防除污染水体，宜用机械将匍匐茎和球茎清除；加强河道淤泥清理，减少其生长面积，抑制其扩散（黄胜君，2013）。此外，可种植本地植物芦苇［*Phragmites australis* (Cavanilles) Trinius ex Steudel］、红蓼［*Persicaria orientalis* (Linnaeus) Spach］、东方香蒲（*Typha orientalis* C. Presl）等进行替代控制。

【凭证标本】 辽宁省丹东市月亮岛，海拔 8 m，40.090 7°N，124.355 7°E，2018 年 8 月 31 日，齐淑艳、胡小英 RQSB05164（IBK）。

【相似种】 慈姑属植物花通常 3 朵轮生，雌花集中生于花序下部，雄蕊多数，花丝内外轮不等长。本种与野慈姑（*Sagittaria trifolia* Linnaeus）相近，野慈姑为稻田杂草，挺水叶箭形，叶片长短、宽窄变异大，通常顶裂片短于侧裂片，本种则挺水叶线形至线状倒披针形；本种又与阔叶慈姑［*Sagittaria platyphylla* (Engelmann) J. G. Smith］相近，但阔叶慈姑挺水叶叶片线状卵形至卵形，无根状茎，具匍匐茎和球茎（Hayness & Hellquist, 2000），本种根状茎粗，无匍匐茎和球茎。

禾叶慈姑 (*Sagittaria graminea* Michaux)
1. 生境；2. 叶片；3. 雌花；4. 雄花；5. 幼果

相似种：野慈姑（*Sagittaria trifolia* Linnaeus）

参考文献

黄胜君，2013. 外来杂草禾叶慈姑的控制与利用 [J]. 辽宁农业科学，1：36-37.

王金旺，邹颖颖，王军峰，等，2018. 浙江水生植物分布 5 新记录种 [J]. 浙江大学学报（理学版），45（1）：127-130.

张彦文，黄胜君，赵兴楠，等，2010. 鸭绿江口湿地新记录外来种：禾叶慈姑 [J]. 武汉植物学研究，28（5）：631-633.

张彦文，黄胜君，赵兴楠，等，2011. 潮汐对鸭绿江口湿地入侵种禾叶慈姑分布的影响 [J]. 辽东学院学报（自然科学版），18（1）：39-44.

Hayness R R, Hellquist C B, 2000. *Sagittaria*[M]// Flora of North America Editorial Committee. Flora of North America: North of Mexico: Vol. 22. New York and Oxford: Oxford University Press: 11-23.

Kwong R M, Saglioccoa J L, Harms N E, et al, 2019. Could enemy release explain invasion success of *Sagittaria platyphylla* in Australia and South Africa?[J]. Aquatic Botany, 153: 67-72.

Nitschke T, Baker R, Gledhill R, 2006. *Sagittaria* (*Sagittaria graminea* Michx.)—a threatening aquatic weed for the Murray-Darling Basin[J]. Physics Letters B, 435(1–2): 67–72.

Sage L W, Lloyd S G, Pigott J P, 2000. *Sagittaria platyphylla* (Alismataceae), a new aquatic weed threat in Western Australia[J]. Nuytsia, 13(2): 403–405.

Tanimoto T, Morikawa, 1988. A Karyotpye analysis of *Satittaria* species in Japan[J]. Kromosomo, 50: 1620–1627.

Zhang L, Zhang Y, Zhao J, et al, 2018. Responses to nitrogen and phosphate of phenotypic plasticity of *Sagittaria graminea*: An exotic species in Yalu river, Dandong, China[J]. Pakistan Journal of Botany, 50(2): 505–509.

Zhang L H, Zhang W Y, Zhao Z N, et al, 2014. Effects of different nutrient sources on plasticity of reproductive strategies in a monoecious species, *Sagittaria graminea* (Alismataceae)[J]. Journal of Systematics and Evolution, 52(1): 84–91.

2. 黄花蔺属 *Limnocharis* Bonpland

水生草本，挺水叶丛生，有柄，叶片卵形至圆形。伞形花序顶生，有花2～15朵。花两性，花梗粗壮；花被片2轮，外轮萼片状，3枚，绿色，宿存；内轮花瓣状，3枚，黄色，质薄，易落；雄蕊多数，最外一轮退化，花丝扁平，花药基着，2室，侧面纵裂；心皮10～20枚，分离，两侧压扁，无花柱，外向柱头线形。瘦果圆锥形，聚集成头状，背壁厚。种子多数，小，马蹄形，种皮脆壳质，具多数横肋；胚马蹄形。

本属仅1种，分布于美洲热带和亚热带地区，在南亚和东南亚归化。中国也有分布，为外来入侵种。

黄花蔺 *Limnocharis flava* (Linnaeus) Buchenau, Index Crit. Butom. Alism. Juncag. 13. 1868. —— *Alisma flavum* Linnaeus, Sp. Pl. 1: 343. 1753. —— *Limnocharis emarginata* Bonpland, Pl. Aequinoct. 1: 116, t. 34. 1808.

【特征描述】 多年生水生草本，但在有些生境中表现为一年生。叶丛生，挺出水面；叶片卵形至近圆形，先端圆形或微凹，基部钝圆或浅心形，背面近顶部具1个排水器；叶脉9～13条，横脉极多数，平行；叶柄粗壮，三棱形，长20～65 cm。花葶基部稍扁，上部三棱形；伞形花序有花 2～15 朵，有时具 2 叶；苞片绿色，具平行细脉；花梗长 2～7 cm；内轮花瓣状花被片淡黄色，基部黑色，宽卵形至圆形，蕾时纵褶，先端圆形，长 2～3 cm，宽 1～2 cm；雄蕊多数，短于花瓣，退化雄蕊黄绿色，花丝绿色，部分在果期宿存；雌蕊黄绿色。花后萼片扩大并包围果实，花瓣则变成黏液状。果圆锥形，直径 1.5～2 cm，为宿存萼片状花被片所包。种子多数，褐色或暗褐色，马蹄形，具多条横生薄翅。**染色体**：2n=20（Ito & Tanaka, 2014）。**物候期**：全年均可开花结实，单朵花于早上开放，几个小时之后关闭，未观察到授粉媒介。

【**原产地及分布现状**】 原产于加勒比地区、北美洲（墨西哥）和南美洲，归化于亚洲南部及东南部（Wang et al., 2010），美国南部有引种栽培，非洲的加纳也有分布（Anning & Yeboah-Gyan, 2007）。据 Abhilash 等（2008）报道，该种最早于 1866 年进入亚洲，当时作为观赏植物引入印度尼西亚的茂物植物园，1870 年就逃逸到当地的河流沿岸，1998 年引入斯里兰卡，随后归化并成为当地稻田的主要杂草之一。目前该种已遍及整个印度尼西亚乃至东南亚地区，成为东南亚水稻田、沟渠、湿地和其他浅水水域较为严重的外来杂草（Waterhouse, 2003）。**国内分布**：澳门、广东、贵州、海南、香港、云南。在华东各地的花卉市场、花鸟虫鱼市场等地均有交易，常被养殖于水族馆之中。

【**生境**】 喜潮湿环境和肥沃的土壤，常生于撂荒田、浅水塘、水稻田、沼泽等水生或湿地生境中。

【**传入与扩散**】 **文献记载**：《香港植物名录》（*Check List of Hong Kong Plants*）（1978）有收录该种，记载其标本采集时间为 1975 年。《云南植物志》（1986）记载该种产于云南西双版纳，可能是从缅甸或泰国传入。徐海根和强胜（2011）将其列为中国外来入侵种，分布于广东、香港和云南等处。**标本信息**："*Butomus foliis cordato-ovatis*" in Plumier in Burman, Pl. Amer., 105, t. 115, 1757［Lectotype（后选模式）］。该种的模式基于 *Alisma flavum* Linnaeus 的模式（Haynes & Holm-Nielsen, 1992），其模式材料来自南美洲，由

Howard（1979）指定为后选模式。中国较早的黄花蔺标本记录是中苏队于 1957 年在云南大勐龙采到的标本（中苏队 9249，PE02090579），2003 年周仕顺在云南勐腊也采到该种标本（周仕顺 1680，HITBC107087）。**传入方式**：最早的传入地应为云南南部，由于该种具有观赏性，也可作为蔬菜食用，可能是 20 世纪 50 年代由植物园作为观赏植物引入，引种栽培后逃逸到自然水域中，也可能是自缅甸或泰国顺河流传入云南。此外，北京植物园于 1989 年也从国外进行过引种，将其作为一年生花卉栽培，于盛夏绿化美化水景（邹秀文和崔洪霞，1996）。**传播途径**：主要随人为引种栽培而传播，植株被引种后随意遗弃，在自然生境中传播。黄花蔺的种子也可以通过鸟类或其他动物等载体传播。**繁殖方式**：有性繁殖和无性繁殖，繁育系统是以自交为主的混合交配类型（宋志平 等，2000）。**入侵特点**：① 繁殖性　有性繁殖能力强，种子产量大，单个果实可产生 1 000 粒种子，单株植物每年能产生种子 1 000 000 粒（Varsheny & Rzoska，1976），种子萌发率可达 70%（宋志平 等，2000）。在种子成熟前，黄花蔺花序顶端可形成营养芽，在花序倒伏于泥土或水面上后，营养芽基部可长根定植于泥土中，发育成新的植株，每一个母株一年可产生 6～12 个新的植株（宋志平 等，2000）。② 传播性　近距离扩散以营养繁殖形成的新植株完成，长距离扩散或占领新生境以及抵抗干旱则依靠种子传播（宋志平 等，2000）。种子能够黏附在鸟和其他动物的足上以及农用工具上进行传播（Karthigeyan et al.，2004），此外，还可借助水流传播或由人工种植传播。③ 适应性　对土壤酸碱度要求不高，但喜肥沃的生境；光照对黄花蔺的生长发育影响较大，光照不足直接影响幼苗的生长，而 7—8 月的光照强，气温高达 40～42 ℃，对植株的生长也不利；当日均温度为 10 ℃左右时植株终止生长（赵家荣 等，1999）。**可能扩散的区域**：可能扩散至热带、亚热带地区的浅水水域和湿地生境当中。

【危害及防控】 **危害**：入侵水塘和湿地等生境，影响水体和湿地的生物多样性；入侵水稻田等，危害水生农作物，影响农业经济；入侵灌溉渠、排水渠等，影响水路畅通，导致雨季时农作物被水淹（Karthigeyan et al.，2004）。在中国虽较少有关于黄花蔺的危害报道，但鉴于该种是对马来西亚、印度尼西亚和斯里兰卡等水稻田危害严重的杂草之一（Waterhouse & Mitchell，1998），其在中国也有较大的入侵潜力，一旦形成入侵，将会产生严重的危害。因此，有学者认为该种是具有入侵潜力的外来物种，且已经在局部区域形成大面积种群而表现出入侵的态势，需要特别注意防范。**防控**：严格管理引种栽培，防止逃逸归化。由于该植物生长在湿地和水体中，化学防除时易污染环境和影响其他生物，宜采用的控制方法是人工整株拔除，晒干、烧毁或深填埋。定期监测水稻田和除草有助于清除该杂草。此外，也可以种植本地较大型的水生植物如红蓼［*Persicaria orientalis* (Linnaeus) Spach］、东方香蒲（*Typha orientalis* C. Presl）等进行替代控制。

【**凭证标本**】 贵州省黔南州三都县石龙过江风景区外，海拔 425 m，19.512 4°N，107.862 2°E，2016 年 7 月 19 日，马海英、彭丽双、刘斌辉、蔡秋宇 RQXN05312（CSH）；海南省儋州市儋州热带植物园附近，海拔 123 m，23.016 9°N，109.500 6°E，2015 年 12 月 20 日，曾宪锋 RQHN03612（CSH）。

【**相似种**】 黄花蔺属为单种属，在中国与其近缘的属有花蔺属（*Butomus*）和拟花蔺属（*Butomopsis*），这两个属均为国产属，亦为单种属，对应的种分别为花蔺（*Butomus umbellatus* Linnaues）和拟花蔺［*Butomopsis latifolia* (D. Don) Kunth］。花蔺与黄花蔺的区别在于花蔺叶三棱状条形，扭曲，无柄，黄花蔺的叶则近圆形，具明显叶柄；拟花蔺与黄花蔺的区别在于拟花蔺内轮花被片白色，雄蕊 8～9 枚，心皮 4～9 枚或更少，伞形花序柄细长，而黄花蔺内轮花瓣状花被片为淡黄色。花蔺主要分布于中国北方地区，拟花蔺分布于云南南部。

黄花蔺 [*Limnocharis flava* (Linnaeus) Buchenau]
1. 生境；2. 挺水叶形态；3、4. 不同状态下的伞形花序；5. 花侧面观；6. 花正面观

相似种: 花蔺 (*Butomus umbellatus* Linnaues)

参考文献

李恒, 1986. 花蔺科 [M] // 中国科学院昆明植物研究所 . 云南植物志: 第 4 卷 . 北京: 科学
    出版社: 745-748.

宋志平, 郭友好, 黄双全, 2000. 黄花蔺的繁育系统研究 [J]. 植物分类学报, 38 (1):
    53-59.

香港特别行政区渔农自然护理署, 1978. 香港植物名录 [M] . 香港: 中国香港印务局: 73.

徐海根, 强胜, 2011. 中国外来入侵生物 [M] . 北京: 科学技术出版社: 376-377.

赵家荣, 冯顺良, 倪学明, 等, 1999. 黄花蔺的引种栽培研究 [J]. 湖北农学院学报,
    19 (3): 224-226.

邹秀文, 崔洪霞, 1996. 水生花卉新秀: 黄花蔺 [J]. 植物杂志, 1: 26.

Abhilash P C, Nandita S, Sylas V P, et al, 2008. Eco-distribution mapping of invasive weed
    Limnocharis flava (L.) Buchenau using Geographical Information System: implications for
    containment and integrated weed management for ecosystem conservation[J]. Taiwania, 53(1):
    30-41.

Anning A K, Yeboah-Gyan K, 2007. Diversity and distribution of invasive weeds in Ashanti Region,
    Ghana[J]. African Journal of Ecology, 45(3): 355-360.

Haynes R R, Holm-Nielsen L B, 1992. The Limnocharitaceae[M]// Haynes R R, Holm-Nielsen L B.
    Flora Neotropical Monograph No. 56. Bronx, New York: The New York Botanical Garden Press:
    1-34.

Howard R C, 1979. Flora of the Lesser Antilles: Vol. 3　Butomaceae[M]. Jamaica Plain, Massachusetts: Arnold Arboretum, Harvard University: 19.

Ito Y, Tanaka N, 2014. Chromosome studies in the aquatic monocots of Myanmar: A brief review with additional records[J]. Biodiversity Data Journal, 2: e1069.

Karthigeyan K, Sumathi R, Jayanthi J, et al, 2004. *Limnocharis flava* (L.) Buchenau (Alismataceae)—a little known and troublesome weed in Andaman Islands[J]. Current Science, 87(2): 140–141.

Varshney C K, Rzoska J, 1976. Aquatic Weeds in South East Asia[M]. Heidelberg: Springer Netherlands: 51–58.

Wang Q F, Haynes R R, Hellquist C B, 2010. Alismataceae[M]// Wu Z Y, Raven P H, Hong D Y. Flora of China: Vol. 23. Beijing: Science Press & St. Louis: Missouri Botanical Garden Press: 84–89.

Waterhouse B M, 2003. Know your Enemy: Recent records of potentially serious weeds in northern Aurstrlia, Papua New Guinea and Papua (Indonesia)[J]. Telopea, 10: 477–485.

Waterhouse B M, Mitchell A A, 1998. Northern Australia Quarantine Strategy: weeds target list [M]. 2nd ed. Canberra, Australia: Australian Quarantine & Inspection Service, Miscellaneous Publication, No. 6/98: 110.

水鳖科 | Hydrocharitaceae

　　一年生或多年生淡水和海水草本，沉水或漂浮水面。茎短缩，直立，少有匍匐。叶基生或茎生，基生叶多密集，茎生叶对生、互生或轮生；叶形、大小多变；叶柄和托叶有或无。佛焰苞合生，稀离生，无梗或有梗，常具肋或翅，先端多为2裂，其内含1至数朵花。花辐射对称，稀为左右对称；单性，稀两性，常具退化雌蕊或雄蕊。花被片离生，3枚或6枚，有或无花萼和花瓣之分；雄蕊1至多枚，花药底部着生，2～4室，纵裂；子房下位，由2～15枚心皮合生，1室，侧膜胎座，有时向子房中央突出，但从不相连；花柱2～5枚；胚珠多数，倒生或直生，珠被2层。果实肉果状，果皮腐烂开裂。种子多数，形状多样；种皮光滑或有毛，有时具细刺瘤状凸起；胚直立，胚芽极不明显，海生种类有发达的胚芽，无胚乳。

　　分子系统学研究表明，水鳖科合并了原茨藻科（Najadaceae）的茨藻属（*Najas*）（Chen et al., 2004）。该科有18属约120种，广泛分布于全世界热带和亚热带地区，少数分布于温带。中国有12属35种，其中外来入侵2属2种。此外水族馆及水族饲养爱好者还引进了水蛛花属（*Limnobium*）、水凤梨属（*Stratiotes*）和富氧草属（*Lagarosiphon*）等作为水族箱观赏植物栽培。

参考文献

Chen J M, Chen D, Gituru W R, et al, 2004. Evolution of apocarpy in Alismatidae using phylogenetic evidence from chloroplast *rbc*L gene sequence data[J]. Botanical Bulletin of Academia Sinica, 45: 33–40.

1. 水蕴草属 *Egeria* Planchon

多年生淡水草本，无根状茎和匍匐茎，茎圆柱形，直立或横生水中，分枝或不分枝，漂浮在水中者也能生根长叶。叶茎生，沉水，无柄，在茎上轮状排列，每轮 5 个或多个；叶片线形，基部斜，上面无刺或通气组织，顶端钝；叶鞘内小鳞片全缘。花序具 1 至多花，无柄，佛焰苞无翅。雌雄异株，花单性。雄花：花丝明显，花药线形；雌花：子房 1 室，花柱 3 枚，不分叉。果卵形，光滑，不规则开裂。种子纺锤形，有黏液。

本属 3 种，分布于南美洲，非洲、亚洲、澳大利亚、欧洲和北美均有引种。中国引进 1 种，现为外来入侵种。

水蕴草 *Egeria densa* Planchon, Ann. Sci. Nat., Bot., sér. 3. 11: 80. 1849. —— *Elodea densa* (Planchon) Caspary, Monatsber. Königl. Preuss. Akad. Wiss. Berlin 1857: 48. 1857. —— *Anacharis densa* (Planchon) Victorin, Contr. Lab. Bot. Univ. Montréal 18: 41. 1931.

【别名】 蜈蚣草、埃格草

【特征描述】 多年生沉水草本，植株柔软，叶和茎亮绿色。茎直立或横生，圆柱形，较粗壮，直径 1～3 mm，节间短，易断裂。叶线状披针形，近基部的叶片对生或 3 枚轮生，中上部的叶片 4～8 枚轮生，边缘具细锯齿，质薄，有一条主脉。花单性，雌雄异株。雄花序具小花 2～4 朵，雄花花萼长椭圆形，花瓣宽椭圆形，表面有很多褶皱，雄蕊 9 枚，花丝和花药黄色。雌花序佛焰苞内仅具雌花 1 朵，雌花花瓣较雄花小，具 3 枚心皮，假雄蕊略呈梅花状。果实为卵圆形蒴果，长约 6 mm。种子纺锤形，在水下成熟，长 4～5 mm。**染色体**：$2n=48$（Harada, 1956）。**物候期**：花果期 5—10 月。

【原产地及分布现状】 原产于南美洲，包括阿根廷北部地区、巴西东南部和乌拉圭，该种可能于 20 世纪初即已被引入美国，1915 年在美国的市场上即有销售；德国最早于 1903 年引种栽培，后于 1910 年发现野生分布；1950 年首次在澳大利亚有记录；1958 年在日本东京有记录（Cook & Urmi-könig, 1984）。目前在欧洲、南非、亚洲、澳大利亚和北美洲等地均有归化，并在一些地区造成入侵。**国内分布**：主要分布在广东、湖北、台湾、香港、浙江等地，在全国多地的花卉市场、花鸟虫鱼市场等处均有交易。

【生境】 喜流速缓慢的水域环境，常生于浅池塘、湖泊、沟渠、运河和一些流动缓慢的河流边缘。

【传入与扩散】 **文献记载**：1982 年在《台湾植物名录》中首次记录该种（杨再义，1982）。陈运造（2006）和吴永华（2006）分别将水蕴草列为台湾苗栗地区和兰阳平原外来入侵植物。2017 年该种被报道归化于浙江宁波（陈煜初 等，2017）。**标本信息**："in ditione Platensi, prope Bonariam"（=Buenos Aires，Argentina），Tweedie in herb. Hooker ［Holotype（主模式）：K］。该模式材料采自阿根廷，现保存于英国皇家植物园标本馆（K000587185）和英国自然博物馆（BM000938272）。中国最早的标本记录于 1960 年采于台北市台湾大学校园内（TAI120222）。**传入方式**：该种一直以来作为水族箱观赏植物而被广泛栽培，因此具体的归化时间不明确。据记载，水蕴草于 1930 年被引入台湾（Wu et al., 2010），此外再无详细的引种记录，1960 年所采集的标本来自台大校园内，估计为引种栽培。**传播途径**：作为水族馆植物引进种植后遭丢弃，逃逸到池塘、运河和沟渠等水体中，茎段可在水体中顺流水传播。**繁殖方式**：主要通过茎段的分裂进行营养繁殖，也可以种子繁殖。**入侵特点**：① 繁殖性 节上生不定根，每一节都可形成新的植株，无性繁殖能力强。光合作用能力强，生长迅速，可在水中快速形成致密的草垫。② 传播

性 茎的质地较脆，极易断裂，借助水力传播。③ 适应性 在有利条件下可迅速生长，常生长在浅池塘、运河和一些缓慢流动的河流边缘，不喜流动快速的水域。需要夏季水温 10～25 ℃和中等及以上的光照条件，最适生长温度为 15～17 ℃，不耐荫蔽。**可能扩散的区域**：可能扩散至热带和亚热带地区的池塘、运河、沟渠和溪流当中。

【危害及防控】 危害：水蕴草对其他沉水植物具有明显的竞争优势（Spencer & Bowes, 1990），并且能够利用重碳酸盐作为无机碳源（Pierini & Thomaz, 2004），光补偿点低，能够成功定居于各种水生生境中（Rodrigues & Thomaz, 2010）。在池塘、沟渠和溪流中传播时，其他植物经常因其数量增长较快而窒息死亡。水蕴草不但排挤本地种，还阻碍鱼类在水中游动，改变浮游生物的种类和数量，影响生物多样性，并且改变水文状况，阻塞河道。水蕴草在德国有"水中瘟疫"之称，在美国一些州的湖泊和水库中仅用于治理水蕴草的花费就达几百万美元。目前，其在中国的危害较少有报道，但由于水蕴草在许多水族馆中都有种植，在部分地区已逃逸到自然水体中，造成了入侵危害，对其他尚未被入侵的地区而言是具有极大入侵风险的外来种。**防控**：水蕴草多用于水族馆布景，引种前应做好科普教育，帮助种植者认识水蕴草在自然生境中的危害，引种后严格管理，不能随意丢弃到自然水体中。为避免化学防控污染水体环境，对水蕴草的控制宜采用人工打捞、晒干的方式，但在已被大面积入侵的情况下人工打捞效果不佳。该植物缺水时间较长时，容易干死，因此，在条件允许时，也可采用排干生境中水分的办法，使其缺水干死。

【凭证标本】 台北市台湾大学校园，海拔 18 m，25.015 8°N，121.535 8°E，1960 年 12 月 14 日，Li Ling et al. 7634（TAI）。

【相似种】 水蕴草与黑藻［*Hydrilla verticillata* (Linnaeus f.) Royle］相似，区别在于黑藻具根状茎，叶背中脉常具细小刺突，边缘有明显的锯齿，雄蕊 3 枚；而水蕴草无根状茎，叶边缘的细齿需要在放大镜下才能看到，雄蕊 9 枚。黑藻为国产种，广泛分布于中国南北各地的水域之中。水蕴草也与伊乐藻［*Elodea nuttallii* (Planchon) H. St. John］相似，区别在于伊乐藻叶常 3 枚轮生，或 2 叶对生，茎较细，直径仅 1 mm。

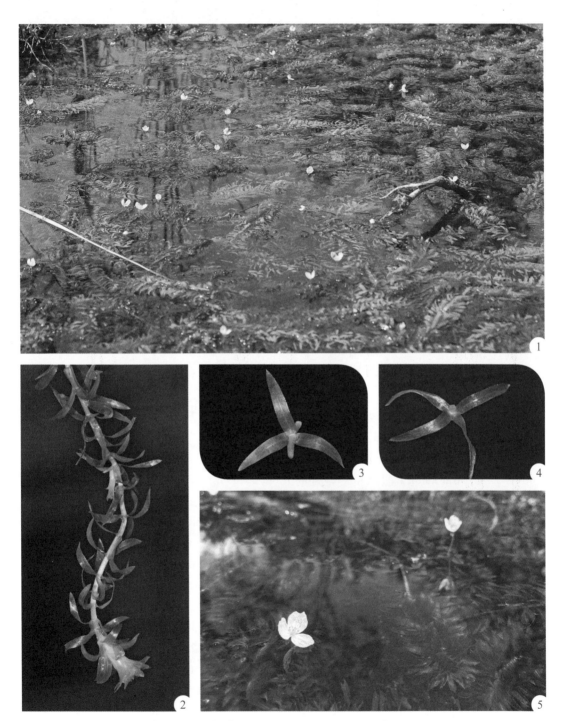

水蕴草（*Egeria densa* Planchon）

1. 生境；2. 植株一部分；3、4. 叶片；5. 雄花

相似种：黑藻［*Hydrilla verticillata* (Linnaeus f.) Royle］

参考文献

陈煜初, 张帆, 赵勋, 2017. 浙江水生植物新资料 [J]. 杭州师范大学学报（自然科学版），16(1): 30–31.

陈运造, 2006. 苗栗地区重要外来入侵植物图志 [M]. 苗栗:"台湾行政院农业委员会"苗栗区农业改良场.

吴永华, 2006. 兰阳平原外来归化植物之入侵研究 [D]. 宜兰（台湾）: 宜兰大学自然资源学系.

杨再义, 1982. 台湾植物名录 [M]. 台北: 天然书社: 169.

Cook C D K, Urmi-könig K, 1984. A revision of the genus *Egeria* (Hydrocharitaceae)[J]. Aquatic Botany, 19(1–2): 73–96.

Harada P, 1956. Cytological studies in Helobiae. I. Chromosome idiograms and a list of chromosome numbers in seven families[J]. Cytologia, 21(3): 306–328.

Pierini S A, Tomaz S M, 2004. Effects of inorganic carbon source on photosynthetic rates of *Egeria najas* Planchon and *Egeria densa* Planchon (Hydrocharitaceae)[J]. Aquatic Botany, 78(2): 135–146.

Rodrigues R B, Thomaz S M, 2010. Photosynthetic and growth responses of *Egeria densa* to photosynthetic active radiation[J]. Aquatic Botany, 92(4): 281–284.

Spencer W, Bowes G, 1990. Ecophysiology of the world's most troublesome aquatic weeds[M]// Pieterse A H, Murphy K J. Aquatic Weeds: the Ecology and Management of Nuisance Aquatic Vegetation. Oxford: Oxford University Press: 39–73.

Wu S H, Yang T Y, Teng Y C, et al, 2010. Insights of the latest naturalized flora of Taiwan: Change in the past eight years[J]. Taiwania, 55(2): 139–159.

2. 伊乐藻属 *Elodea* Michaux

多年生淡水草本，无根茎和匍匐茎。茎直立，分枝或不分枝。叶在茎上轮生，每轮3～7枚，或在近第4节处对生，沉水，无柄，叶片线形至线状披针形，顶端锐尖，叶背无刺或通气组织，叶鞘内小鳞片全缘。花序单生，无柄；佛焰苞无翅。花单性，通常雌雄异株，稀两性，常通过花冠管基部延长伸出水面，花无梗，花瓣白色。雄花：花丝明显或内轮3枚在1/2处合生，花药卵形。雌花：子房1室，花柱3枚，不二分叉。果卵形至狭卵形，光滑，不规则开裂。种子圆柱状至纺锤状，光滑或被毛。

本属5种，分布于南北美洲的亚热带至温带地区，在旧大陆和澳大利亚有引种（Cook & Urmi-könig, 1985; Cook, 1996）。中国引种1种，现为外来入侵种。

伊乐藻 *Elodea nuttallii* (Planchon) H. St. John, Rhodora. 22: 29. 1920. —— *Anacharis nuttallii* Planchon, Ann. Mag. Nat. Hist., ser. 2, 1: 86. 1848.

【**特征描述**】 多年生沉水草本，根状茎无。茎较细，直径1 mm，具分枝，长可达2 m。叶膜质，无柄，常3枚轮生，或2叶对生，线形或披针形，常下弯，长1～1.5 cm，宽2 mm，具1脉，全缘或具小齿。雄佛焰苞近球形或卵形，直径2.2～4 mm，雄花单生；花梗极易脱落；萼片3枚，卵圆形，反折；花瓣3枚，细小；雄蕊9枚，花丝合生，极短，花药肾形。雌佛焰苞线形，长8.5～15 mm；花萼3枚；花瓣条状，细小；柱头3枚，流苏状，子房内有2～5枚胚珠，有时可达6～8枚。种子纺锤形，长4～4.6 mm，基部被长毛。**染色体**：该种为二倍体或三倍体，具有非整倍体的种群（Cook & Urmi-könig, 1985）。其种群可能表现出高度的遗传多态性，染色体数变异较大。在美国的种群染色体 $2n=32$、42、44，英国为 $2n=48$，法国为 $2n=44$，瑞士为 $2n=56$（Vanderpoorten et al., 2000）。**物候期**：花果期7—10月。

【**原产地及分布现状**】 原产于北美洲的温带地区（Cook & Urmi-könig, 1985; Barrat-Segretain, 2001），该种作为水族馆观赏植物被引种栽培，1939年首次在欧洲的比利时有记录，但直到 1955 年才得到准确鉴定，随后迅速扩散至荷兰、德国、英国、奥地利等地（Wolff, 1980），目前在欧洲被认为是入侵杂草（Escobar et al., 2011），在瑞典被认为是水体中"最麻烦"的物种之一（Josefsson & Andersson, 2001）。20 世纪 60 年代，该种在日本首次被发现于滋贺县琵琶湖（Lake Biwa），并且在当地的许多湖泊、池塘和溪流中快速传播（Ikusima & Kabaya, 1965）。值得注意的是，该种在欧洲分布的大多数都是雌性个体，仅德国记录有雄性个体，在日本则均为雄性个体（Cook & Urmi-könig, 1985）。**国内分布**：主要出现在湖北、江苏、浙江等地，全国多地的花卉市场、花鸟虫鱼市场等处亦有出售。

【**生境**】 常生于湖泊、水塘、沟渠、流动缓慢的溪流和运河等淡水生境，潮间带也可生长。

【**传入与扩散**】 **文献记载**：杨清心和李文朝（1989）首次对国内伊乐藻的引种概况进行了介绍。20 世纪 80 年代，中科院南京地理与湖泊研究所从日本将该种引入中国太湖，后广泛应用于水产养殖及水生态修复。1993—1995 年，胡耀辉（1996）在东太湖边池塘中对伊乐藻及本土的几种沉水植物的生物量、生产量和竞争态势进行了测定，发现伊乐藻具有明显的竞争优势。王金旺等（2018）报道伊乐藻为浙江水生植物归化新记录，生于浙江省杭州市、宁波市的一些河道中。**标本信息**："Phil.［adelphia］" s.d., T. Nuttall s.n.（Holotype：BM）。模式材料由 T. Nuttall 采自美国北部，现存放于英国自然博物馆（BM001009884）。中国最早的标本记录为 2015 年王金旺等采于浙江省临安的标本（WZ097，HZISC）。**传入方式**：1986 年由中科院南京地理与湖泊研究所从日本将伊乐藻的雄株引种到东太湖种植（杨清心和李文朝，1989），此后作为水产养殖的饲料在各地引种传播。**传播途径**：在传入早期由于人为的引种栽培而导致其逸生是主要的途径，其断枝可在水体中借助水流或水上活动（如捕鱼或水运）等途径传播，并大量繁殖。**繁殖方式**：以腋芽及茎段进行无性繁殖；在其引入地几乎未见成熟的果实。**入侵特点**：① 繁殖性　无性繁殖能力强，其茎节处可产生不定根，腋芽和断裂的茎段均可发育成新植株。当春季水温高于 10 ℃时匍匐枝的腋芽可萌发形成新植株，新植株伸长速率较快。伊乐藻生长快速，在 6 月到 8 月间，每天平均伸长达 1.9 cm，最大伸长速度可达每天 3～4 cm（杨清心和李文朝，1989）；具有竞争优势（胡耀辉，1996），能抑制黑藻［*Hydrilla verticillata* (Linnaeus f.) Royle］的萌发和幼苗生长，特别是在冬春时节，该种在空间的竞争中占有明显的优势（许经伟 等，2007）。② 传播性 茎段较细，极易断裂而借助水力传播，扩散强度大，是一种具有高入侵风险的外来物种（马剑敏 等，2010）。栽培较为广泛，人工种植后随意遗弃是其传播的主要途径。③ 适应性 具有较强的环境适应能力，耐盐碱，对硬质水适应性强，能在湖泊、河流、沟渠、水田、潮间带等多种生境存活，可依靠其发达的断枝进行无性繁殖而迅速扩张种群（连光华和张圣照，1996; Barat-Segretain et al., 2002）。比较耐寒，营养体的越冬方式使其在与其他植物的生长竞争中占有优势。当冬季水温降低后，主要以无固定的具叶的短枝形式在水底形成密集的枝丛垫层越冬，在冬季水温高于 4 ℃ ±1 ℃时，伊乐藻植株便可以继续保持活力并正常生长，维持其种群规模，甚至当水温低至 0 ℃时，仍可保持生长活力，在温度适宜时，表现出多年生植物的生长特征（Kunii, 1984）。有研究表明该种还具备抗石油污染的能力（Burk, 1977）。**可能扩散的区域：** 可能扩散至亚热带至温带地区的淡水及潮间带等生境中。

【**危害及防控**】 **危害：** 伊乐藻具有很强的入侵性，在法国、日本、瑞士等国家和地区的一些受干扰较大的水体中，迅速发展成为优势种（Kunii, 1984; Barrat-Segretain et al., 2002）。在中国的东太湖，伊乐藻于 1986 年被引进，1996 年已成为亚优势种，2002 年已成为优势建群种（谷孝鸿 等，2005）。伊乐藻与本地水生植物竞争，影响生物多样性；大量繁殖，阻塞河道；在湖泊中繁殖过多，影响景观。**防控：** 该植物多为人工种植，应做好科普教育工作，使种植者认识到伊乐藻在自然生境中的危害，引种后须严格管理，不能随意丢弃到自然水体中。对于小范围的伊乐藻入侵的控制可采取人工打捞并晒干的措施，对于较大范围的入侵可采取定期刈割的方式，刈割时间最好在 7 月之前，刈割的时间间隔为 6～8 周，可明显控制其种群规模。必须注意刈割的同时要防止其植株碎片的扩散。在条件允许的情况下，也可采用排干生境中水分的办法，使其缺水干死。此外，也可种植不同生长季节的水生植物相互搭配控制，如菹草（*Potamogeton crispus*

Linnaeus），最大限度地保证水体周年均有水生植物生长，在秋冬季对伊乐藻保持一定的竞争，限制伊乐藻扩张。

【凭证标本】 浙江省杭州市临安区清凉峰镇，2015 年 7 月 21 日，王金旺、周庄和丁炳扬 WZ097（HZISC）；浙江省宁波市龙观乡，2016 年 8 月 29 日，王金旺、邹颖颖 W1160801（HZISC）；湖北省襄阳市襄阳林家洲以北，2016 年 10 月 5 日，侯元同、杨毅、侯元免、侯春丽、兰建林 1610053-5（QFNU）。

【相似种】 伊乐藻与黑藻 [Hydrilla verticillata (Linnaeus f.) Royle] 相似，区别在于黑藻具根状茎，叶背中脉常具细小刺突，边缘有明显的锯齿，雄蕊 3 枚；而伊乐藻则无根状茎，叶背无小刺突，边缘全缘或有小齿，雄蕊 9 枚。黑藻为国产种，广泛分布于中国南北各地的水域之中。此外该种与水蕴草（Egeria densa Planchon）亦相似，区别在于水蕴草的中上部叶常 4～8 枚轮生，茎粗壮，直径约 1～3 mm。

伊乐藻［*Elodea nuttallii* (Planchon) H. St. John］

1. 生境；2. 植株一部分；3. 三叶轮生；4. 两叶对生

参考文献

谷孝鸿，张圣照，白秀玲，等，2005. 东太湖水生植物群落结构的演变及其沼泽化 [J] . 生态学报，25（7）：1541-1548.

胡耀辉，1996. 伊乐藻等几种沉水植物的生物量和生产量测定以及竞争态势试验 [J] . 湖泊科学，S1：73-78.

连光华，张圣照，1996. 伊乐藻等水生高等植物的快速营养繁殖技术和栽培方法 [J] . 湖泊科学，S1：11-16.

马剑敏，胡灵卫，胡倩如，2010. 伊乐藻和黑藻断枝根和芽的发生及生长研究 [J] . 水生生物学报，34（3）：525-532.

王金旺，邹颖颖，王军峰，等，2018. 浙江水生植物分布5新记录种 [J] . 浙江大学学报（理学版），45（1）：127-130.

许经伟，李伟，刘贵华，等，2007. 两种沉水植物黑藻和伊乐藻的种间竞争 [J] . 植物生态学报，31（1）：83-92.

杨清心，李文朝，1989. 伊乐藻在东太湖的引种 [M] // 中国科学院南京地理与湖泊研究所 . 中国科学院南京地理与湖泊研究所集刊 . 第6号 . 北京：科学出版社 .

Barrat-Segretain M H, 2001. Invasive species in the Rhone River floodplain (France): replacement of *Elodea canadensis* Michaux by *E. nuttallii* St. John in two former river channels[J]. Archiv fur Hydrobiologie, 152(2): 237−251.

Barrat-Segretain M H, Elger A, Sagens P, et al, 2002. Comparison of three life-history traits of invasive *Elodea canadensis* Michx. and *Elodea nuttallii* (Planch.) H. St. John[J]. Aquatic Botany, 74(4): 299−313.

Burk C J, 1977. A four year analysis of vegetation following an oil spill in a freshwater marsh[J]. Journal of Applied Ecology, 14(4): 515−522.

Cook C D K, 1996. Aquatic plant book[M]. Champaign, Illinois, USA: Balogh Scientific Books: 97−99.

Cook C D K, Urmi-König K, 1985. A revision of the genus *Elodea* (Hydrocharitaceae)[J]. Aquatic Botany, 21(2): 111−156.

Escobar M M, Voyevoda M, Fühner C, et al, 2011. Potential uses of *Elodea nuttallii* harvested biomass[J]. Energy, Sustainability and Society, 1(4): 1−8.

Ikusima I, Kabaya H, 1965. A newly introduced aquatic plant, *Elodea occidentalis* (Pursh) St. John in Lake Biwa, Japan[J]. The Journal of Japanese Botany, 40: 57−64.

Josefsson M, Andersson B, 2001. The environmental consequences of alien species in the Swedish Lakes Mälaren, Hjälmaren, Vänern and Vättern[J]. Ambio a Journal of the human environment, 30(8): 514−521.

Kunii H, 1984. Seasonal growth and profile structure development of *Elodea nuttallii* (Planch.) St. John in pond Ojaga-ike, Japan[J]. Aquatic Botany, 18(3): 239–247.

Vanderpoorten A, Lambinon J, Tignon M, 2000. Morphological and molecular evidence of the confusion between *Elodea callitrichoides* and *E. nuttallii* in Belgium and Northern France[J]. Belgian Journal of Botany, 133(1–2): 41–52.

Wolff P, 1980. Die Hydrilleae (Hydrocharitaceae) in Europa[J]. Göttinger Floristische Rundbriefe, 14(2): 33–56.

百合科 | Liliaceae

　　大多数为多年生草本，稀为亚灌木、灌木或乔木，具根状茎、块茎或鳞茎，茎直立或攀援。叶基生或茎生，茎生的叶常互生，少数为对生或轮生，通常具弧形平行脉，极少具网状脉。花常两性，很少为单性异株或杂性，通常辐射对称，极少稍两侧对称；花被片6枚，少有4枚或多枚，一般为花冠状，离生或不同程度地合生（成筒）；雄蕊6枚，常与花被同数，花丝离生或贴生于花被筒上；子房上位，极少半下位，常为3室（很少为2、4、5室），中轴胎座，少有1室而具侧膜胎座，每室具1至多枚倒生胚珠。果常为蒴果或浆果，较少为坚果。种子具丰富的胚乳，胚小。

　　广义的百合科大约有250属3 500种，广布世界各地，尤其是温带和亚热带地区。中国有约57属726种，其中外来入侵1属1种。另有芦荟 [*Aloe vera* (Linnaeus) Burman]，原产于非洲，在唐朝初年甄权所著的《药性论》中有记载，且具有较重要的药用价值，多地有引种栽培，目前在云南、广西等少数地区逸生并归化，尚未造成入侵危害。此外还有丝兰属的凤尾丝兰（*Yucca gloriosa* Linnaeus），该种原产于北美洲东部和东南部，陈小永等（2006）以及丁炳扬和胡仁勇（2011）分别将其列为杭州外来杂草和温州外来入侵植物。该种在中国南北各地均有栽培，长江流域及以南地区偶有归化，但未产生较大面积的危害。因此，本志暂不收录此两种。

　　分子系统学研究表明，百合科仅保留仙灯族（Calochorteae）、油点草族（Tricyrteae）、巫女花族（Medeoleae）和百合族（Lilieae），其余类群全部排除（Fay et al., 2006），新成立了黄脂木科（Xanthorrhoeaceae）、藜芦科（Melanthiaceae）、无叶莲科（Petrosaviaceae）等数个科。在广义百合科中，新引种了仙灯属（*Calochortus*）、金钟木属（*Philesia*）、六出花属（*Alstroemeria*）、獐牙花属（*Wurmbea*）、提灯花属（*Sandersonia*）、聚星草属（*Astelia*）、秋水仙属（*Colchicum*）等多个属的植物，种类繁多，多为观赏植物。

假葱属 *Nothoscordum* Kunth

多年生草本，鳞茎和葱属的一些种相似，但无葱的香味，外层苞片膜质。叶基生，丝状到线状，边缘重叠成覆瓦状，基部具鞘。花序伞状，由佛焰苞包于叶腋；苞片 2 枚，膜质。花锥状，宿存；花被片 6 枚，2 轮，近相等；雄蕊 6 枚，内藏，贴生于花被片基部，花丝明显，基部扩大，顶端锥状，花药椭圆形；子房上位，无柄，3 室；胚珠几枚到 12 枚，花柱丝状，柱头小。蒴果黑色，扁平，3 裂。

本属约 9 种，全部原产于美洲。中国有 1 种，为外来入侵种。分子系统学研究表明，假葱属所在的葱族（Allieae）应归入石蒜科（Amaryllidaceae）（Chase et al., 2009）。

假韭 *Nothoscordum gracile* (Aiton) Stearn, Taxon 35(2): 338. 1986. —— *Allium gracile* Aiton, Hort. Kew., 1: 429. 1789. —— *Allium fragrans* Ventenat, Descr. Pl. Nouv. Jardin de J. M. Cels 26. 1800. —— *Nothoscordum fragrans* (Ventenat) Kunth, Enum. Pl. Omnium Hucusque Cognitarum 4: 461. 1843.

【特征描述】 多年生草本，无葱的气味，鳞茎卵形，直径 1.5 cm，植株成熟时其外围具一层棕色的坚硬外壳。花葶 1～2 枚，长 30～60 cm。叶基生，2～9 枚，叶鞘包裹鳞茎颈部，透明；叶片线形，长 20～40 cm，宽 4～12 mm，全缘。伞形花序具小花 10～20 朵，常不对称，直径达 5 cm；苞片 2 枚，宿存，长 1.2～2 cm，宽 5～8 mm，基部联合，重叠成瓦状，边缘干膜质。花具芳香；花梗直立到伸展，2～6 cm，不等长；花被片上面白色，近中脉处粉红色，基部绿色，倒披针形，顶端钝；雄蕊 6 枚，花丝贴生花被片；花柱在果期宿存，与雄蕊近等长，子房 3 室。蒴果倒卵形，长 6～7 mm，每室有种子 8～12 粒。**染色体：** $2n$=19（13M+6A）（Kurita & Kuroki, 1963）。**物候期：** 花果期 12 月至次年 3 月。

【原产地及分布现状】 原产于热带美洲，包括墨西哥南部至南美洲西部（Ravenna, 1991），在欧洲、非洲、亚洲和澳大利亚归化（Steam, 1986）。2015 年在印度新德里有假韭分布记录，最初被误鉴定为可食用的韭（*Allium tuberosum* Rottler ex Sprengel）（Pandey et al., 2015）。**国内分布**：福建、云南。

【生境】 喜肥沃土壤，常生于路边荒地、农田苗圃、园林绿地以及沟渠或河道旁。

【传入与扩散】 **文献记载**：《中国种子植物科属词典》最早记载假葱属（*Nothoscordum*）（侯宽昭，1982），但其实是长梗韭 [*Allium neriniflorum* (Herbert) G. Don] 的误记。假韭在 2006 年被首次记录为云南外来入侵植物（丁莉 等，2006），申时才等（2012）也将其列为云南外来入侵植物。解焱（2008）将其列为云南、福建外来入侵植物。**标本信息**：Hort. Kew. 1788（Type: BM）。模式材料来自 Hinton East 于 1787 年自牙买加引种于英国皇家植物园邱园的植株，标本现保存于英国自然博物馆（BM000578828）。对于其来源地，也有学者提出异议，认为其模式材料应该来自乌拉圭的拉普拉塔盆地（Ravenna，1991）。中国尚无该种的历史标本记录。**传入方式**：中国无该种的引种记录，可能为 21世纪初随农作物或苗木等传入，也可能随植物园引种进入，首次传入地为云南，昆明植物园内多有分布。**传播途径**：种子和鳞茎随农作物或带土苗木等的运输传播。**繁殖方式**：种子繁殖或以鳞茎进行无性繁殖。**入侵特点**：① 繁殖性 其鳞茎可产生超过 50 个小鳞茎，小鳞茎极易脱离母体，进而形成新的植株，鳞茎本身亦可进行繁殖，无性繁殖能力强。其每个花序可产生 75～110 粒种子，种子成熟后不经休眠即能萌发，萌发率达80%～90%，但 6 个月后种子活力下降（Pandey et al., 2015）。② 传播性 依靠种子和鳞茎快速传播。种子可通过风、水和苗木运输或倾倒垃圾等过程传播；极易从母体脱落的小鳞茎可随土壤在灌溉等农业生产活动中快速扩散。③ 适应性 耐贫瘠，生长快速，适应性强，能够适应从丘陵到平原较广泛的生境。其鳞茎深入土层，可借此越冬并发芽。**可能扩散的区域**：长江流域及其以南各省区。

【危害及防控】 **危害**：假韭在澳大利亚阿德莱德等地常发生于平地、河边、山坡、苗圃等生境，在世界多个地区都被认为是对环境具有危害的杂草（Groves et al., 2005）。Pandey 等（2015）对该种进行风险评估后发现，假韭具有杂草性质，在农业生产中具有较大的入侵潜力。此外，其植株体内含有生物碱，具有一定的毒性。在中国，假韭被视为农田杂草（申时才 等，2012），该种在福建、云南等地常生长于苗圃、绿化带，影响农作物的生长和绿化建设。目前，该种在中国虽然没有较多关于其危害情况的报道，但一旦其在特定生境中定居，将会影响本地物种和农作物生长，造成入侵危害。**防控：** 禁止随意引种，发现有逸生时，应监测其发展动态，并及时进行清除，物理防控时应注意将其鳞茎彻底挖出并清除，耕地中可采用多次深耕的形式，抑制假韭的生长。

【凭证标本】 云南省迪庆州香格里拉格咱乡，海拔 4 557 m，28.591 0°N，99.864 7°E，2011 年 8 月 21 日，海仙 LCJ-324（SABG）。

【相似种】 假韭在欧洲长期被错误地鉴定为无味假葱［*Nothoscordum inodorum* (Aiton) G. Nicholson］（Steam，1986），后者原产于欧洲，中国尚无分布。在其原产地，假韭可与 *Nothoscordum entrerianum* Ravenna 发生自然杂交，Ravenna（1991）认为假韭是由几个亚种组成的复合群，它们非重叠分布于巴西的北部至阿根廷的布宜诺斯艾利斯。

假韭 [*Nothoscordum gracile* (Aiton) Stearn]
1. 花葶及花序；2. 植株形态；3. 花序；4. 果序

参考文献

陈小永，王海燕，丁炳扬，等，2006. 杭州外来杂草的种类组成与生境特点［J］. 植物研究，26（2）: 242-249.

丁炳扬，胡仁勇，2011. 温州外来入侵植物及其研究［M］. 杭州: 浙江科学技术出版社: 133.

丁莉，杜凡，张大才，2006. 云南外来入侵植物研究［J］. 西部林业科学，35（4）: 98-103+108.

侯宽昭，1982. 中国种子植物科属词典［M］. 北京: 科学出版社: 332

申时才，张付斗，徐高峰，等，2012. 云南外来入侵农田杂草发生与危害特点［J］. 西南农业学报，25（2）: 554-561.

解焱，2008. 生物入侵与中国生态安全［M］. 石家庄: 河北科学技术出版社: 330.

Chase M W, Reveal J L, Fay M F, 2009. A subfamilial classification for the expanded asparagalean families Amaryllidaceae, Asparagaceae and Xanthorrhoeaceae[J]. Botanical Journal of the Linnean Society, 161(2): 132–136.

Fay M F, Chase M W, Rønsted N, et al, 2006. Phylogenetics of Liliales: summarized evidence from combined analyses of five plastid and one mitochondrial loci[J]. Aliso: A Journal of Systematic and Evolutionary Botany, 22: 559–565.

Groves R H, Boden R, Lonsdale W M, 2005. Jumping the garden fence: invasive garden plants in Australia and their environmental and agricultural impacts[R]. Sydney: WWF-Australia.

Kurita M, Kuroki Y, 1963. Heterochromaty in *Nothoscordum* chromosomes[J]. Memoirs of the Ehime University Section II, 4: 493–500.

Pandey A, Negi K S, Pradheep H, et al, 2015. Note on occurrence of Fragrant false garlic ［*Nothoscordum gracile* (Aiton) Stearn］in India[J]. Indian Journal of Plant Genetics Resources, 28(3): 351–355.

Ravenna P, 1991. *Nothoscordum gracile* and *N. borbonicum* (Alliaceae)[J]. Taxon, 40: 485–487.

Stearn W T, 1986. *Nothoscordum gracile*, the correct name of *N. fragrans* and *N. inodorum* of authors (Alliaceae)[J]. Taxon, 35: 335–338.

石蒜科 | Amaryllidaceae

多年生草本，极少数为半灌木、灌木以及乔木，具鳞茎、根状茎或块茎。叶多数基生，呈线形，全缘或有刺状锯齿。花单生或排列成伞形花序、总状花序、穗状花序、圆锥花序，通常具佛焰苞状总苞，总苞片1至数枚，膜质；花两性，辐射对称或为左右对称；花被片6枚，2轮；花被管和副花冠存在或不存在；雄蕊通常6枚，着生于花被管喉部或基生，花药背着或基着，通常内向开裂；子房下位，3室，中轴胎座，每室具有胚珠多数或少数，花柱细长，柱头头状或3裂。蒴果多数背裂或不整齐开裂，很少为浆果状；种子含有胚乳。

石蒜科有100多属1 200多种，分布于热带、亚热带及温带。中国约有该科植物10属34种，其中外来入侵2属2种。分子系统学证据表明，应从原石蒜科中分出龙舌兰科（Agavaceae）、鸢尾蒜科（Ixioliriaceae）、矛花科（Doryanthaceae）和仙茅科（Hypoxidaceae），并入原属百合科的百子莲族（Agapantheae）、葱族（Allieae）和蜂花韭族（Gilliesieae），但不包含形态上与葱族相近的无味韭科（Themidaceae）类群（Chase et al., 2009）。其中矛花科（Doryanthaceae）从石蒜科中分出后仅1属，为矛花属（Doryanthes）（Seberg et al., 2012），已有引种作为切花。

石蒜科植物的许多种类都具有重要的药用价值和观赏价值，中国引种栽培40余属200多种，大多为观赏植物。其中，水鬼蕉［Hymenocallis littoralis (Jacquin) Salisbury］、水仙（Narcissus tazetta var. chenensis Roemer）、朱顶红［Hippeastrum rutilum (Ker-Gawl.) Herb.］、花朱顶红［Hippeastrum vittatum (L'Héritier) Herbert］、葱莲［Zephyranthes candida (Lindley) Herbert］和剑麻（Agave sisalana Perrine ex Engelmann）等在中国少数地区归化，分布范围较窄，尚未见危害报道，因此，本志暂不收录。

参考文献

Chase M W, Reveal J L, Fay M F, 2009. A subfamilial classification for the expanded asparagalean families Amaryllidaceae, Asparagaceae and Xanthorrhoeaceae[J]. Botanical Journal of the Linnean Society, 161(2): 132–136.

Seberg O, Petersen G, Davis J I, et al, 2012. Phylogeny of the Asparagales based on three plastid and two mitochondrial genes[J]. American Journal of Botany, 99(5): 875–889.

分属检索表

1 较大型草本；叶厚，肉质，呈莲座状排列；花序通常圆锥状 ⋯⋯ 1. 龙舌兰属 *Agave* Linnaeus

1 矮小禾草状草本；叶狭线形，形似葱；花单生于每一花茎顶端 ⋯⋯⋯⋯⋯⋯⋯⋯⋯⋯⋯⋯⋯⋯⋯⋯⋯⋯⋯⋯⋯⋯⋯⋯⋯⋯⋯⋯⋯⋯⋯⋯⋯⋯⋯⋯⋯ 2. 葱莲属 *Zephyranthes* Herbert

1. 龙舌兰属 *Agave* Linnaeus

多年生植物，无茎或有极短的茎。叶呈莲座式排列，大而肥厚，肉质或稍带木质，边缘常有刺或偶无刺，顶端常有硬尖刺。花茎粗壮高大，具分枝；花通常排列成大型稠密的顶生穗状花序或圆锥花序，有些种类每年或隔年开花一次，另一些种类只开花结果一次，开花后便死亡；花被管短，花被裂片6枚，狭而相似；雄蕊6枚，着生于花被管喉部或管内；花丝细长，常伸出于花被外，花药丁字形着生；子房下位，3室，每室有胚珠多数，花柱线形，柱头3裂。蒴果长椭圆形，室背3瓣开裂；种子多数，薄而扁平，黑色。

本属约有200多种，原产于西半球干旱和半干旱的热带地区，尤以墨西哥地区的种类最多。中国引种栽培4种，其中1种为外来入侵种。其中剑麻（*Agave sisalana* Perrine ex Engelmann）原产于墨西哥，并在日本（Toyoda, 2003）、澳大利亚（Holm et al., 1979）、新西兰（Queensland Herbarium, 2002）等国家归化。该种植株较大，营养生长旺盛，占据较大的空间，常形成单优群落，在西班牙东南部影响本地植物的定居，挤占本地植物生长空间（Badano & Pugnaire, 2004）；在澳大利亚，剑麻被列为对环境具有影响的前 200 种入侵植物之一，也是对昆士兰沿海岸沙滩和沙丘最具危害的前 35 种杂草之一（Australian Weeds Committee, 2013）。剑麻在中国为引种栽培的经济植物，在少数地区如福建等省归化，但在中国暂无入侵报道，未造成危害，因此本志暂不收录。鉴于剑麻在其他国家已产生了较大的影响，具有一定的入侵潜力，因此也需要注意防范。

龙舌兰 *Agave americana* Linnaeus, Sp. Pl. 1: 323. 1753. —— *Agave gracilispina* Engelmann ex Trelease, Stand. Cycl. Hort. 1: 234. 1914.

【别名】 龙舌掌、番麻

【特征描述】 多年生大型草本，茎短。叶大型，肥厚肉质，长 1～2 m，宽 15～20 cm，常 30～40 枚，呈莲座式排列，倒披针状线形，灰绿色，具白粉，叶缘具有疏刺，顶端有 1 硬尖刺，刺暗褐色，长 1.5～2.5 cm。圆锥花序大型，长达 6～12 m，多分枝；花淡黄绿色；花被管长约 1.2 cm，花被裂片 6，长 2.5～3 cm；雄蕊 6 枚，花丝长约为花被的 2 倍；子房下位，3 室，每室具胚珠多枚，柱头 3 裂。蒴果长圆形，长约 5 cm。种子多数，扁平，黑色。开花后花序上生成的珠芽极少。染色体：$2n=60$（Munira et al., 2010），此外还有 $2n=120$、180 的报道，非整倍体也有发现（Reveal & Hodgson, 2003）。物候期：花期 6—8 月，果期 8—11 月，果实 10 月份成熟。

【原产地及分布现状】 原产于北美洲，包括美国南部至墨西哥中部，该种作为观赏植物在世界范围内被广泛引种栽培，已归化于欧洲、大洋洲、非洲、加勒比地区以及中南美洲（Govaerts, 2016）。1520 年左右，龙舌兰就已出现在欧洲。1561 年欧洲人首次对生长于意大利帕多瓦的龙舌兰进行了描述（Sydow, 1987），之后该种逐渐在欧洲大陆传播扩散。龙舌兰在中国华南及西南各省区常有引种栽培，在云南已逸生多年，且目前在元江、怒江、金沙江等流域的干热河谷地区以至昆明均能正常开花结实（钱啸虎，1985）。国内分布：重庆、福建、广东、广西、海南、四川、香港、云南。全国多地有栽培，在温带地区及冬季寒冷的亚热带地区主要见于温室中。

【生境】 喜排水良好的土壤环境，生于海拔 2 500 m 以下的干旱和半干旱生境中，常见于路边荒地、河岸边、林地、林缘草地、海边沙地、近海岛屿以及石质的向阳山坡等处。

【传入与扩散】 **文献记载**：Forbes 和 Hemsley 于 1903 年即已记载了龙舌兰，并指出当时该种在中国已有栽培，但未见野生种群（Forbes & Hemsley, 1903），之后 1936 年出版的 *Short Flora of "Formosa"*（Masamune, 1936）也有记载。1931 年龙舌兰在北京就已有栽培记录（Hsia, 1931），《北京地区植物志：单子叶植物》（北京师范大学生物系，1975）和《中国高等植物图鉴（第五册）》（中国科学院植物研究所，1976）亦有收录，记载该种当时在北京各公园温室常见栽培。曾宪锋等（2009）将其列为粤东地区外来入侵植物。**标本信息**：Herb. Linn. 443.1（Lectotype: LINN）。该模式材料采自美国，由 Howard（1979）指定为后选模式，保存于英国伦敦林奈学会植物标本馆。工藤祐舜（Kudo Yushun）于 1931 年在台湾的澎湖县通梁村采到该种标本（TAI030439）。1936 年于福建厦门（H. C. Chao 552，AU003229），1961 年于海南海口（陈少卿 17666，IBSC0638487）亦有采集记录。**传入方式**：1645 年间由荷兰人引入台湾栽培（杨恭毅，1984），可能在近代传入厦门。**传播途径**：主要通过人为引种栽培而传播，其种子可通过风或水流传播。**繁殖方式**：种子繁殖，或以根茎进行无性繁殖。**入侵特点**：① **繁殖性** 该种是大型的多年生肉质植物，其寿命通常为 10～30 年。无性繁殖能力强，可通过根茎萌芽产生分株，实现横向扩散，进而形成大面积的密集种群。该种一生仅进行一次开花结果，植株在开花结果后即死亡，由此产生大量萌发性强且定殖率高的种子（Badano & Pugnaire, 2004）。② **传播性** 种子、幼小的分株、根茎以及植株片段均易随海潮、土壤运输以及带土苗木传播到新的生境中。由于该种栽培广泛，故尤其容易随倾倒的园林垃圾传播扩散。③ **适应性** 该种是具景天酸代谢（crassulacean acid metabolism, CAM）途径的植物（CAM 植物），耐旱性强，可忍受极端干旱条件，耐高温，耐盐碱，耐贫瘠，可在沙质或肥沃的土壤中生长，也可在裸露的沙地上定殖，适生性广。特别是沙地利于其克隆生长，使其入侵力更强（Badano & Pugnaire, 2004）。但龙舌兰不耐荫，在阴凉的环境下无法正常生长。

可能扩散的区域：热带及亚热带温暖区域的各省区。

【危害及防控】 危害：该种植株体型较大，营养生长旺盛，占据较大的空间，常形成单优群落，挤占本地植物的生长空间，影响生物多样性。其叶汁有毒，可刺激皮肤，产生灼热感、发痒，出红疹，甚至产生水泡，对眼睛也有毒害作用，对兔、羊等牲畜能产生毒副作用（何家庆，2012），其叶缘的尖刺也易对家畜造成伤害。世界自然保护联盟（IUCN）认为该种是一种危害严重的环境杂草和入侵物种，已入侵世界多个国家和地区，包括澳大利亚、新西兰、肯尼亚、南非等地。该种对当地牧场、本土灌丛和沙丘植被构成了严重威胁。在中国，龙舌兰主要入侵西南地区，尤其是在云南干热河谷已形成较大面积的种群，形成密集的几乎无法穿透的灌丛，挤占本地物种的生存空间。防控：加强种植管理，避免其逃逸到自然生境中大量繁殖，禁止在山坡绿化中使用该种。对于入侵种群可采取机械和化学防除相结合的方法控制，可在砍倒近地面的大型叶片的同时将除草剂涂于表面，所有植株碎片都须妥善处理，不可随意丢弃（ISSG，2011）。

【凭证标本】 福建省漳州市东山县西浦镇，海拔 43 m，23.708 0°N，117.427 0°E，2014年9月14日，曾宪锋 RQHN06039（CSH）；重庆市南川区三泉镇三泉村，29.072 7°N，107.205 4°E，2014 年 12 月 19 日，刘正宇、张军等 RQHZ06370（CSH）。

【相似种】 龙舌兰与剑麻（*Agave sisalana* Perrine ex Engelmann）相近，区别在于剑麻叶较多，每株具叶片 200～250 枚，叶顶端直，叶缘无刺或偶具刺，花后通常不结实而产生大量珠芽。剑麻原产于墨西哥，在中国的最早记录见于 *Short Flora of "Formosa"*（Masamune，1936），《海南植物志》（1977）也有记载，主要分布于中国南方地区。龙舌兰与同属的多种植物之间均可进行杂交，如 *Agave asperrima* Jacobi，*Agave salmiana* Otto ex Salm-Dick 和 *Agave scabra* Ortega。

龙舌兰（*Agave americana* Linnaeus）

1～4. 不同生境类型；
5、6. 不同生长期的植株形态；
7、8. 更新幼苗

参考文献

北京师范大学生物系，1975. 北京地区植物志：单子叶植物 [M] . 北京：人民出版社：295.

何家庆，2012. 中国外来植物 [M] . 上海：上海科学技术出版社：21.

钱啸虎，1985. 石蒜科 [M] // 裴鉴，丁志遵 . 中国植物志：第十六卷（第一分册）. 北京：科学出版社：31.

杨恭毅，1984. 杨氏园艺植物大名典（第3卷）[M] . 台北：中国花卉杂志社和杨青造园企业有限公司 .

曾宪锋，林晓单，邱贺媛，等，2009. 粤东地区外来入侵植物的调查研究 [J] . 福建林业科技，36（2）：174-179.

中国科学院植物研究所，1976. 中国高等植物图鉴：第五册 [M] . 北京：科学出版社：554.

Australian Weeds Committee, 2013. Weeds of Australia[M]. Canberra, Australia: Australian Weeds Committee.

Badano E I, Pugnaire F I, 2004. Invasion of *Agave species* (Agavaceae) in south-east Spain: invader demographic parameters and impacts on native species[J]. Diversity & Distributions, 10(5-6): 493-500.

Forbes F B, Hemsley W B, 1903. An enumeration of all the plants known from China Proper, "Formosa", Hainan, Corea, the Luchu Archipelago, and the Island of Hongkong, together with their distribution and synonymy — Part XV[J]. The journal of the Linnean Society of London, Botany, 36(250): 90.

Govaerts R, 2016. World Checklist of Asparagaceae[M]. Richmond, London, UK: Royal Botanic Gardens, Kew.

Holm L, Pancho J V, Herberger J P, et al, 1979. A geographical atlas of world weeds[M]. New York: John Wiley & Sons: 391.

Howard R A, 1979. Flora of the Lesser Antilles, Leeward and Windward Islands: Vol. 3 [M]. Cambridge: Arnold Arboretum, Harvard University: 486.

Hsia W Y, 1931. A list of cultivated and wild plants from the Botanical Garden of the National Museum of Natual History, Peiping[J]. Contributions from the Laboratory of Botany National Academy of Peiping, 1: 39-69.

ISSG, 2011. *Agave americana* in the global invasive species database[EB/OL]. (2011-01-18) [2019-03-06]. http://www.iucngisd.org/gisd/species.php?sc=1664.

Masamune G, 1936. Short flora of "Formosa" or an enumeration of higher cryptogamic and phanerogamic plants hitherto known from the Island of "Formosa" and its adjacent islands[M]. Taipei: "Kudoa": 274.

Munira S, Moslehuddeen M, Kabir G, 2010. Quantitative karyotype analysis of *Agave americana* L. and *A. striata* Zucc[J]. Bangladesh Journal of Botany, 39(2): 229-235.

Queensland Herbarium, 2002. Invasive Naturalised Plants in Southeast Queensland, alphabetical by genus[J]//Batianoff G N, Butler D W. Assessment of Invasive naturalized plants in south-east Queensland. Appendix. Plant Protection Quarterly, 17: 27−34.

Reveal J L, Hodgson W C, 2003. *Agave*[M]// Flora of North America Editorial Committee. Flora of North America: North of Mexico: Vol. 26. New York and Oxford: Oxford University Press: 442−450.

Sydow G, 1987. The First *Agave* in Europe[J]. British Cactus and Succulent Journal, 5: 76−78.

Toyoda T, 2003. Flora of Bonin Islands[M]. 2nd ed. Kamakura, Japan: Aboc-sha Co., Ltd.: 522.

2. 葱莲属 *Zephyranthes* Herbert

多年生矮小草本，具有鳞茎。叶数枚，线形，簇生，常与花同时开放。花茎纤细，中空；花单生于花茎顶端，佛焰苞状总苞片下部管状，顶端2裂；花漏斗状，直立或略下垂；花被管长或极短；花被裂片6枚，各片近等长；雄蕊6枚，着生于花被管喉部或管内，3长3短，花药背着；子房每室胚珠多数，柱头3裂或凹陷。蒴果近球形，室背3瓣开裂；种子黑色，扁平。

本属约40种，分布于西半球温暖地区；中国引种栽培2种，其中1种为外来入侵种。另一种葱莲［*Zephyranthes candida* (Lindley) Herbert］，原产南美洲，分布于西半球温暖地区（钱啸虎，1985），在中国多数公园、植物园等有引种栽培，在华南地区偶有逸生。目前暂无该种的危害报道，因此，本志暂不收录。

韭莲 *Zephyranthes carinata* Herbert, Bot. Mag. 52: t. 2594. 1825. —— *Amaryllis carinata* (Herbert) Sprengel, Syst. Veg. editio decima sexta Cur. Post.: 152. 1828. —— *Zephyranthes grandiflora* Lindely, Bot. Reg. 11: 5. 902. 1825.

【别名】 风雨花、韭兰

【特征描述】 多年生草本，鳞茎卵球形，直径2～3 cm。基生叶常数枚簇生，线形，扁平，形似韭菜叶，长15～30 cm，宽6～8 mm。花单生于花茎顶端，下有佛焰苞状总苞，总苞片常带淡紫红色，长4～5 cm，下部合生成管；花梗长2～3 cm；花玫瑰红色或粉红色，漏斗状，干后常为青紫色；花被管长 1～2.5 cm，花被裂片 6，裂片倒卵形，顶端略尖，长 3～6 cm；雄蕊 6 枚，长约为花被片的 2/3～4/5，花药丁字形着生；子房下位，3 室，胚珠多数，花柱细长，柱头 3 深裂。蒴果近球形，成熟时背部 3 裂，种子黑色，近扁平。**染色体**：2n=24、36、48（Kumar & Subramaniam, 1986）；2n=48（王丰和黄少甫，1990）。**物候期**：花期 4—9 月，果实 9—10 月成熟，盛花期通常在雨季之后。

【**原产地及分布现状**】 原产于墨西哥至危地马拉，如今美国的南部至哥斯达黎加、安的列斯群岛和南美洲的温暖地区均有分布（Standley & Steyermark, 1952）。因其花大而色泽艳丽，世界各地区均有引种栽培。**国内分布**：主要分布于重庆、福建、广东、广西、贵州、江西、四川、云南，常见于南北多个地区的花园苗圃中。

【**生境**】 喜排水良好、富含腐殖质的沙壤土，常生于路边、荒地、林下以及农田中。

【**传入与扩散**】 **文献记载**：1920 年出版的《植物名汇拾遗》记载了该种，其中文名记载为"葱兰"（张宗绪，1920），夏纬英将其称为菖蒲莲（Hsia, 1931）。之后 1956 年出版的《广州植物志》也有记载（侯宽昭，1956）。丁莉等（2006）和吴彤等（2006）将韭莲分别列为云南和山东的外来入侵植物。汪小飞等（2007）也将韭莲列为安徽黄山市外来入侵植物。**标本信息**：Herbert, Bot. Mag. 52: t. 2594. 1825（Holotype）。该种由 Mr. Bullock 引自墨西哥并栽培于英国柯蒂斯（Curtis）公园植物园，其模式标本为绘图，标本采自位于英国伦敦斯隆大街的 Mr. Tate 的苗圃。中国早期的韭莲标本记录为 1918 年采自厦门的一份标本（PEY0051630），存放于北京大学生命科学学院标本室，之后 1926 年于江苏（N040024082）、1927 年于浙江（C. Y. Chiao 750，N040024088）、1932 年于四川（W. P. Fang 12413，N040024086）、1933 年于广东（C. K. Tseng 48，AU033903）均有标本记录。**传入方式**：1908 年作为观赏花卉引入台湾栽培（杨恭毅，1984），之后又引入厦门。**传播途径**：主要随人为引种栽培而传播，其种子与鳞茎可随农业活动、带土苗木和土壤运输等过程传播。**繁殖方式**：有性繁殖和无性繁殖，但在中国引种栽培的韭莲常常开花而无籽，极少结果，主要依靠鳞茎进行无性繁殖。**入侵特点**：① 繁殖性 可自花授粉，花粉活力可达 98%。每个果实具 6～20 粒种子，成熟种子最短可在播种 3 天后萌发。在 7 月份播种，其萌发率达 100%。韭莲具有假胎生现象，即种子在掉落前即可在蒴果内萌发并长出子叶，以幼苗的形式脱离母体（Afroz et al., 2018）。其地下鳞茎卵形，内侧基部生小鳞茎，极易分离扩散，形成新植株，无性繁殖能力强。② 传播性　该种人工引种栽培范围广，极易在被遗弃后在自然生境中定居，其鳞茎的传播能力亦较强。③ 适应性　适生于温暖湿润和阳光充足的条件，亦耐半荫的环境，耐潮湿，但耐寒性差，北方地区无法露地越冬，在长江中下游地区其鳞茎可留地越冬，翌年照常生长。**可能扩散的区域**：可能扩散至长江流域及其以南各省区。

【危害及防控】　**危害**：该种在南美洲的一些甘蔗种植园中被视为农业杂草，影响农业生产（Fernández-Alonso & Groenendijk, 2004）。该种目前在中国的危害范围不大，主要在西南地区造成入侵，无性繁殖能力强，植株易成活，易形成密度较大的种群，入侵果园、种植园，危害原生植被，影响生物多样性。此外，该种在华南地区已经归化，须对其种群动态进行必要的监控。**防控**：规范化引种栽培，严格管理好种植区，禁止随意遗弃。物理防控应注意将其鳞茎彻底挖出并清除。

【凭证标本】　重庆市南川区东城街道东胜村，海拔 546 m，29.153 9°N，107.135 5°E，2014 年 9 月 3 日，刘正宇、张军等 RQHZ06660（CSH）；江西省吉安市吉州区庐陵文化生态园，海拔 41.6 m，27.147 2°N，114.999 8°E，2017 年 6 月 8 日，严靖、王樟华 RQHD03110（CSH）。

【相似种】　韭莲与葱莲［*Zephyranthes candida* (Lindley) Herbert］相近，不同在于葱莲花白色，几无花被管，且花直径明显小于韭莲。韭莲的花被裂片数目（4～8）和雄蕊数目（5～7）均有一定程度的变异，且其花被筒有时基部弯曲与子房呈 90°，但其花形变异不稳定，可在同一植株中重复出现（王祖秀 等，2007）。韭莲可与同属的 *Zephyranthes primulina* T. M. Howard & S. Ogden 进行杂交，并产生具活力的子一代（F$_1$ 代）种子（Chowdhury & Hubstenberger, 2006）。

韭莲（*Zephyranthes carinata* Herbert）

1. 生境；2. 花侧面观；3～6. 花形态

相似种：葱莲 [*Zephyranthes candida* (Lindley) Herbert]

参考文献

丁莉，杜凡，张大才，2006. 云南外来入侵植物研究 [J]. 西部林业科学，35（4）：98-103.

侯宽昭，1956. 广州植物志 [M]. 北京：科学出版社：701.

钱啸虎，1985. 石蒜科 [M] // 裴鉴，丁志遵. 中国植物志：第十六卷（第一分册）. 北京：科学出版社：5-7.

王丰，黄少甫，1990. 风雨花 *Zehpyranthes grandiflora* 染色体核型研究 [J]. 浙江师范大学学报（自然科学版），13（1）：101-104.

汪小飞，程轶宏，赵昌恒，等，2007. 黄山市外来入侵植物分析 [J]. 江苏林业科技，34（6）：23-27.

王祖秀，杨军，王枭盟，2007. 韭兰的几种花形变异及初步分析 [J]. 广西植物，27（5）：692-696.

吴彤，孟陈，戴洁，等，2006. 山东外来植物的危害及生态特征 [J]. 山东师范大学学报（自然科学版），21（4）：105-109.

杨恭毅，1984. 杨氏园艺植物大名典（第4卷）[M]. 台北：中国花卉杂志社和杨青造园企业有限公司.

张宗绪，1920. 植物名汇拾遗 [M]. 上海：商务印书馆.

Afroz S, Rahman M O, Hassan M A, 2018. Taxonomy and reproductive biology of the genus *Zephyranthes* Herb.(Liliaceae) in Bangladesh[J]. Bangladesh Journal of Plant Taxonomy, 25(1): 57–69.

Chowdhury M R, Hubstenberger J, 2006. Evaluation of cross pollination of *Zephyranthes* and *Habranthus* species and hybrids[J]. Journal of the Arkansas Academy of Science, 60(1): 113–118.

Fernández-Alonso J L, Groenendijk J P, 2004. A new specie of *Zephyranthes* Herb. s.l. (Amaryllidaceae, Hippeastreae), with notes on the genus in Colombia[J]. Revista de la Academia Colombiana de Ciencias, 28(107): 177–186.

Hsia W Y, 1931. A list of cultivated and wild plants from the Botanical Garden of the National Museum of Natual History, Peiping[J]. Contributions from the Laboratory of Botany National Academy of Peiping, 1: 39–69.

Kumar V, Subramaniam B, 1986. Chromosome Atlas of Flowering Plants of the Indian Subcontinent: Vol. 2 [M]. Calcutta, India: Botanical Survey of India: 1–464.

Standley L B, Steyermark J A, 1952. Amaryllidaceae[M]// Standley L B, Steyermark J A. Flora of Guatemala, Fieldiana: Vol. 24　Botany. Chicago: Chicago Natural History Museum: 103–145.

雨久花科 | Pontederiaceae

　　多年生或一年生水生或沼生草本，直立或漂浮；具根状茎或匍匐茎。叶通常二列，大多数具有叶鞘和明显的叶柄。导管具梯状穿孔板，叶中无导管。有的种类叶柄充满通气组织，膨大呈葫芦状，如凤眼蓝。花序为顶生总状、穗状或聚伞圆锥花序，生于佛焰苞状叶鞘的腋部；花两性，辐射对称或两侧对称；花被片6枚，排成2轮，花瓣状，蓝色、淡紫色、白色，很少黄色；雄蕊多数为6枚，2轮，稀为3枚或1枚；花丝细长，分离，贴生于花被筒上，有时具腺毛；花药内向，底着或盾状，2室，纵裂或稀为顶孔开裂；子房上位，3室，中轴胎座，或1室具3个侧膜胎座；柱头头状或3裂；胚珠少数或多数。蒴果，室背开裂，或为小坚果。种子卵球形，具纵肋。

　　本科有6属，约40种，广布于热带和亚热带地区。中国有2属5种，其中外来入侵1属1种。此外引种了梭鱼草属（*Pontederia*）和沼车前属（*Heteranthera*），水族馆及水族饲养爱好者还引种了花问荆属（*Hydrothrix*），其中梭鱼草（*Pontederia cordata* Linnaeus）原产北美，中国华北、华中、华南等多地湿地公园将该种作为水生观赏植物广泛引种栽培，偶有逸生，暂无危害报道。

凤眼蓝属 *Eichhornia* Kunth

　　一年生或多年生浮水草本，节上生根。叶基生，莲座状或互生；叶通常具长柄；叶柄常膨大，基部具鞘。花序顶生，由2至多朵花组成穗状；花两侧对称或近辐射对称；花被漏斗状，裂片6枚，淡紫蓝色，有的裂片常具1黄色斑点，花后凋存；雄蕊6枚，常3长3短；花丝丝状或基部扩大，常有毛；花药长圆形；子房3室，胚珠多数；花柱弯曲；柱头稍扩大或3～6浅裂。蒴果卵形、长圆形至线形；果皮膜质。种子多数，卵形，有棱。

本属有 7 种，主要分布于热带美洲，1 种分布于热带非洲。中国有 1 种，已成为危害严重的外来入侵植物。

凤眼蓝 *Eichhornia crassipes* (Martius) Solms, Monogr. Phan. 4: 527. 1883. —— *Pontederia crassipes* Martius, Nov. Gen. Sp. 9, t. 4. 1823. —— *Eichhornia speciosa* Kunth, Enum. Pl. 4: 131. 1843. —— *Heteranthera formosa* Miquel, Linnaea 5: 61. 1843.

【别名】 凤眼莲、水浮莲、水葫芦、布袋莲、凤眼兰、假水仙、水荷花、水生风信子、洋水仙

【特征描述】 一年生或多年生浮水草本，须根发达，棕黑色。茎极短，侧生葡萄枝，葡萄枝与母株分离后长成新植株。叶在基部丛生成莲座状；叶片圆形、宽卵形或宽菱形，具弧形脉，表面深绿色，光亮，质地厚实；叶柄中部膨大成囊状或纺锤形，基部有鞘状苞片。穗状花序；花被裂片紫蓝色，花冠略两侧对称，上方 1 枚裂片四周淡紫红色，中间蓝色，在蓝色的中央有 1 黄色圆斑，形如"凤眼"；雄蕊贴生于花被筒上，3 长 3 短；子房上位，长梨形，中轴胎座，胚珠多数。蒴果卵形。**染色体**：2*n*=32（Krishnappa, 1971）。**物候期**：萌芽期 3—5 月，花期 7—10 月，果期 8—11 月；7 月下旬为爆发起始时期，8—12 月为爆发高峰期，12 月下旬开始枯萎；腋芽能存活越冬（金樑 等，2005）。

【原产地及分布现状】 原产于巴西亚马孙河流域（Barrett & Forno, 1982），现广布于世界热带、亚热带和温带的淡水水域。19 世纪初之前，凤眼蓝仅在南美洲有分布；19 世纪末传播到加勒比和中美洲许多国家。1884 年，凤眼蓝首次出现在美国路易斯安那州的新奥尔良棉花博览会上（Julien, 2001），被喻为"美化世界的淡紫色花冠"，并被分发给与会者，可能从那以后开始扩散。1890 年其被引入佛罗里达州，现美国全境均有分布。1879 年凤眼蓝被引入欧洲，1879—1892 年间到达埃及，大约 1890 年到达澳大利亚、日本，随后相继出现在印度尼西亚（1894 年）、印度（1896 年）、中国（1901 年）、新加坡（1903 年一位住在新加坡的中国居民从香港将该种引进自家花园）、斯里兰卡（1904 年有人在香港注意到这种美丽

的植物并把它带到斯里兰卡）、南非（1910 年）、菲律宾（1912 年）、缅甸（1913 年）和马达加斯加（1920 年有记录，可能于 1900 年左右作为观赏植物引入）（Gopal, 1987）。**国内分布**：澳门、重庆、福建、广东、广西、贵州、海南、河北、河南、湖北、湖南、江苏、江西、陕西、山东、山西、上海、四川、台湾、香港、云南、浙江。凤眼蓝在华北北部、西北及东北地区多有栽培，夏季偶见逸生，但无法越冬，尚未造成入侵。

【生境】 喜高温、潮湿、营养丰富的水体环境，生于海拔 200～1 500 m 的水塘、湖泊、沟渠、水流较慢的河道、湿地及稻田中。

【传入与扩散】 **文献记载**：1912 年出版的 *Flora of Kwangtung and Hongkong* 记载了该种，当时其在香港和广东汕头也有栽培，而在澳门的沟渠中已十分常见（Dunn & Tutcher, 1912）。1928 年出版的 *List of plants of "Formosa"* 收录该种，记载该种在台湾有分布（Sasaki, 1928）。至 1912—1949 年，凤眼蓝已是浙江省杭嘉湖地区和广东省珠江三角洲区域十分常见的水生植物（周晴和潘晓云，2014）。《中国高等植物图鉴》（中国科学院植物研究所，1976）收录了凤眼蓝，并指出其繁殖迅速，有时堵塞河道，成为害草。20 世纪80 年代，凤眼蓝在中国南方一些省份开始出现危害，郭水良和李扬汉（1995）首次将其作为外来杂草报道。20 世纪末，凤眼蓝已广泛分布于华北、华东、华中和华南的 17 个省市（区），多于 10 个省市（区）受到凤眼蓝的危害，云南、广东、福建、台湾、浙江等地区水域受到严重危害（丁建清 等，1995）。**标本信息**：C. F. P. von Martius s.n.（Type: M）。模式材料源自巴西，该模式为根据标本绘制的绘图，保存于德国慕尼黑国立植物陈列馆（M0242219，M0242220）。1908 年在广西梧州有该种标本记录（Anonymous 2907，PE01789432），之后 C. O. Levine 于 1917 年在广东采到标本（C. O. Levine 1046，PE01789418）。台湾早期的标本由松田英二（Eizi Matuda）于 1915 年 10 月 30 日采自高雄（TAI027877）。**传入方式**：1901 年，凤眼蓝作为水生观赏植物从日本东京引至中国台湾（李振宇和解焱，2002），可能在同一时期香港也有引种。到 20 世纪 10 年代，在台湾、广东、广西均有凤眼蓝野生种群发现。20 世纪 50—70 年代，在我国粮食极度短缺时期，农民种植凤眼蓝来喂猪和鸭子等，随后其被作为饲料大面积推广，放养于南方的湖塘水泊。

此时，凤眼蓝扩散到长江流域并继续向北扩散。20 世纪 80 年代饲料厂增多，凤眼蓝不再被当作主要的饲料，此后凤眼蓝从受管控的小池塘中进入河流和湖泊，造成严重的农业和生态问题。分子生物学证据表明，分布于中国的大部分凤眼蓝种群显示出极低的遗传多样性，并且几乎没有分化，大约 80% 的引入种群由单个克隆组成，但西南地区的凤眼蓝种群则显示出较高的遗传多样性，因此存在多次引入的可能（Zhang et al., 2010）。**传播途径**：主要随人为引种栽培而传播，同时植株也可随人类的水上运输等过程而无意传播，漂浮于水面的植株可随风或水流移动。**繁殖方式**：以无性繁殖为主，也可有性繁殖。**入侵特点**：① **繁殖性** 凤眼蓝以无性繁殖为主，幼苗最初扎根于泥土中，由于波浪的推动或水位的上升而自由漂浮，其腋芽周期性发育为匍匐茎，在适宜条件下 5 天就可以通过匍匐茎产生新植株，一年内可产生 1.4 亿分株，可铺满 140 hm^2（1 hm^2=0.01 km^2）的水面，鲜重达 28 000 t（Ogulu-Ohwayo et al., 1997）。此外其也能进行有性繁殖，在开花末期，花序梗向下弯曲扎入水中，蒴果成熟后种子在水下释放，在其原产地每朵花可产生 300 粒种子，部分种子可以立即萌发，另外的则休眠，河水干涸的情况下，种子活力可保持 15～20 年（Forno & Wright, 1981）。水中磷和硼元素的浓度升高可促进凤眼蓝种子的萌发（Pérez et al., 2011）。在中国，其繁育系统存在地理变异，有性繁殖的种群都分布于华南和西南（任明迅 等，2004），但结实率极低，约为 5%～10%，87%～95% 的饱满种子具有生活力（张迎颖 等，2012），因此有性繁殖能力有限。虽然凤眼蓝为 C$_3$ 植物，但其光合过程表现出比 C$_4$ 植物更高效的一些特征（叶面积大、叶绿素含量高、光饱和点高、补偿点低、表观量子效率高等），能使生物量每天增加 12%，仅需 6～15 天其数量或生物量即可倍增。② **传播性** 凤眼蓝的叶柄中部膨大成囊状或纺锤形的气囊，内有多数气室，极易漂浮于水面并随风或水流传播。种子极其微小，千粒重仅为 0.429 g（张迎颖 等，2012），也易随水流传播。③ **适应性** 凤眼蓝最适生长温度为 25～30 ℃，植株只有在茎叶全部受到霜害时才死亡，且具有广泛的 pH 耐受范围和养分耐受范围，适应性很强。工农业污水和垃圾的排放使水体污染加重，养分含量增加，更促进凤眼蓝的入侵和爆发（高雷和李博，2004）。该种的生长对水体的养分含量非常敏感，水体水环境中营养水平越高，凤眼蓝的生长繁殖越快（Fitzsimons & Vallejos, 1986）。富营养条件能增强凤眼蓝的生长繁殖能力，使其平均每母株克隆分株数、平均株高以及总生物量极大地增加，导致其竞争优势增加（赵月琴 等，2006）。喜水湿环境，当水位下降时，大量的幼苗也可在水体边缘裸露的泥土上生长。**可能扩散的区域**：可能扩散至黄河流域各省区。

【**危害及防控**】 **危害**：风眼蓝是最具入侵潜力的恶性水生杂草，被列为"世界上最严重的 100 种外来入侵物种"之一（Holms et al., 1977）。2003 年原国家环境保护总局和中国科学院将其列入《中国第一批外来入侵物种名单》。该种生长繁殖迅速，形成单一、密集的草垫，降低水体透光率，从而影响浮游植物、沉水植物及藻类的光合作用，并且降低浮游植物及沉水植物如篦齿眼子菜［*Stuckenia pectinata* (Linnaeus) Börner］的叶绿素含量，对其生长有一定的抑制作用；风眼蓝根培养液明显抑制铜绿微囊藻的生长（吴富勤 等，2011）。此外，风眼蓝对栅藻（唐萍 等，2001）、雷氏衣藻（俞子文 等，1992）具有明显的抑制作用。风眼蓝密度过大时，水生动物的多样性会下降（Bailey & Litterick, 1993）。风眼蓝繁殖过多易堆积河面，影响河流景观，堵塞河道，在风眼蓝完全覆盖的河面，水流速度降低 60%～80%（Mitchell, 1985）。在福建省古田县水口镇一河流，曾因风眼蓝堵塞河道、覆盖网箱，造成箱鱼缺氧死亡，其中一个养殖户的 260 个网箱 2 万多千克的花鲢全部死亡，损失惨重（汪长友，2011）。风眼蓝还是一些带菌动物如摇蚊的繁殖场所，并且能富集重金属汞等，易通过食物链影响人类健康（Ogutu-Ohwayo et al., 1997; Kehrig et al., 1998）。20 世纪 60 年代以前，昆明滇池主要水生植物有 16 种，水生动物 68 种，但到了 80 年代，由于风眼蓝泛滥及水体环境恶化，16 种水生植物几近灭绝，68 种动物已有 38 种濒临灭绝（沈农夫，2002）。在其入侵区域，每年有关部门都要付出高额代价打捞风眼蓝。**防控**：通过人工或机械打捞实施物理控制，最佳打捞时期为 12 月至翌年 6 月（金樑 等，2005）。对于池塘或湖泊等，在条件允许的情况下可较长时间排干水分，使其自然干死。化学控制用草甘膦和克芜踪等除草剂，但须谨慎使用，以防水体进一步污染。生物控制用专食性天敌 *Neochetina eichhorniae* 和 *Neochetina bruchi* 在浙江和福建受灾水域的释放取得了初步效果（徐海根和强胜，2011），但需要经过反复试验才能最终确认。风眼蓝爆发主要是由于水体中养分增加和缺乏天敌，因此管理好水体对控制风眼蓝有积极的作用，可在特定区域提高污水排放标准，降低水体中氮、磷的含量。此外，还应加强河流上游和下游的协调管理，尽量避免风眼蓝顺流水传播；禁止有意引入该种以及该属的其他种类。

【凭证标本】 澳门氹仔望德圣母湾湿地生态区，海拔 4 m，22.150 8°N，113.550 8°E，2014 年 10 月 13 日，王发国 RQHN02604（CSH）；广西南宁市西乡塘区，海拔 83 m，22.847 2°N，108.246 2°E，2014 年 11 月 15 日，韦春强 RQXN07558（IBK）；广东省珠海市淇澳红树林湿地保护区，海拔 4 m，22.941 8°N，113.633 0°E，2014 年 10 月 20 日，王瑞江 RQHN00657（CSH）；贵州省黔东南州天柱县高酿镇桐木寨，海拔 625 m，25.078 8°N，109.176 0°E，2016 年 7 月 21 日，马海英、彭丽双、刘斌辉、蔡秋宇 RQXN05384（CSH）；江苏省苏州市市区中祥广场附近，海拔 4 m，31.276 1°N，120.967 2°E，2015 年 7 月 4 日，严靖、闫小玲、李惠茹、王樟华 RQHD02769（CSH）；江西省鹰潭市鹰潭学院西门村，海拔 39 m，28.226 8°N，117.046 9°E，2016 年 5 月 24 日，严靖、王樟华 RQHD03449（CSH）；湖北省武汉市汉阳区汉江，海拔 29 m，30.578 3°N，114.216 2°E，2014 年 8 月 31 日，李振宇、范晓虹、于胜祥 RQHZ10602（CSH）。

【相似种】 凤眼蓝属在全世界有 7 种，其中南美艾克草［*Eichhornia natans* (P. Beauvois) Solms］仅分布在非洲，其余分布在南美洲和中美洲。除凤眼蓝外，其余 6 种的分布区相对较小。同属物种中天蓝凤眼蓝［*Eichhornia azurea* (Swartz) Kunth］最易和凤眼蓝发生混淆，两者的区别在于天蓝凤眼蓝的花被片边缘锯齿状，有明显的茎，但不通过匍匐茎进行繁殖，叶柄不膨大。天蓝凤眼蓝在华南地区已有引种栽培，应注意对其加强监管工作，防止其逃逸。但在有些生境条件下，凤眼蓝的叶柄也不膨大，因此仅依靠叶柄膨大来鉴定是否是凤眼蓝是不可靠的。凤眼蓝植株的大小随环境不同而改变，在开阔水域且密度不大时，植株较矮，叶柄铺散且明显膨大；在空间受限时，植株向上直立生长，且可重叠生长，高度可达 1.5 m，叶柄很少膨大或者不膨大。本种与国产的雨久花（*Monochoria korsakowii* Regel et Maack）亦相似，但雨久花叶基生和茎生，基生叶宽卵状心形，茎生叶叶柄较短，基部增大成鞘，抱茎；花被片椭圆形，蓝色，后方花被片不具 1 异色斑点；雄蕊 6 枚，其中 1 枚较大。

凤眼蓝 [*Eichhornia crassipes* (Martius) Solms]

1. 生境；2. 植株矮小的种群；3. 植株高大的种群；
4. 匍匐茎；5. 植株形态；6. 穗状花序；7、8. 花特写；
9. 叶片；10. 须根；11. 叶柄横剖；12. 叶柄纵剖

相似种：雨久花（*Monochoria korsakowii* Regel et Maack）

参考文献

丁建清，王韧，范中南，等，1995. 恶性水生杂草水葫芦在中国的发生、危害及其防治策略 [J]. 杂草学报，9（2）：49-52.

高雷，李博，2004. 入侵植物凤眼莲研究现状及存在的问题 [J]. 植物生态学报，28（6）：735-752.

郭水良，李扬汉，1995. 中国东南地区外来杂草研究初报 [J]. 杂草科学，2：4-8.

金樑，王晓娟，高雷，等，2005. 从上海市凤眼莲的生活史特征与繁殖策略探讨其控制对策 [J]. 生态环境，14（4）：498-502.

李振宇，解焱，2002. 中国外来入侵种 [M]. 北京：中国林业出版社：188-189.

任明迅，张全国，张大勇，2004. 入侵植物凤眼蓝繁育系统在中国境内的地理变异 [J]. 植物生态学报，28（6）：753-760.

沈农夫，2002. 封杀外来植物生态入侵刻不容缓 [J]. 人与自然，12：54-55.

唐萍，吴国荣，陆长梅，等，2001. 太湖水域几种高等水生植物的克藻效应 [J]. 农村生态环境，17（3）：42-44.

汪长友，2011. 水葫芦泛滥对网箱养鱼的危害及防治方法 [J]. 水产养殖，12：37.

吴富勤，刘天猛，王祖涛，等，2011. 滇池凤眼莲生长对水生植物的影响 [J]. 安徽农业科学，39（15）：359-360.

徐海根，强胜，2011. 中国外来入侵生物 [M]. 北京：科学技术出版社：378-379.

俞子文，孙文浩，郭克勤，等，1992. 几种高等水生植物的克藻效应 [J]. 水生生物学报，16（1）：1-7.

张迎颖，吴富勤，张志勇，等，2012. 凤眼莲有性繁殖与种子结构及其活力研究 [J]. 南京农业大学学报，35（1）：135-138.

赵月琴，卢剑波，朱磊，等，2006. 不同营养水平对外来物种凤眼莲生长特征及其竞争力的影响 [J]. 生物多样性，14（2）：159-164.

中国科学院植物研究所，1976. 中国高等植物图鉴：第五册 [M]. 北京：科学出版社：405.

周晴，潘晓云，2014. 中国南部基塘区农业模式的变迁与凤眼蓝的入侵 [J]. 植物生态学报，38（10）：1093-1098.

Bailey R C, Litterick M R, 1993. The macroinvertebrate fauna of water hyacinth fringes in the Sudd swamps (River Nile, southern Sudan)[J]. Hydrobiologia, 250(2): 97–103.

Barrett S C H, Forno I W, 1982. Style morph distribution in New World populations of *Eichhornia crassipes* (Mart.) Solms-Laubach (water hyacinth)[J]. Aquatic Botany, 13(3): 299–306.

Dunn S T, Tutcher W J, 1912. Flora of Kwangtung and Hongkong (China) [M]. London: Majesty's Stationery Office: 281.

Fitzsimons R E, Vallejos R H, 1986. Growth of water hyacinth [*Eichhornia crassipes* (Mart.) Solms] in the middle Parana River[J]. Hydrobiologia, 131(3): 257–260.

Forno I W, Wright A D, 1981. The biology of Australia weeds 5: *Eichhornia crassipes* (Mart.) Solms[J]. Journal of Australian Institute of Agricultural Science, 47: 21–28.

Gopal B, 1987. Biocontrol with arthropods[M]// Gopal B. Water hyacinth. Elsevier, Amsterdam: Elsevier Science Ltd: 208–230.

Holms L G, Plucknett D L, Pancho J V, et al, 1977. The world's worst weeds: distribution and biology [M]. 18th ed. Honolulu: Hawaii University Press: 609.

Julien M H, 2011. Biological control of water hyacinth with arthropods: a review to 2000[C]. Beijing, China: Proceedings of the Second Meeting of the Global Working Group for the Biological and Integrated Control of Water Hyacinth: 8–20.

Kehrig H, Malm O, Akagi H, et al, 1998. Methylmercury in fish and hair samples from the Balbina Reservoir, Brazilian Amazon[J]. Environmental Research, 77(2): 84–90.

Krishnappa D G, 1971. Cytological studies in some aquatic angiosperms[J]. Proceedings of the India Academy of Sciences-Section B, 73(4): 179–185.

Mitchell D S, 1985. African aquatic weeds and their management[M]// Denny P. The ecology and management of African wetland vegetation. Dordrecht: Dr W Junk Publishers: 177–202.

Ogutu-Ohwayo R, Hecky R E, Cohen A S, et al, 1997. Human impacts on the African Great Lakes[J]. Environmental Biology of Fishes, 50(2): 117–131.

Pérez E A, Téllez T R, Guzmán J M S, 2011. Influence of physic-chemical parameters of the aquatic medium on germination of *Eichhomia crassipes* seeds[J]. Plant Biology, 13(3): 643–648.

Sasaki S, 1928. List of plants of "Formosa"[M]. Taipei: The Natural History Society of "Formosa": 102.

Zhang Y E, Zhang D Y, Barrett S C H, 2010. Genetic uniformity characterizes the invasive spread of water hyacinth (*Eichhornia crassipes*), a clonal aquatic plant[J]. Molecular Ecology, 19(9): 1774–1786.

鸢尾科 | Iridaceae

　　多年生、稀一年生草本，地下部分通常具根状茎、球茎或鳞茎。叶多基生，少为互生，条形、剑形或为丝状，基部呈鞘状，互相套叠，具平行脉。大多数种类只有花茎，少数种类有分枝或不分枝的地上茎。花两性，色泽鲜艳美丽，辐射对称，少为左右对称，单生、数朵簇生或多花排列成总状、穗状、聚伞及圆锥花序；花或花序下有1至多个苞片，簇生、对生、互生或单一；花被裂片6枚，内轮裂片与外轮裂片同形等大或不等大，花被管通常为丝状或喇叭形；雄蕊3枚，花药多向外开裂；花柱1枚，上部多有3个分枝，柱头3～6枚，子房下位，3室，中轴胎座，胚珠多数。蒴果，成熟时室背开裂；种子多数，为半圆形或不规则的多面体，少为圆形，扁平，表面光滑或皱缩，常有附属物或小翅。

　　本科约有70～80属1 800余种，广泛分布于全世界的热带、亚热带及温带地区，分布中心在非洲南部及美洲热带地区。本科植物花大、鲜艳、花形奇特，园艺品种和杂交种较多，有较多种类为引种栽培。中国有3属61种，此外引种栽培的有30余属，其中2属2种为外来入侵种。原产非洲南部的唐菖蒲（*Gladiolus gandavensis* Van Houtte）为著名的观赏花卉，中国各地常引种栽培，作鲜切花用。该种于1994年被发现在浙江苍南县归化（潘瑞道 等，1994），目前暂无危害报道。另有庭菖蒲属的鸢尾叶庭菖蒲（*Sisyrinchium iridifolium* Kunth）、庭菖蒲（*Sisyrinchium atlanticum* E. P. Bicknell）和黄花菖蒲（*Sisyrinchium exile* E. P. Bicknell）分别于1910—1920年、1930—1940年和2008年在中国台湾归化（Ying, 2000; Chen, 2008）。小花黄菖蒲（*Sisyrinchium micranthum* Cavanilles）近年也在中国归化，但暂未造成入侵危害。此外，原产西印度群岛的红葱（*Eleutherine plicata* Herbert）在中国南方各地有栽培，在云南、海南、台湾等地逃逸为野生或归化（赵毓棠，1985；Wu et al., 2010）。鉴于上述各种暂无危害报道，且是多年来人工栽培的观赏或药用植物，因此本志暂不收录。但是对于这些植物，也需要严格管理，防止其造成入侵危害。

参考文献

潘瑞道，魏以界，杨慕良，等，1994. 苍南唐菖蒲起源初探 [J]. 浙江农业大学学报，20（3）: 278-282.

赵毓棠，1985. 鸢尾科 [M] // 裴鉴，丁志遵. 中国植物志: 第十六卷（第一分册）. 北京: 科学出版社: 130.

Chen S H, 2008. Naturalized plants of eastern Taiwan[M]. Hualien: Hualien University of Education.

Wu S H, Sun H T, Teng Y C, et al, 2010. Patterns of plant invasions in China: Taxonomic, biogeographic, climatic approaches and anthropogenic effects[J]. Biological Invasions, 12(7): 2179–2206.

Ying S S, 2000. Iridaceae[M]// Tseng-Chieng. Flora of Taiwan: Vol. 5. 2nd ed. Taipei: Editorial Committee of the Flora of Taiwan: 139–140.

分属检索表

1 地下部分为球茎，外包有网状的膜质包被 ················· 1. 雄黄兰属 *Crocosmia* Planchon
1 地下部分为明显的根状茎 ················· 2. 鸢尾属 *Iris* Linnaeus

1. 雄黄兰属 *Crocosmia* Planchon

多年生草本，地下部分为球茎，外包有网状的膜质包被。花茎直立，上部有 2～4 个分枝。叶剑形或条形，嵌叠状排成 2 列。圆锥花序；花下苞片膜质，顶端有缺刻；花两侧对称，有橙黄、红、紫、黄白等颜色；花被裂片 6 枚，长圆形或倒卵形，近于等大，某些种的外花被裂片上常生有胼胝体或隆起；雄蕊 3 枚，常偏生于花的一侧，花丝着生在漏斗形的花被管上；子房下位，3 室，中轴胎座，柱头 3 裂。蒴果长大于宽，室背开裂，每室有 4 至多数种子。

本属约 6 种，主要分布于世界热带地区及非洲南部。中国有 1 种，为外来入侵种。

雄黄兰 *Crocosmia* × *crocosmiiflora* (Lemoine) N. E. Brown, Trans. Roy. Soc. South Africa 20(3): 264. 1932. —— *Montbretia* × *crocosmiiflora* Lemoine, Garden (London) 18: 188. 1880. —— *Tritonia* × *crocosmiiflora* (Lemoine) G. Nicholson, Ill. Dict. Gard. 4: 94. 1887.

【别名】 标竿花、倒挂金钩、黄大蒜、观音兰

【特征描述】 多年生草本，高 50～100 cm。球茎扁圆球形，外包有棕褐色网状的膜质包被。叶多基生，剑形，长 40～60 cm，基部鞘状，顶端渐尖，中脉明显；茎生叶较短而狭，披针形。花茎常 2～4 分枝，由多朵小花组成疏散的穗状花序；每朵花基部有 2 枚膜质的苞片；花两侧对称，橙黄色，直径 3.5～4 cm；花被管略弯曲，花被裂片 6 枚，2 轮排列，披针形或倒卵形，内轮较外轮的花被裂片略宽而长，外轮花被裂片顶端略尖；雄蕊 3 枚，偏向花的一侧，花丝着生在花被管上，花药"丁"字形着生；花柱长 2.8～3 cm，顶端 3 裂，柱头略膨大。蒴果三棱状球形。染色体：$2n=22$（Goldblatt, 2003）。物候期：花期 7—8 月，果期 8—10 月。

【原产地及分布现状】 本种为 *Crocosmia pottsii* (Baker) N. E. Brown 和 *Crocosmia aurea* (Pappe ex Hooker) Planchon 的园艺杂交种，起源于南非（Goldblatt, 2003）。该杂交种于 1880 年由 Victor Lemoine 杂交产生，当时的名称为现学名的基异名 *Montbretia* × *crocosmiiflora* Lemoine，在法国已有栽培。之后随着多个园艺品种的问世，该种在亚洲和美洲的亚热带与热带地区、新西兰、澳大利亚以及欧洲多个国家均有栽培，并逸为野生（University of Queensland, 2016）。国内分布：主要分布于重庆、广东、广西、贵州、四川、台湾、云南等地。全国南北各地的公园、苗圃等处多有栽培。

【生境】 喜排水良好、疏松肥沃的沙质土壤，常生于路边荒地、种植园、废弃农场、山

坡阴湿处、河道旁、水渠边、灌木丛、林缘。

【传入与扩散】 **文献记载**：1985 年出版的《中国植物志》第十六卷有收录，指出该种在当时或更早已逸为半野生。陈运造（2006）将其作为台湾苗栗地区外来入侵植物报道。**标本信息**：模式标本尚未指定。de Vos（1984）将一幅插图（Lemoine ex C. J. Morren, Belg. Hort. 31, tab. 14, 1881）指定为该种基异名 *Montbretia × crocosmiiflora* Lemoine 的后选模式。但由于该名称发表时的原始材料未见，因此这幅插图不能作为后选模式，但可作为新模式（Neotype）。Nelson（1993）认为该种新模式的最佳选择应是于 1881 年由皇家园艺学会（Royal Horticultural Society）展示的标本材料。中国早期的雄黄兰标本记录是钟心煊于 1926 年在福建省福州鼓岭采到的标本（H. H. Chung 6509，AU003429），随后王启无于 1936 年在云南勐腊县采到该种标本（王启无 78928，KUN0360101）。1939 年秦仁昌于湖北恩施也有采集（秦仁昌 21732，KUN0360092）。**传入方式**：该种于 1908 年间作为观赏花卉引入中国台湾，之后在台湾北部横贯公路、阿里山以及雾社山地果园一带常见驯化野生（杨恭毅，1984），之后传入福建，并在华南多地有栽培并逸生。**传播途径**：该种被广泛引种栽培，因此主要通过人工引种栽培而传播，其根茎和球茎也可通过水流或土壤的运输传播到新生境中。**繁殖方式**：主要通过根茎和球茎进行无性繁殖，其种子通常败育。**入侵特点**：① 繁殖性 每植株可在地下产生一串扁圆球形的球茎，多达 14 个或更多，其侧芽也可形成根茎，球茎和根茎均能发育成新植株。② 传播性 该种栽培范围广泛，人工引种后随意遗弃的球茎容易在自然生境中定居繁殖。此外，球茎和根茎可随带土苗木、水流以及倾倒的园林垃圾传播，具有较强的传播性。③ 适应性 适生范围广，可在多种生境中生长，包括湿生至半干旱或干旱的栖息地，对土壤类型要求不严格（适应的土壤 pH 为 6.1～7.8），耐贫瘠，耐中等荫蔽，耐霜冻，同时也耐高温（Weeds of New Zealand, 2019）。**可能扩散的区域**：华南、西南。

【危害及防控】 **危害**：该种竞争力强，其密集的球茎覆盖在上层土壤表面，能迅速排挤本地植物，并且阻碍上层植物种子的萌发，影响上层植物更新，从而影响生物多样性。雄黄兰大量的球茎易使河岸边松散的土壤塌陷，导致河岸侵蚀。此外该种具一定的毒性，牲畜或人类误食会中毒。雄黄兰在英国的海岸地带已经广泛归化（Nelson, 1993），在新西兰、澳大利亚昆士兰、夏威夷和塔斯马尼亚岛等地被列为重要的环境杂草（Howell, 2008; University of Queensland, 2016）。2009 年 Kiew 将该种作为马来西亚新发现的杂草报道。在中国雄黄兰亦有栽培，在北方多为盆栽，南方可露地栽培，并逸为野生。常有较大面积的雄黄兰野生种群出现，且该种根茎繁殖能力强，易形成优势群落，已在多个国家和地区形成入侵，因此具有较大的入侵风险，易入侵潮湿的草场、河岸、林地、林缘灌木丛等生境。**防控**：严格管理好引种栽培区，禁止随意遗弃。如果发现雄黄兰在自然生境中归化，应密切关注其发展动态，必要时采取措施进行清除。

【凭证标本】 广西桂林市兴安县溶江镇松江口村，2014 年 6 月 30 日，兴安县普查队 450321540630018LY（GXMG）；贵州省大沙河仙女洞，2003 年 6 月 5 日，刘正宇 2032309（IMC）；云南省昆明市昆明植物园，海拔 1 890 m，1963 年 7 月 1 日，杨增宏 101694（KUN）。

雄黄兰［*Crocosmia × crocosmiiflora* (Lemoine) N. E. Brown］

1. 生境；2. 栽培种群；3、4. 穗状花序；5. 花特写；6. 果序

参考文献

陈运造，2006. 苗栗地区重要外来入侵植物图志［M］. 苗栗："台湾行政院农业委员会"苗
　　栗区农业改良场：23.

杨恭毅，1984. 杨氏园艺植物大名典（第 4 卷）［M］. 台北：中国花卉杂志社和杨青造园企
　　业有限公司.

赵毓棠，1985. 鸢尾科 [M]// 裴鉴，丁志遵. 中国植物志：第十六卷（第一分册）. 北京：科
　　学出版社：125.

de Vos M, 1984. The African genus *Crocosmia* Planchon[J]. Journal of South African botany, 50: 463 – 502.

Goldblatt P, 2003. Iridaceae[M]// Flora of North America Editorial Committee. Flora of North
　　America: North of Mexico: Vol. 26. New York and Oxford: Oxford University Press: 402.

Howell C, 2008. Consolidated list of environmental weeds in New Zealand[M]. Wellington:
　　Department of Conservation.

Kiew R, 2009. Additions to the weed flora of Peninsular Malaysia[J]. Malayan Nature Journal, 61(2):
　　133 – 142.

Nelson E C, 1993. Who was the author of *Montbretia crocosmiiflora*?[J]. Watsonia, 19: 265 – 267.

University of Queensland, 2016. Weeds of Australia, Biosecurity Queensland edition. Queensland,
　　Australia[EB/OL]. [2019 – 07 – 08]. https://keyserver.lucidcentral.org/weeds/data/03080008 – 030
　　1 – 4c05 – 8c0e – 0c0f040b0803/media/Html/lolium_perenne.htm.

Weeds of New Zealand, 2019. Weedbusters Weed List[EB/OL]. [2020 – 06 – 10]. https://www.
　　weedbusters.org.nz/weed-information/weed-list/montbretia/.

2. 鸢尾属 *Iris* Linnaeus

　　多年生草本，根状茎横走或斜伸，纤细或肥厚。叶多基生，相互套叠，排成 2 列，基部鞘状。大多数的种类只有花茎而无明显的地上茎，花茎自叶丛中抽出；花序生于分枝的顶端或仅在花茎顶端生 1 朵花；花及花序基部着生数枚苞片；花较大，蓝紫色、紫色、红紫色、黄色、白色；花被管喇叭形、丝状或甚短而不明显，花被裂片 6 枚，2 轮排列；雄蕊 3 枚，着生于外轮花被裂片的基部；雌蕊的花柱单一，上部 3 分枝，分枝扁平，拱形弯曲，顶端再 2 裂，裂片半圆形、三角形或狭披针形，子房下位，3 室，中轴胎座，胚珠多数。蒴果，种子梨形、扁平半圆形或为不规则的多面体。

　　本属约 225 种，分布于北温带地区，以亚洲的种类最为丰富。中国约产 58 种，主

要分布于西南、西北及东北。由于鸢尾属植物花型美观、色彩丰富，因此引入了众多种及其品种，作为观赏植物栽培，如德国鸢尾（*Iris germanica* Linnaeus）、香根鸢尾（*I. pallida* Lamarck）、西伯利亚鸢尾（*I. sibirica* Linnaeus）、黄菖蒲（*I. pseudacorus* Linnaeus）和变色鸢尾（*I. versicolor* Linnaeus）等，其中黄菖蒲为外来入侵种。

黄菖蒲 *Iris pseudacorus* Linnaeus, Sp. Pl. 1：38–39. 1753.

【别名】 黄鸢尾、黄花鸢尾、水烛、水生鸢尾

【特征描述】 多年生草本，基部具少量老叶残留的纤维。根状茎粗壮，节明显；须根黄白色，有皱缩的横纹。基生叶灰绿色，宽剑形，长 40～60 cm，宽 1.5～3 cm，基部鞘状，中脉较明显，茎生叶比基生叶短而窄。花茎粗壮，有明显的纵棱，上部分枝；苞片 3～4 枚，膜质，绿色；花黄色，较大，直径 10～11 cm；花梗长 5～5.5 cm；花被管长 1.5 cm，外轮花被裂片卵圆形或倒卵形，爪部狭楔形，中央下陷呈沟状，有黑褐色的条纹，内轮花被裂片较小，倒披针形，直立；花丝黄白色，花药黑紫色；花柱分枝淡黄色，顶端裂片半圆形，边缘有疏齿。蒴果圆柱形，成熟时开裂，种子扁平，为不规则的多面体。染色体：2n=24、30、32、34、40（Sutherland, 1990; Jozghasemi et al., 2016），存在非整倍体的种群。物候期：花期 5—7 月，果期 7—9 月。

【原产地及分布现状】 原产于非洲北部、欧洲至西亚，从 68°N 至 28°S 的广大区域均可生长，在北欧地区仅冰岛没有该种分布（Sutherland, 1990）。该种作为水生观赏植物被广泛引种栽培，1771 年在美国弗吉尼亚州即有栽培（Wells & Brown, 2000），目前在亚洲东部、非洲南部、北美洲和新西兰均有分布，2004 年在南非首次发现归化种群（Jaca & Mkhize, 2015），是极具入侵潜力的外来植物（Jaca, 2013）。国内分布：南北各地常见栽培，在各地的水生生境中均有野生种群，以长江流域及其以南地区最为多见。

【生境】 喜水分含量高的土壤，常生于河湖沿岸、池塘、沟渠、湿地或沼泽地上。

【传入与扩散】 **文献记载**：1959 年出版的《南京中山植物园栽培植物名录》（中国科学院植物研究所南京中山植物园，1959）中收录有该种，使用的中文名是黄花菖蒲。1985 年出版的《中国植物志》第十六卷也有收录，并指出该种在中国各地为常见栽培。缪丽华等（2011）将其列为西溪湿地危害较严重的外来植物。**标本信息**：Herb. Linn. No. 61.7（Lectotype: LINN）。该标本采自欧洲，2012 年由 Villalba 将其指定为后选模式（Villalba，2012）。中国早期的黄菖蒲标本记录是关克俭于 1977 年在江西九江采到的标本（关克俭 77079，PE01013092）。**传入方式**：可能是作为观赏花卉于 20 世纪 50 年代引入南京栽培的。之后台湾地区林业试验所于 1972—1973 年分别从德国和意大利将该种引入台湾（杨恭毅，1984）。**传播途径**：主要通过人工引种栽培而传播，或因植株被遗弃至自然生境中进而传播扩散。种子和根茎可随带土苗木传播。**繁殖方式**：种子繁殖为主，也可以根茎进行无性繁殖。**入侵特点**：① 繁殖性　一个蒴果平均可产生种子约 120 粒，每植株一年可产生上千粒种子。种子具有休眠性，沙藏处理 30 天后，发芽率可由 57.8% 提高到 83.3%，延长沙藏时间发芽率无显著提高（刁晓华和高亦珂，2006）。在其原产地的种子经过休眠后通常于次年 5—6 月萌发，自然发芽率也可达 85%（Sutherland，1990）。无性繁殖能力强，每植株可产生多数根茎，茎节处发芽也可形成新植株。② 传播性　种子较轻，易漂浮于水面而随水流传播（Gaskin et al.，2016），此外极易随着广泛的人工引种栽培在自然生境中定居。③ 适应性　喜光，耐半荫、耐水湿、耐中等干旱，沙壤土及黏土都能正常生长，在水边潮湿处生长更好。耐一定程度的盐碱，在盐度较高的区域也可长时间持续生长；可承受较强的土壤酸度，pH 为 2～3.5 时仍能存活；对氮元素的需求很高（Sutherland，1990）。生长最适合的温度为 15～30 ℃，10 ℃以下不能生长。**可能扩散的区域**：热带至暖温带的适宜浅水生境。

【危害及防控】 **危害**：植株有毒，牲畜误食会中毒，其汁液能引起人的皮肤过敏（Gaskin et al.，2016）。易形成致密种群，影响湿地生态系统的稳定性。黄菖蒲在其原产地即是一种优势植物，且表现出水生杂草的性质（Sutherland，1990）。在南非，该种常堵塞排水管道和沟渠，减少地表径流，影响泄洪并缩减河道宽度，因此有学者建议将其视为需要根除的种类（Jaca & Mkhize，2015）。在日本的研究发现，当黄菖蒲的盖度达

50% 以上时，本地的物种数量会明显下降，具有高度的生态风险，日本《外来入侵物种法》已将该种列为有害物种（Daisuke et al., 2018）。在中国，黄菖蒲的危害虽较少见报道，但该植物具有较大的入侵潜力，尤其容易入侵长江流域的湿地、河流以及沟渠等处，改变水文状况，影响湿地生态系统的稳定，须对其加强监测管控。**防控：**严格管理好引种栽培区，防止其种群进一步扩大，并且禁止引种后随意丢弃到自然生境中。种子是该种的主要传播载体，因此对于入侵的种群应在种子成熟前清除，避免种子随水流或其他载体传播。发现有归化种群时，应关注其发展动态，必要时采取措施进行清除。

【凭证标本】 上海市浦东新区上丰路华东路交叉口，31.245 0°N，121.673 3°E，2011 年 5 月 8 日，李宏庆等 SDP15788（CSH）；广西桂林市雁山镇桂林植物园，1993 年 7 月 15 日，李光照 12951（IBK）；江西省九江市庐山去牯岭途中，1977 年 5 月 11 日，关克俭 77079（PE）。

【相似种】 黄菖蒲与黄花鸢尾（*Iris wilsonii* C. H. Wright）相似，不同之处在于黄花鸢尾叶宽条形，长 25～55 cm，宽 5～8 mm，花茎高 50～60 cm，花较小，直径 6～7 cm；而黄菖蒲叶宽剑形，长 40～60 cm，宽 1.5～3 cm，花茎高 60～70 cm，花较大，直径 10～11 cm。黄花鸢尾原产于中国，主要分布于甘肃、湖北、陕西、四川和云南等地。

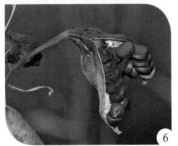

黄菖蒲（*Iris pseudacorus*
Linnaeus）

1、2. 生境；
3. 花茎；4. 花侧面观；
5. 花正面观；6. 蒴果

参考文献

刁晓华，高亦珂，2016. 四种鸢尾属植物种子休眠和萌发研究 [J] . 种子，25（4）：41-44.

缪丽华，陈博君，季梦成，等，2011. 西溪湿地外来植物及其风险管理 [J] . 湿地科学与管理，7（2）：49-54.

杨恭毅，1984. 杨氏园艺植物大名典（第6卷）[M] . 台北：中国花卉杂志社和杨青造园企业有限公司 .

赵毓棠，1985. 鸢尾科 [M] .// 裴鉴，丁志遵 . 中国植物志：第十六卷（第一分册）. 北京：科学出版社：151.

中国科学院植物研究所南京中山植物园，1959. 南京中山植物园栽培植物名录 [M] . 上海：上海科学技术出版社：71.

Daisuke H, Shingo F, Taizo U, 2018. Impacts of invasive *Iris pseudacorus* L. (yellow flag) establishing in an abandoned urban pond on native semi-wetland vegetation[J]. Journal of Integrative Agriculture, 17(8): 1881–1887.

Gaskin J F, Pokorny M L, Mangold J M, 2016. An unusual case of seed dispersal in an invasive aquatic; Yellow flag iris (*Iris pseuacorus*)[J]. Biological Invasions, 18(7): 2067–2075.

Jaca T P, 2013. *Iris pseudacorus*: an ornamental aquatic with invasive potential in South Africa[J]. Journal of South African Botany, 86: 174.

Jaca T P, Mkhize V, 2015. Distribution of *Iris pseudacorus* (Linnaeus, 1753) in South Africa[J]. BioInvasions Records, 4(4): 249–253.

Jozghasemi S, Rabiei V, Soleymani A, et al, 2016. Karyotype analysis of seven *Iris* species native to Iran[J]. International Journal of Cytology, Cytosystematics and Cytogenetics, 69(4): 351–361.

Sutherland W J, 1990. Biological flora of the British Isles, no. 169: *Iris pseudacorus* L. [J]. Journal of Ecology, 78: 833–848.

Villalba M B C, 2012. Nomenclatural types of Iberian irises (*Iris* and related genera, Iridaceae)[J]. Flora Montiberica, 53: 49–62.

Wells E F, Brown R L, 2000. An annotated checklist of the vascular plants in the forest at historic Mount Vernon, Virginia: a legacy from the Past[J]. Castanea, 65: 242–257.

鸭跖草科 | Commelinaceae

一年生或多年生草本，有的茎下部木质化。茎有明显的节和节间。叶互生，有明显的叶鞘。花通常在蝎尾状聚伞花序上，聚伞花序单生或集成圆锥花序，有的伸长而很典型，有的缩短成头状，有的无花序梗而花簇生，甚至有的退化为单花；花两性，极少单性；萼片3枚，分离或仅在基部连合；花瓣3枚，分离；雄蕊6枚，全育或仅2～3枚能育而有1～3枚退化雄蕊，花丝有念珠状长毛或无毛，花药并行或稍稍叉开；子房3室，或退化为2室，每室有1至数颗直生胚珠。果实大多为室背开裂的蒴果，稀为浆果状而不裂。种子大而少数，富含胚乳，种脐条状或点状，胚盖位于种脐的背面或背侧面。

本科约40属650种，主产于全球热带地区，少数种生于亚热带，仅个别种分布在温带。中国有16属60种，其中外来入侵3属4种。此外还引种了浆果鸭跖草属（*Palisota*）、绒毡草属（*Siderasis*）、鸳鸯草属（*Dichorisandra*）、鹤蕊花属（*Cochliostema*）、银波草属（*Geogenanthus*）和银瓣花属（*Weldenia*）等植物，其中有部分为多肉植物（刘冰 等，2015）。另有1种细梗鸭跖草［*Gibasis pellucida* (Martens & Galeotti) D. R. Hunt］在台湾北部归化（赵建棣 等，2014），该种原产于墨西哥，在中国尚未造成入侵危害。

参考文献

刘冰，叶建飞，刘夙，等，2015. 中国被子植物科属概览：依据 APG Ⅲ 系统［J］. 生物多样性，23（2）：225-231.
赵建棣，黄郁岚，刘思谦，等，2014. 台湾产鸭跖草科一新归化植物：细梗鸭跖草［J］. 林业研究季刊，36（2）：77-84.

分属检索表

1. 洋竹草属 *Callisia* Loefling

多年生草本，根状茎无，茎匍匐或外倾。叶 2 列或螺旋状排列。蝎尾状聚伞花序顶生或腋生，成对或者聚生，较少单生；总苞不明显，花辐射对称；萼片 2 枚或 3 枚，离生；花瓣 2 枚或 3 枚，离生；雄蕊 (1～3 枚或) 6 枚；花丝通常无毛，药室圆形，纵向开裂，药隔宽，三角形或长圆形，很少狭窄；子房长圆形，近三角形，2 或 3 室；每室 2 枚胚珠。蒴果瓣裂。种子短圆筒状，三棱，具皱纹或辐射状条纹；种脐球状，微小。

本属约 20 种，产于美洲的热带与暖温带地区。中国引种栽培 1 种，已成为外来入侵种。与紫万年青属（*Tradescantia*）的外来种相比，洋竹草属常分布于城市和人类活动多的地方，常发现于屋顶、岩壁、天桥和其他建筑物表面。另有原产于墨西哥的香锦竹草 [*Callisia fragrans* (Lindely) Woodson] 在台湾中部归化，有少量栽培，仅少数地方有发现，尚未形成稳定种群（Wang & Chen, 2008）。香锦竹草植株粗壮，叶片椭圆形至披针状椭圆形，长 15～30 cm，花有芳香，与洋竹草区别明显。

洋竹草 *Callisia repens* (Jacquin) Linnaeus, Sp. Pl. (ed. 2) 1: 62. 1762. ——*Hapalanthus repens* Jacquin, Enum. Syst. Pl. 12. 1760.

【别名】 铺地锦竹草

【特征描述】 多年生草本，茎肉质柔软，常为紫红色，蔓生，多分枝，在节处生根。叶对生，基部鞘状，叶片卵形至披针状卵形，长 1～4 cm，宽 0.6～1.2 cm，顶端锐尖，基部钝或近心形，薄肉质，上面具蜡质光泽，翠绿色，有时具白色条纹，背面常淡紫色。花序具 2 花或单花，无柄；花萼绿色；花瓣白色；雄蕊 3 枚，花丝长，有羽状柔毛；子房 2 室，每室具 2 枚胚珠，花柱丝状，柱头 3 裂流苏状。蒴果椭圆形，种子褐色，有皱纹。**染色体**：2*n*=12（Grabiele et al., 2015）。**物候期**：花果期为夏季至秋季，热带地区全年可开花结果，单朵花的开花时间短，通常只有几个小时。

【原产地及分布现状】 原产于热带美洲，包括西印度群岛至阿根廷的广大区域（Faden, 2000），在全世界热带、亚热带地区作为观赏植物被广泛栽培。1999 年该种在南非首次被记录，随后被列为外来入侵种（Foxcroft et al., 2007），目前在非洲南部地区、北美洲和东南亚地区均有分布。**国内分布**：主要分布于福建、广东、台湾、香港；在南方多地已有栽培，用作墙面绿化或立体绿化，或盆栽于室内观赏。

【生境】 喜潮湿阴凉的环境，常生于路边荒地、河岸地带、次生林及灌木丛下、园林绿地和屋顶、岩壁、天桥及其他建筑物阴湿的表面等处。

【传入与扩散】 **文献记载**：1976 年在台湾有栽培记录（Chen & Hu, 1976）。陈运造（2006）将其列入台湾苗栗地区外来入侵植物名录中。曾彦学等（2010）将其报道为台湾新归化植物，最初归化于台湾西部低海拔地区，后来发现其野外种群稳定生长，在台湾西半部从北到南均有分布。2013 年该种在广东潮州和福建厦门归化（曾宪锋 等，2014）。**标本信息**："*Hapalanthus repens*" in Jacquin, Select. Stirp. Amer. Hist., 11, t. 11, 1763

（Lectotype）。模式材料来自加勒比海地区的马提尼克岛（Martinique），Howard（1979）将基于此的一幅绘图指定为该种的后选模式。中国早期的洋竹草标本记录是李沛琼于2003年在广东深圳采到的标本（SZG009765）。**传入方式：**约20世纪70年代，洋竹草在台湾作为观赏植物被引种栽培（Chen & Hu, 1976），在香港和广州亦有栽培记录，约20世纪末有逸生现象并形成稳定种群。**传播途径：**随人工引种栽培后逃逸至自然生境中，植株的茎段可随其他载体传播到新生境中。**繁殖方式：**主要以茎段进行无性繁殖。**入侵特点：** ① 繁殖性 洋竹草可通过平卧的茎进行无性繁殖，其茎节上生不定根，通过茎的伸长进行横向扩散，在较短时间内就能很快形成较大的覆盖度，无性繁殖能力强。② 传播性 洋竹草常被用作地被、盆栽或景观植物广泛种植，极易随人为引种而传播，且其茎段和植株碎片极易繁殖出新植株，动物和人类活动也极可能无意中将其传播到新生境中。③ 适应性 耐阴湿，在肥沃、排水良好的土壤上生长很好，耐酸性土壤，在沙质或砾石质的土壤中或岩石上也能生长。该种在台湾可适应海拔1 500 m的山区，具有很强的入侵性，尤其在房顶、市区和村庄的路边时有生长（曾彦学 等，2010）。**可能扩散的区域：**西南和华南地区。

【**危害及防控**】 **危害：**洋竹草在热带及亚热带地区生长迅速，一旦逃逸到自然生境中，便可快速形成致密的覆盖层，影响其他植物的种子萌发和生长，从而影响生物多样性。该种在其原产地即被视为常见的环境杂草，在南非、古巴已被列为外来入侵植物，在荒原、路边、河岸以及受干扰的森林中建立了稳定的种群（Foxcroft et al., 2007; González-Torres et al., 2012）。尽管该种在中国的危害目前较少有报道，但其已在华南地区形成较大面积的稳定种群，极具入侵潜力。**防控：**严格管理好引种栽培区，禁止随意遗弃。对已入侵自然生境的种群应及时铲除并妥善处理其植株。

【**凭证标本**】 广东省潮州市湘桥区，海拔12 m，2013年10月25日，曾宪锋和曾庆宜14937（CSH）；福建省厦门市思明区，海拔16 m，2013年10月29日，曾宪锋和马金双14947（CSH）。

【相似种】 洋竹草与单雄蕊锦竹草（新拟）[*Callisia monandra* (Swartz) Schultes & Schultes f.]极为相似，不同之处在于洋竹草的叶片边缘平整且具纤毛，花序梗极短且藏于叶鞘内，单雄蕊锦竹草的叶片边缘常褶皱且无纤毛，花序梗长且明显伸出叶鞘。单雄蕊锦竹草原产于美洲热带地区，在中国无分布。

洋竹草 [*Callisia repens* (Jacquin) Linnaeus]

1～3. 不同生境；
4、5. 叶片形态；
6. 植株一部分，示不定根；
7. 叶背面

参考文献

陈运造，2006. 苗栗地区重要外来入侵植物图志［M］. 苗栗："台湾行政院农业委员会"苗栗区农业改良场：22.

曾宪锋，马金双，曾庆宜，2014. 洋竹草属：中国大陆新归化属［J］. 广东农业科学，41（7）：57–59.

曾彦学，赵建棣，王志强，等，2010. 台湾新归化鸭跖草科植物：铺地锦竹草［J］. 林业研究季刊，32（4）：1–6.

Chen T S, Hu T W, 1976. A list of exotic ornamental plants in Taiwan[M]. Taipei: Chuan Liu Publishers: 353.

Faden R B, 2000. Commelinaceae[M]// Flora of North America Editorial Committee. Flora of North America: North of Mexico: Vol. 22. New York and Oxford: Oxford University Press: 170–197.

Foxcroft L C, Richardson D M, Wilson J R U, 2007. Ornamental plants as invasive aliens: problems and solutions in Kruger National Park, South Africa[J]. Environmental Management, 41(1): 32–51.

González-Torres L R, Rankin R, Palmarola A, 2012. Invasive plants in Cuba. (Plantas Invasoras en Cuba.)[J].Bissea: Boletin sobre Conservacion de Plantad del Jardin Botanico Nacional, 6: 1–140.

Grabiele M, Ravna J R, Honfi A I, 2015. Cytogenetic analyses as clarifying tools for taxonomy of the genus *Callisia* Loefl. (Commellinaceae)[J]. Gayana Botánica, 72(1): 34–41.

Howard R A, 1979. Flora of the Lesser Antilles: Leeward and Windward Islands[M]. Jamaica Plain, Massachusetts: Arnold Arboretum, Harvard University, 3: 430.

Wang C M, Chen C H, 2008. *Callisia fragrans* (Lindl.) Woodson (Commeliaceae), a rencently naturalized plant in Taiwan[J]. Quarterly Journal of Chinese Forestry, 41(3): 431–435.

2. 孀泪花属 *Tinantia* Scheidweiler

草本植物，根较细，叶螺旋状排列，叶片灰绿色，通常具柄，偶无柄。聚伞花序单生或集成圆锥花序，顶生或腋生，腋生的聚伞花序穿透包裹它的叶鞘而钻出鞘外，苞片叶状，小苞片宿存。花两性或兼具两性花和雄花，两侧对称；花梗明显；萼片3枚，明显，近等大；花瓣3枚，明显，不等大，无爪，前端的一枚较末端2枚小或大，末端的2枚蓝色或蓝紫色（或白色近粉红色），等大；雄蕊6枚，全育，形态多样，花丝基部合生，前端3枚长，花药大，末端的3枚短，花药小，花丝被稠密须状毛；子房3室，胚珠每室 2 至数枚，连续排成 1 列。蒴果 3 瓣裂，每瓣 3 室，每室具种子 2 至数粒。种脐线形，胚盖侧生。

　　本属约 14 种，分布于热带美洲，尤以墨西哥至尼加拉瓜为多。中国近年引种栽培 1 种，已逸为野生，具有较大的入侵潜力。

直立孀泪花 *Tinantia erecta* (Jacquin) Schlechtendal, Linnaea 25: 185. 1852. —— *Tradescantia erecta* Jacquin, Collectanea 4: 113. 1791. —— *Pogomesia erecta* (Jacquin) Standley, J. Wash. Acad. Sci. 17(7): 161. 1927. —— *Tinantia fugax* var. *erecta* (Jacquin) Drummond ex C. B. Clarke, Monogr. Phan. 3: 286. 1881.

【别名】 硬莛孀泪花、孀泪花

【特征描述】 一年生直立或上升草本，偶尔基部分枝，株高 40～100 cm。中下部茎成熟时紫红色，粗壮肉质。叶卵状椭圆形，密被粗毛，基部形成叶鞘，边缘具纤毛。聚伞花序顶生，具 3～20 朵小花，花序梗直立，花序梗及小花梗均密被腺毛。花两性，两侧对称，常下垂；萼片 3 枚，绿色，椭圆形，具丰富的腺毛；花瓣 3 枚，蓝色、粉红色或紫红色，前方一枚较大。雄蕊 6 枚，全部可育，或有时 3 个不育，3 枚较长，3 枚较短，花丝被毛；子房 3 室。蒴果，3 瓣裂。种子棕褐色，形状不规则，表面粗糙，凹凸不平，种脐线形，胚盖侧生。**染色体**：2*n*=34（Jones & Jopling, 1972）。**物候期**：花期 7—10 月，果期 9—11 月。

【原产地及分布现状】 原产于中南美洲，已在北大西洋的亚述尔群岛和马德拉岛归化（Hansen, 1987）。在其原产地之一的墨西哥南部，直立孀泪花已从西南向西北扩散至美国亚利桑那州附近（Fishbein et al., 1995）。该种在葡萄牙作为观赏植物被引入栽培，于 2000 年首次发现其归化种群，已从花园中逃逸到自然生境中定居（de Almeida & Freitas, 2006）。该种在非洲西南部与马来群岛也有分布。**国内分布**：云南。

【生境】 喜充足的阳光，常生于路边荒地、农田和园林绿地。

【传入与扩散】 **文献记载**：该种在中国尚无文献记载，本志为首次报道。**标本信息**：模式标本未见。根据 Tropicos 的信息，其模式材料采自栽培于欧洲的植株，保存于英国自然博物馆（BM），但信息不全。在中国最早的直立婚泪花标本记录为蔡杰等于 2014 年采自云南昆明的标本（KUN1396508）。**传入方式**：该种为近年来（21 世纪初）引入的观赏植物，逃逸后在自然生境中定居，最初引入地应为云南昆明植物园。**传播途径**：主要通过人为引种栽培传播，其种子易随土壤的移动而传播。**繁殖方式**：种子繁殖，也可以茎段进行营养繁殖。**入侵特点**：① 繁殖性　生长迅速，可快速形成致密的种群。植株的茎节易生不定根，其茎段的无性繁殖能力强。每个蒴果可产生种子数十粒，种子自播性强。② 传播性　该种具有一定的观赏价值，易随着栽培范围的扩大而扩散。其种子较小，蒴果开裂后极易掉落并混于土壤中，易随园林活动而传播扩散。③ 适应性　喜排水良好的土壤，对土壤类型要求不严格，黏土、沙质土和壤土均可生长。植株不耐寒，但其种子具休眠性，可越冬发芽，最适发芽温度为 15～20 ℃。**可能扩散的区域**：西南地区，也可能扩散至喜马拉雅地区。

【危害及防控】 **危害**：该种在其原产地墨西哥西南部被视为玉米田中的杂草（Hansen, 1987），在厄瓜多尔也被视为玉米地中的杂草，且侵略性强，难以根除（Mendoza et al., 2019）。在中国，该种也是自植物园或公园引种栽培后逃逸，并很快在自然生境中定居，影响本地植物多样性，具有较大的入侵性，目前主要在云南造成了入侵危害。**防控**：严格管理种植，禁止随意遗弃到自然生境中。小面积的入侵可直接人工拔除。

【凭证标本】 云南省昆明市盘龙区昆明植物所大门南侧，海拔 1 916 m，25.137 2°N，102.743 6°E，2014 年 10 月 31 日，蔡杰、亚吉东、李桂花 14CS9527（KUN）；云南省昆明茨坝长虫山，海拔 2 111 m，25.135 2°N，102.744 7°E，2016 年 12 月 29 日，郭世伟、张亚梅 RQXN00452（CSH）；云南省昆明植物园路边，2015 年 7 月 7 日，李振宇、向小果 201507067（CSH）。

直立孀泪花 [*Tinantia erecta* (Jacquin) Schlechtendal]

1、2. 植株；3. 花序；4. 叶片；
5. 花萼；6、7. 果序；8. 种子

参考文献

de Almeida J D, Freitas H, 2006. Exotic naturalized flora of continental Portugal—A reassessment[J]. Botanica Compluteusis, 30: 117–130.

Fishbein M, Felger R, Garza F, 1995. Another jewel in the crown: a report on the flora of the Sierra de los Ajos, Sonora, Mexico[M]// DeBano L F, Folliott P F, Ortega-Rubio A, et al. Biodiversity and management of the madrean archipelago: the sky islands of the Southwest United States and Northwest Mexico. USDA Forest Service General Technical Report RM–GTR–264: 126–134.

Hansen A, 1987. Contributions to the flora of the Azores-VI[J]. Boletim do Museu Municipal do Funchal, 39(184): 25–37.

Jones K, Jopling C, 1972. Chromosomes and the classification of the Commelinaceae[J]. Botanical Journal of the Linn Society, 65: 129–161.

Mendoza Z A, Díaz N J, Coronel W Q, 2019. Arvenses asociadas a cultivos y pastizales del Ecuador[M]. Ecuador: Universidad Nacional de Loja: 99–100.

3. 紫万年青属 *Tradescantia* Linnaeus

多年生草本，无根状茎。茎匍匐、上升或直立。叶2列或螺旋状排列，具明显的叶鞘。蝎尾状聚伞花序假顶生或侧生，单生、簇生或呈圆锥状；总苞片大多为鞘状；苞片线形；花辐射对称；萼片分离或基部连合，舟形；花瓣白色、粉红色或紫色，卵形；雄蕊6枚，全部发育，花丝无毛或被柔毛，花药椭圆形或长圆形，纵裂；子房3室，每室有胚珠2枚。

本属约有70种，主产热带美洲，仅有少数种类分布于温带地区。该属的许多种类被当作观赏植物栽培，中国引种栽培4种，其中外来入侵2种。另外2种为原产于墨西哥南部至危地马拉的紫背万年青（*Tradescantia spathacea* Swartz）和原产于墨西哥的紫竹梅 [*Tradescantia pallid* (J. N. Rose) D. R. Hunt]，在中国各地有栽培，偶有逸为野生的情况，但未产生危害。因此，本志暂不收录。

分种检索表

1 叶绿色；花白色 ······ 1. 白花紫露草 *Tradescantia fluminensis* Vellozo

1 叶紫色，腹面有条纹；花紫色 ······ 2. 吊竹梅 *Tradescantia zebrina* Bosse

1. **白花紫露草 *Tradescantia fluminensis*** Vellozo, Fl. Flumin. 3: 140, pl. 152. 1825.

【别名】 白花紫鸭跖草、巴西水竹草、紫叶水竹草

【特征描述】 多年生草本，茎匍匐或略上升，表面光滑，长可达 90 cm，节略膨大，节处易生根。叶互生，长圆形或卵状长圆形，长 3～6 cm，先端尖，下面深紫堇色，仅叶鞘上端有毛，具白色条纹；叶柄短。复聚伞花序，花小，为 2 个不对等的叶状苞片所包；花萼绿色，卵形，花瓣白色，卵形至椭圆形；花两性，雄蕊 6，均可育，花丝白色，基部密被白色的胡须状柔毛，花药黄色。蒴果具 3 室，每室具 1 或 2 粒种子，种子黑色，表面粗糙。染色体：其染色体数目变异非常大，大多数种群的染色体基数为 $x=10$，但也有例外；$2n=40$、50、60、67+1B、108（Jones & Jopling, 1972）。物候期：花果期为夏秋季节。

【原产地及分布现状】 原产于巴西至阿根廷的热带雨林地区（Faden, 2000）。该种作为观赏植物被广泛引种栽培，1910 年该种被引入新西兰，不久之后在新西兰北部归化（Carse, 1916），而最初被引入澳大利亚和俄罗斯远东地区的则是一个品种（*Tradescantia fluminensis* 'Albovittata'）（Tolkach et al., 1990）。目前该种在新西兰、澳大利亚东南部、葡萄牙、意大利、俄罗斯、非洲南部、日本和美国东南部等地均有归化。国内分布：主要分布于福建、广东、江西、台湾等地。在长江流域及其以南地区常见栽培，北方的温室中也有栽培。

【生境】 喜潮湿荫蔽的生境和肥沃土壤，常生于路边灌丛、林下或林缘、岩壁、河边以及园林绿地等处。

【传入与扩散】 文献记载：白花紫露草早期的记录见于 1956 年发表的《青岛种子植物名录》（陈倬, 1956）。书中记载该种于温室栽培。1982 年的《台湾植物名录》（Yang, 1982）也有记载。Yang 等（2008）将其报道为中国台湾的新归化种，归化于台中和台

北。**标本信息**：Fl. Flumin. Icones 3: t. 152. 1831（Lectotype）。该后选模式为一幅插图，模式材料采自巴西，最初展示于巴西里约热内卢国家图书馆（编号：mss1198652_156），于 1831 年在 Vellozo 著的《里约热内卢植物志》（*Flora Fluminensis*）中出现过，由 Pellegrini 等（2015）将其指定为后选模式。中国早期的白花紫露草标本记录是徐国士于 1970 年采自台湾嘉义奋起湖的标本（K. S. Hsu 81, TAI）。胡秀英于 1972 年在广东也采到过该种标本（Shiu Ying Hu 12674, PE01789384）。**传入方式**：可能是作为观赏植物于 20 世纪中期分别引入中国台湾和青岛栽培，随后引入华南地区，也有多次自不同地点引入的可能。**传播途径**：主要通过人为引种栽培后逃逸到自然生境中，种子和茎段也可随水流和带土苗木等传播到新生境中。**繁殖方式**：以无性繁殖为主，偶见种子繁殖。**入侵特点**：① 繁殖性　该种自花不育，几乎不产生或极少产生种子，其在新西兰和澳大利亚只进行营养繁殖，即使只有 1 cm 的植株茎段也能成功建立种群（Standish et al., 2001）。匍匐茎节处易生根，生长快速，能很快形成覆盖层。其生理特性使得该种对光照和氮的响应非常灵敏。在遭受砍伐的森林中，该种对光照和氮的利用率会增加，从而使其迅速侵入受干扰的地点，同时组织中不断加强对氮的累积，当林冠层恢复之后，该种即可利用弱光以及体内储存的氮继续生长（Maule et al., 1995）。在适合的生境中，该种每年的地上生长量可达 0.64～1.28 t/hm²（1 t/hm²=100 g/m²）（Standish et al., 2004）。② 传播性　由于其观赏价值，该种在花卉市场及互联网上均有销售，作为室内观赏植物的流行意味着该种随人为引种传播的风险非常高。此外其茎段也极易在园艺活动中随带土苗木传播。③ 适应性　喜温暖湿润气候，耐荫，畏烈日，适生于有明亮的散射光处，可在只有 1.4% 的光照条件下持续生长（Adamson et al., 1991）。耐水湿，也可耐短时间的脱水，当其茎段在运输过程中发生严重脱水之后，个别的茎段还可重新发芽并长成新植株。喜酸性土壤，但对土壤质地要求不严，可耐受任何类型的浅层土壤。不耐寒，最适生长温度为 15～21 ℃，对霜冻敏感，当温度低至−4 ℃时植株即受损伤（Bannister, 1986）。**可能扩散的区域**：华南与西南地区。

【**危害及防控**】　**危害**：白花紫露草的茎节处易生根，进而形成新植株，生长迅速，能很快覆盖地表，影响本地植物的萌发和生长。该种常入侵受干扰的林地，尤其是森林边缘或林冠间隙下的区域，严重影响生物多样性，已对澳大利亚的低地温带雨林（Dunphy，1991）、新西兰的低地罗汉松–阔叶混交林（Standish et al., 2004）以及美国佛罗里达州的硬木林（Florida Exotic Plant Pest Council, 2018）等地造成严重危害，可通过增加凋落物的分解（分解速度增加近两倍）而改变养分循环。Standish 等（2001）在新西兰的研究表明，当地林业幼苗的丰富度和生物量随着白花紫露草的增加而显著下降。该种在中国主要入侵华南地区，在林下或林缘、灌木丛以及公园草坪等处形成大面积覆盖，影响生物多样性和园林景观效果。**防控**：该种在澳大利亚和新西兰已被列入禁止出售的植物名单中，故应规范化管理种植，禁止将其随意遗弃到自然生境中。化学控制可用三氯吡氧乙酸，但需要多次喷洒，易对环境造成危害，须谨慎使用；小面积的种群可直接人工拔除，须妥善处理其植株片段，可采取化学方法与人工拔除相结合的方法。嘧啶醇（Ancymidol）可延迟其茎的伸长，导致其节间长度缩小，使其生长延缓（Blessington & Link, 1980）。在新西兰的研究表明，通过改善林冠层的覆盖率来减少林下可见光的利用率，可有效防止该种的侵入（Standish, 2002）。

【凭证标本】 福建省漳平市市区路旁，2016 年 5 月 11 日，曾宪锋 RQHN07717（CZH）；广东省潮州市潮安县叫水坑，海拔 650 m，2010 年 6 月 1 日，曾宪锋 ZXF09553（CZH）；江西省吉安市井冈山市茨坪镇 230 省道，海拔 801.6 m，26.572 5°N，114.160 3°E，2017 年 6 月 6 日，严靖、王樟华 RQHD03089（CSH）。

【相似种】 白花紫露草与吊竹梅（*Tradescantia zebrina* Bosse）形态相近，区别在于后者花紫红色，聚伞花序具少数花，而非复聚伞花序。该种植株外形与国产的鸭跖草（*Commelina communis* Linnaeus）和饭包草（*Commelina benghalensis* Linnaeus）亦相似，但后两者的花瓣为蓝色，白花紫露草的花瓣白色，但在未开花时则很难区分。

白花紫露草（*Tradescantia fluminensis* Vellozo）
1、2. 不同生境；3. 叶片；
4. 聚伞花序；5. 小花

参考文献

陈倬，1956. 青岛种子植物名录 [J]. 山东大学学报（自然科学），2(4): 176-256.

Adamson H Y, Chow W S, Anderson J M, et al, 1991. Photosynthetic acclimation of *Tradescantia albiflora* to growth irradiance: morphological, ultrastructural and growth responses[J]. Physiologia Plantarum, 82: 353–359.

Bannister P, 1986. Winter frost resistance of leaves of some plants growing in Dunedin, New Zealand, in winter 1985[J]. New Zealand Journal of Botany, 24(3): 505–507.

Blessington T M, Link C B, 1980. Influence of ancymidol on four species of tropical foliage plants under different artificial light intensities[J]. Journal of the American Society for Horticultural Science, 105: 502–504.

Carse H, 1916. Some further additions to the flora of Mangonui county[J]. Transactions of the New Zealand Institute, 48: 237–243.

Dunphy M, 1991. Rainforest weeds of the big scrub[C]// Phillips S. Rainforest Remnants: Proceedings of a Workshop on Rainforest Rehabilitation. Sydney, Australia: NSW National Parks and Wildlife Service: 85–93.

Faden R B, 2000. Commelinaceae[M]// Flora of North America Editorial Committee. Flora of North America: North of Mexico: Vol. 22. New York and Oxford: Oxford University Press: 170–197.

Florida Exotic Plant Pest Council, 2018. Florida Exotic Pest Plant Council's 2007 List of Invasive Plant Species [EB/OL]. [2019–07–14]. https://www.invasive.org/browse/subinfo.cfm?sub=6546.

Jones K, Jopling C, 1972. Chromosomes and the classification of the Commelinaceae[J]. Botanical Journal of the Linnean Society, 65(2): 129–162.

Maule H G, Andrews M, Morton J D, et al, 1995. Sun/shade acclimation and nitrogen nutrition of *Tradescantia fluminensis*, a problem weed in New Zealand native forest remnants[J]. New Zealand Journal of Ecology, 19(1): 35–46.

Pellegrini M O O, Forzza R C, Sakuragui C M, 2015. A nomenclatural and taxonomic review of *Tradescantia* (Commelinaceae) species described in Vellozo's *Flora fluminensis* with notes on Brazilian *Tradescantia*[J]. Taxon, 64(1): 151–155.

Standish R J, 2002. Experimenting with methods to control *Tradescantia fluminensis*, an invasive weed of native forest remnants in New Zealand[J]. New Zealand Journal of Ecology, 26(2): 161–170.

Standish R J, Robertson A W, Williams P A, 2001. The impact of an invasive weed *Tradescantia fluminensis* on native forest regeneration[J]. Journal of Applied Ecology, 38(6): 1253–1263.

Standish R J, Williams P A, Robertson A W, et al, 2004. Invasion by a perennial herb increases decomposition rate and alters nutrient availability in warm temperate lowland forest remnants[J].

Biological Invasions, 6(1): 71–81.

Tolkach V F, Chuyan A K, Krylov A V, 1990. Characterization of a Potyvirus isolated from *Tradescantia albiflora* in a southern locality of the Soviet Far East[J]. Byulleten' Glavnogo Botanicheskogo Sada, 157: 76–80.

Yang C K, Chang C H, Chou F S, 2008. *Tradescantia fluminensis* Vell. (Commelinaceae), a naturalized plant in Taiwan[J]. Journal of the Experimental Forest of National Taiwan University, 1: 49–53.

Yang T I, 1982. A list of plants in Taiwan[M]. Taipei: Natural Publishing Company: 332.

2. 吊竹梅 *Tradescantia zebrina* Bosse, Vollst. Handb. Bl.-gärtn. (ed. 2) 4: 655. 1849. —— *Zebrina pendula* Schnizlein, Bot. Zeitung (Berlin) 7: 870. 1849.

【别名】 水竹草、紫背鸭跖草、百毒散、红竹壳菜

【特征描述】 多年生草本，稍肉质，茎匍匐，多分枝，具淡紫色斑纹，节处常生根。叶卵形、椭圆状卵形至长圆形，长 3～7 cm，宽 1.5～3 cm，先端短尖或稍钝，基部鞘状，无柄，叶鞘被疏长毛，腹面紫色或绿色而杂以银白色条纹，背面紫红色。聚伞花序花较少，紫色，簇生于一大一小的叶状苞片内；萼管和花冠管白色，花瓣玫瑰色；花两性，雄蕊 6 枚，均可育，花柱丝状，柱头 3 圆裂。蒴果球形，具 3 室，每室含 1～2 粒种子，种子表面褶皱。**染色体**：2n=24（Sakurai & Ichikawa, 2001）。**物候期**：花果期为秋冬季节。

【原产地及分布现状】 原产于墨西哥和中美洲（Lorenzi & Souza, 2001），作为观赏植物被广泛栽培于世界各地。该种于 20 世纪 90 年代在夏威夷归化，并覆盖了次生林的大片土地（Lorence & Flynn, 1997），目前在澳大利亚的太平洋岛屿、加勒比海地区、美国南部、南美洲、非洲热带地区、欧洲西南部、东亚以及东南亚地区均有归化。**国内分布**：主要分布于澳门、福建、广西、四川、台湾、香港、云南等地。在长江流域及其以南地区常见栽培，北方的温室中也多有栽培。

【生境】 喜温暖潮湿的生境，常生于路边荒地、草丛、河岸地带、疏林下或林缘、灌丛和园林绿地等处。

【传入与扩散】 **文献记载**：吊竹梅早期的记录见于 1954 年出版的《种子植物名称》一书。1956 年发表的《青岛种子植物名录》记载该种栽培于温室（陈倬，1956）；1984 年出版的《杨氏园艺植物大名典（第 9 卷）》亦有相关记载（杨恭毅，1984）；但《中国植物志》第十三卷（1997）及各地方植物志中均未收录该种。Hwang 等（2004）将吊竹梅列为台湾外来入侵植物。**标本信息**：C. V. Morton & E. Makrinius 2712（Neotype：US1585696）。该种的原始文献描述所依据的是栽培于欧洲的植株，但当时并未指定模式，也没有任何原始材料，因此 Faden（2008）将一份于 1933 年采自墨西哥瓦哈卡州（Mexico, Oaxaca）的标本指定为其新模式，该标本存放于美国国家植物标本馆（US）。中国早期的吊竹梅标本记录是刘卓斌于 1930 年采自栽培于广东省中山大学的标本（刘卓斌 234，IBSC0765028）。1932 年陈焕镛先生在华南植物园也采到该种标本（陈焕镛 8173，IBSC0634816）。之后 1935 年在福建厦门市东平山（C. Y. Huang 154, AU002910）、1956 年在广西壮族自治区龙津县（李治基 3298，IBSC0634819）也采集到该种标本，1943 年在中国台湾台中市也采到该种标本（IBSC0634829）。**传入方式**：该种于 1909 年作为观赏植物从日本被引入台湾，被各地普遍栽培，台湾山麓地区均可见驯化和逸生种群（杨恭毅，1984），不久之后山东、广东、福建等地也有栽培，并在南方地区逸为野生。**传播途径**：主要通过人工引种栽培后逃逸到自然生境中，植株的茎段可随人类活动或其他载体传播到新生境中。**繁殖方式**：无性繁殖为主，偶见种子繁殖。**入侵特点**：① **繁殖性** 该种作为一种园林观赏植物，几乎不产生或极少产生种子。无性繁殖能力强，其茎节处极易生根，进而形成新植株，不断向四周扩散，生长快速。② **传播性** 该种作为室内观赏植物非常流行，在花卉市场及互联网上均有销售，随人为引种传播的风险非常高。此外，其茎段也极易在园艺活动中随带土苗木传播。③ **适应性** 喜充足光照，不耐长时间荫蔽，不耐寒；对土壤条件要求不严格；耐践踏、砍割，能够在较倾斜的陡坡上生长。**可能扩散的区域**：华南和西南地区。

【**危害及防控**】 **危害**：该种与白花紫露草类似，主要入侵受干扰的次生林，在地表形成致密的草垫，很快覆盖地表，影响本地植物的萌发和生长，此外在潮湿的岩石表面、园林绿地等处也能快速生长，破坏景观。在巴西的研究表明，吊竹梅在入侵的初期生长快速，一周就能覆盖 0.30 m^2 地表，后期生长缓慢，但种群密度很大，每平方米可达 627 株，竞争力强，严重威胁本土植物的生长（Ribeiro et al., 2014）。该种在澳大利亚分布于雨林边缘，尤其在昆士兰东南部的自然植被中生长旺盛，被认为是一种强入侵性的环境杂草（Csurhes & Edwards, 1998）。该种在中国主要入侵华南与西南地区，其繁殖能力和适应性强，尤其是在温暖湿润的生境中，常形成致密的种群，破坏生态平衡和景观。**防控**：严格管理好引种栽培区，禁止随意遗弃。对已建立的种群，应密切关注其发展动态，必要时采取措施清除。人工清除时应彻底挖除，并妥善处理其植株茎段。

【**凭证标本**】 广西河池市凤山县巴旁乡，海拔 370.95 m，24.549 0°N，107.008 2°E，2016年 1 月 22 日，唐赛春、潘玉梅 RQXN08204（CSH，IBK）；云南省红河州绿春县大小沟宋壁村，海拔 1 955 m，23.944 5°N, 102.738 3°E，2015 年 7 月 7 日，陈文红、陈润征等 RQXN00411（CSH）；四川省乐山市马边县苏坝乡苏坝村，海拔 725 m，25.141 3°N，103.506 6°E，2014 年 11 月 3 日，刘正宇、张军等 RQHZ06220（CSH）。

【**相似种**】 吊竹梅与紫竹梅 [*Tradescantia pallida* (J. N. Rose) D. R. Hunt] 相似，区别在于紫竹梅叶片披针形，腹面无条纹，花瓣粉红色或玫瑰紫色，基部微连合。紫竹梅原产于墨西哥，中国各地均有引种栽培，偶有逸为野生，但野外分布有限，难以形成稳定种群。

吊竹梅（*Tradescantia zebrina* Bosse）

1. 生境；2. 植株；3. 花序；4、5. 叶背面及茎段；6. 叶正面；7. 花特写

相似种：紫竹梅 [*Tradescantia pallida* (J. N. Rose) D. R. Hunt]

参考文献

陈倬，1956. 青岛种子植物名录［J］. 山东大学学报（自然科学），2(4)：176-256.

杨恭毅，1984. 杨氏园艺植物大名典（第9卷）［M］. 台北：中国花卉杂志社和杨青造园企业有限公司.

Csurhes S, Edwards R, 1998. Potential environmental weeds in Australia: candidate species for preventative control[M]. Canberra, Australia: Biodiversity Group, Environment Australis.

Faden R B, 2008. The author and typification of *Tradescantia zebrina* (Commelinaceae)[J]. Kew Bulletin, 63(4): 679-680.

Hwang S Y, Peng J J, Huang J C, et al, 2004. The survey of invasive plants in Taiwan[M]. Nantou: Endemic Species Research Institute: 55.

Lorence D H, Flynn T, 1997. New naturalized plant records for Kaua'i[J]. Bishop Museum Occasional Papers, 49: 9-13.

Lorenzi H, Souza H M, 2001. Plantas ornamentais no Brasil: arbustivas, herbáceas e trepadeiras[M]. São Paulo: Plantarum.

Ribeiro D B C, Fabricante J R, Albuquerque M B, 2014. Bioinvasion of *Tradescantia zebrina* Heynh. (Commelinaceae) in uplands, State of Paraíba, Brazil[J]. Brazilian Journal of Biological Sciences, 1(1): 1-10.

Sakurai T, Ichikawa S, 2001. Karyotypes and giemsa C-banding patterns of *Zebrina pendula*, *Z. purpusii* and *Setcreasea purpurea*, compared with those of *Tradescantia ohiensis*[J]. Genes and Genetic Systems, 76(4): 235-242.

禾本科 | Grameneae (Poaceae)

一年生、越年生或多年生草本，或秆木质化。根的类型多为须根。秆为圆筒形，具显著而实心的节和通常中空的节间。叶互生，常交互排列成 2 行，由叶鞘、叶舌和叶片组成，或秆生叶（秆箨、笋壳）的叶片退化变小，叶鞘和叶片之间无柄或具短柄，叶舌膜质或纤毛状；叶片披针形、线状披针形至线形，具平行脉，基部两侧有时具叶耳。花小，为风媒花，两性、稀单性，排列成缩短的穗状花序（小穗），后者再排成圆锥状、总状、穗状或头状花序；小穗含 1 至多数小花，基部通常具 2 枚不孕苞片（颖片），每小花下具 1 枚苞片（外稃）和 1 枚小苞片（内稃）；花被片退化成 2（～3）枚极小而透明的鳞被（浆片）；雄蕊 3，稀更多或更少；雌蕊 1，心皮（1～）2（～3），合生，花柱 2 或 3（稀 1 枚或更多），子房上位，1 室，胚珠 1 枚，倒生，着生于子房底，柱头羽毛状。果通常为颖果。种子具大量胚乳，背面基部具微小的胚。

本科有 700 余属，11 000 余种，广布于世界各地，中国约有 220 属 1 800 种，其中外来入侵 14 属 25 种。此外尚有诸多种类不断地在中国归化，如弗吉尼亚须芒草（*Andropogon virginicus* Linnaeus），该种原产于北美洲，于 2019 年被报道归化于中国浙江宁海。该种在澳大利亚被作为对环境和牧业有影响的入侵种对待（徐跃良 等，2019），因此须引起警惕。另有纤枝稷（*Panicum capillare* Linnaeus）在河北、北京、天津等地发现归化种群，该种原产于北美洲，归化于欧亚大陆，近年来在中国北方地区亦多有分布，须引起注意。

禾本科植物的经济价值极大，包括稻、麦、小米、高粱等重要粮食作物，各种重要饲草或牧草，以及用途广泛的竹类等，在经济、社会和环境等诸方面均具有极其重大的价值。因此，禾本科植物在全球范围内被广泛引种栽培，如原产非洲的高粱于宋元时期传入中国，原产美洲的玉蜀黍于明朝中后期传入中国，等等。随着全球一体化进程的加速，越来越多的物种通过有意或无意的活动进入了中国，有些引入的种类尚处于栽培状态，有些种类逸为野生，成为归化植物，还有的则成为外来入侵种。

经野外调查研究发现，有些曾经被文献报道为入侵的植物实际上并不具有入侵性，兹将其列于此，予以澄清。

（1）香根草［*Chrysopogon zizanioides* (Linnaeus) Roberty］，该种原产于印度，其根富含香精油，被广泛栽培。20世纪80年代，香根草在水土保持、生态恢复等方面的优越性能越来越受到人们的瞩目，在世界银行的推动下，香根草工程技术很快在许多国家推广开来。世界银行推广栽培种植的香根草是不育的，一般情况下不会扩散并造成入侵，但其原种是可育结实的，具备一定的入侵风险。中国于20世纪50年代开始从印度尼西亚、印度等地引种香根草，用于提炼香料；从80年代开始，多个省区种植香根草用于水土保持、护坡和矿区土壤修复。20世纪五六十年代在海南多地发现其野生种群，50年代在广东发现大面积野生种群，但这两地的野生种群规模一直在不断萎缩。目前全国大多数省市报道的香根草为栽培状态，是不育的，且根据调查，香根草目前仅在华南偶有逸生，野生种群规模小，但仍须对该种的归化种群进行监测。

（2）亚香茅［*Cymbopogon nardus* (Linnaeus) Rendle］，该种原产于印度南部和斯里兰卡，作为香料植物在热带亚热带地区广泛栽培。法国人Courtoris在1910—1922年在华东地区采集了10余号亚香茅的标本，最早的于1910年10月25日采自安徽。1916年松田英二（Eizi Matuda）在台湾高雄也采集到该种标本。日本植物学家大井次三郎（Jisaburo Ohwi）于1942年就记载台湾有栽培，现广泛栽培于台湾各地。1977年《海南植物志》收录该种，记载其在海南各地有栽培，称为金桔草。《中国植物志》记载广东、海南、台湾有栽培。2006年陈运造在《苗栗地区重要外来入侵植物图志》中收录了该种，认为其为入侵植物，但除台湾之外未见有亚香茅入侵危害的相关报道。据调查，该种多为栽培状态，偶有逸生。同属植物香茅［*Cymbopogon citratus* (Candolle) Stapf］与亚香茅情况相似，均作为香料植物引种栽培，亦未造成危害。

（3）草甸羊茅（*Festuca pratensis* Hudson），该种原产于欧洲和西南亚地区，20世纪初就已经广泛栽培于温带地区，在中国东北地区亦有栽培。随后草甸羊茅在中国西南地区也有引种，目前在中国处于栽培状态，仅在东北地区偶有逸生。同属的苇状羊茅（*Festuca arundinacea* Schreber）原产地存在争议，一般认为原产于欧洲、亚洲中部与北部地区。中国新疆也有其野生种群的分布，可能为其原产地之一，目前苇状羊茅在中国南北各地广泛种植，偶有逸生。

除上述种类之外，还有燕麦草 [*Arrhenatherum elatius* (Linnaeus) P. Beauvois]、野牛草 [*Buchloe dactyloides* (Nuttall) Engelmann]、非洲虎尾草（*Chloris gayana* Kunth）、渐尖二型花 [*Dichanthelium acuminatum* (Swartz) Gould & C. A. Clark]、弯穗草 [*Dinebra retroflexa* (Vahl) Panzer]、皱稃草（*Ehrharta erecta* Lamarck）、弯叶画眉草 [*Eragrostis curvula* (Schrader) Nees]、假牛鞭草 [*Parapholis incurva* (Linnaeus) C. E. Hubbard]、细虉草（*Phalaris minor* Retzius）、奇虉草（*Phalaris paradoxa* Linnaeus）、梯牧草（*Phleum pratense* Linnaeus）、黑麦（*Secale cereale* Linnaeus）、幽狗尾草 [*Setaria parviflora* (Poiret) Kerguélen]、具枕鼠尾粟 [*Sporobolus pyramidatus* (Lamarck) Hitchcock] 等，这些种类均为栽培种，偶有逸生或归化，未形成入侵。其中梯牧草的原产地亦存在争议，新疆可能为其原产地之一。此外江西庐山曾引种绒毛草（*Holcus lanatus* Linnaeus），该种原产于欧洲，在世界大部分温带地区均具有杂草性。该种植株密生绒毛，因而无饲用价值，现在江西、台湾和云南均有少量分布，须引起注意。另外还有43种国产种被错误地当成入侵植物报道，具体可参考《中国外来入侵植物名录》（马双金和李惠茹，2018），在此不予收录。

参考文献

马双金，李惠茹，2018. 中国外来入侵植物名录 [M]. 北京：高等教育出版社.
徐跃良，张洋，何贤平，等，2019. 浙江植物新记录 [J]. 浙江林业科技，39（4）：95-98.

分属检索表

1 小穗通常含多数小花，大多两侧压扁，通常脱节于颖之上，并在各小花之间逐节脱落…
…………………………………………………………………………………… 2

1　小穗含 2 小花，且下部小花常不发育，甚至退化至仅有外稃，背腹压扁或为圆筒形，脱节
　　于颖之下 ··· 3

2　小穗无柄或几无柄，于穗轴之两侧排列成穗状或紧密的总状花序 ·························· 4

2　小穗具柄，排列成开展或紧缩的圆锥状花序 ··· 5

3　第二外稃常透明膜质，有时顶端 2 齿裂 ····························· 13. 高粱属 *Sorghum* Moench

3　第二外稃呈软骨质而无芒，质地较硬 ·· 8

4　花序总状，第一颖退化或仅在顶生小穗中存在 ················ 8. 黑麦草属 *Lolium* Linnaeus

4　花序穗状，2 颖片均存在 ·· 6

5　成熟花的外稃具 1 脉，叶舌常具白色纤毛 ················· 14. 米草属 *Spartina* Schreber

5　成熟花的外稃具多脉乃至 5 脉，叶舌不具纤毛 ·· 7

6　小穗常以 2 至数枚着生于穗轴各节 ························· 7. 大麦属 *Hordeum* Linnaeus

6　小穗单生于穗轴各节 ··································· 1. 山羊草属 *Aegilops* Linnaeus

7　第二颖长于第一小花，外稃常具芒（少数无芒），芒膝曲 ········ 2. 燕麦属 *Avena* Linnaeus

7　第二颖短于第一小花，外稃常具芒（少数无芒），芒劲直 ······ 5. 雀麦属 *Bromus* Linnaeus

8　花序中无不育之小枝，且穗轴不延伸出顶生小穗之上 ·· 9

8　花序中具刚毛状不育之小枝，或其穗轴延伸出顶生小穗之上 ······························ 10

9　小穗排列成开展或紧缩的圆锥状花序 ·· 11

9　小穗于穗轴之一侧排列成穗状或穗形总状花序 ·· 12

10　刚毛互相联合而呈刺苞状 ·································· 6. 蒺藜草属 *Cenchrus* Linnaeus

10　刚毛互相分离，不形成刺苞状 ························· 12. 狼尾草属 *Pennisetum* Richard

11　小穗两侧压扁，第二颖与第一外稃常有芒或小尖头 ········· 9. 糖蜜草属 *Melinis* P. Beauvois

11　小穗背腹压扁，第二颖与第一外稃先端均无芒 ················ 10. 黍属 *Panicum* Linnaeus

12　第一颖存在 ··························· 4. 臂形草属 *Brachiaria* (Trinius) Grisebach

12　第一颖通常不存在或极度退化 ·· 13

13　第二外稃的背部为离轴性；小穗长椭圆形 ·············· 3. 地毯草属 *Axonopus* P. Beauvois

13　第二外稃的背部为向轴性；小穗通常圆形或近圆形 ············ 11. 雀稗属 *Paspalum* Linnaeus

1. 山羊草属 *Aegilops* Linnaeus

　　一年生草本，穗状花序圆柱形，顶生，小穗单生而紧贴于穗轴，含 2～5 小花，穗轴于成熟后逐节断落或从花序基部整个断落。颖革质或软骨质，扁平无脊，具多脉，顶端平截或具数齿，且其齿常向上延伸成芒，有些在芒下部收缩为颈状。外稃披针形，常具 5 脉，背部圆形无脊，基部无基盘，顶端常具 3 齿，并延伸成芒，有些种类齿不明显，只有中脉延伸为芒；内稃具两脊，脊绿色，具纤毛。

　　本属约 21 种，主要分布于地中海沿岸地区、北非，以及向东扩展到中亚地区。中国有 1 种，为外来入侵种。

**节节麦 *Aegilops tauschii* Cosson, Notes Pl. Crit. 2: 69. 1850. —— *Aegilops sguarrosa* auct. non Linnaeus: 江苏植物志（上）：187. 图 310. 1977；中国杂草志：1149. 1998；中国外来入侵物种编目：237. 2004. —— *Aegilops triuncialis* auct. non Linnaeus: 中国入侵植物名录：236. 2013.

【别名】 山羊草、粗山羊草

【特征描述】 一年生或越年生草本，秆高 20～40 cm，丛生，基部弯曲。叶鞘紧密包茎，平滑无毛而边缘具纤毛；叶舌薄膜质，长 0.5～1 mm；叶片微粗糙，宽约 3 mm，腹面疏生柔毛。穗状花序圆柱形，含（5）7～10（13）个小穗，成熟时逐节脱落；小穗圆柱形，长约 9 mm，含 3～4（5）小花；小穗具 2 颖，颖革质，长 4～6 mm，通常具 7～9 脉，或可达 10 脉以上，顶端截平或有微齿。外稃披针形，顶端具长约 1 cm 的芒，穗顶部者长达 4 cm，具 5 脉，脉仅于顶端显著，第一外稃长约 7 mm；内稃与外稃等长，脊上具纤毛。颖果暗黄褐色，表面乌暗无光泽，先端具密毛，椭圆形至长椭圆形，长 4.5～6 mm，宽 2.5～3 mm，近两侧缘各有 1 细纵沟，背面圆形隆起，腹面较平或凹入；颖果背腹压扁，中央有 1 细纵沟，为内外稃紧贴而黏着不易分离。**染色体**：2n= 14（Slageren, 1994）。**物候期**：花果期 5—6 月。

【**原产地及分布现状**】 原产地包括西亚的阿富汗、伊朗、伊拉克、叙利亚、土耳其；高加索地区的亚美尼亚、阿塞拜疆、格鲁吉亚、俄罗斯的北高加索地区；中亚的土库曼斯坦、吉尔吉斯斯坦、乌兹别克斯坦、塔吉克斯坦、哈萨克斯坦；南亚的印度和巴基斯坦；东欧的克里米亚半岛（Slageren, 1994）。**国内分布**：安徽、北京、重庆、河北、河南、江苏、内蒙古、陕西、山东、山西、四川、新疆（野生）。

【**生境**】 节节麦存在着野生天然种群和杂草类型种群，前者生于新疆伊犁地区海拔 600～1 450 m 的荒漠草原、草原及草甸草原上，不存在于农田中；后者仅以杂草形式存在于小麦主产区的田间或沟渠旁，并不存在于自然植被中。

【**传入与扩散**】 **文献记载**：节节麦最早收录于《中国主要植物图说·禾本科》（耿以礼，1959），其拉丁学名被误定为 *Aegilops sguarrosa* Linnaeus。1982 年出版的《江苏植物志》上册记载其在江苏省植物研究所作为牧草被引种栽培；20 世纪七八十年代在新疆伊犁河及其支流尼勒克、喀什河谷、巩乃斯河谷与特克斯河谷发现节节麦，并发现节节麦在这一地区有稳定的野生群落组成与一定的生态分布区。节节麦在该地区属天然分布的植被。据此有学者认为新疆伊犁地区是中亚节节麦连续分布区向东的延伸，亦是节节麦的起源分布区（颜济 等，1984；钟骏平 等，1984）。《中国植物志》记载其生于陕西关中地区及郑州新乡的荒芜草地或麦田中（郭本兆和孙永华，1987）。2004 年出版的《中国外来入侵物种编目》（徐海根和强胜，2004）一书将其列为外来入侵物种。**标本信息**：the illustration of Tab. 50, fig. 1 in Buxbaum's（1728）（Lectotype）。该模式为一幅植物绘图，由 Slageren 指定为后选模式（Slageren, 1994）。国内早期标本记录有：1955 年采自陕西省西安市的标本（谢寅堂 1050）（N）和采自河南省新乡市的标本（叶德娴 s.n.）（PE）；随后陕西、河南、山西多地有采集记录。**传入方式**：耿以礼先生认为中国的节节麦是输入逸生。颜济认为节节麦在中原地区不存在于自然植被中，仅以杂草形式存在于大麦、小麦田间或田边沟渠，且在各地已有比较一致的名称，即节节麦，说明并不是近期引进的（颜济 等，1984）。1976年，张立运在新疆伊犁河谷尼勒克县的巩乃斯种羊场采到一份节节麦的标本（张立运 新1899号）（XJBI），引起学界重视。随后在新疆伊犁地区开展的野外调查证实了节节麦在新疆伊犁地区的自然分布（颜济 等，1984；钟骏平 等，1984）。中国黄河中游的杂草类型节节麦与世界野生种群节节麦的分布中心有较大跨度的地理隔离而不呈连续分布，通过种子的天然传播从西域到达中国腹地的可能性显然不存在。近年来，有学者利用微卫星（SSR）分子指纹技术对采集于中国的杂草类型节节麦和野生类型节节麦以及来自伊朗不同地区的野生类型节节麦之间的遗传多样性和亲缘关系进行了比较分析。结果表明，新疆地区的野生节节麦种群是世界节节麦基因库遗传变异的一部分；中国的杂草类型节节麦可能来源于节节麦的多样性中心伊朗，而后作为伴生杂草随着栽培普通小麦的东传，通过丝绸之路进入中国古代的腹地中原地区，随后扩散（魏会廷 等，2008；王庆 等，2010）。**传播途径**：节节麦作为小麦的伴生杂草，主要随着小麦的栽培活动广泛传播。袁立兵等（2016）通过研究联合收割机、收获的小麦籽粒、小麦秸秆、商品麦种4种媒介远距离传播节节麦种子的能力，发现商品麦种是节节麦最重要的远距离传播媒介，携带率为20%，平均携带小穗为每千克0.51个；联合收割机携带量随疫区节节麦发生密度的增大而增加，且不同部位携带量不同，割台、粮仓（含卸粮筒）两个部位携带量最大；小麦秸秆和收获的籽粒可以大量携带节节麦种子，但其一般不直接进入农田，危险性略低。**繁殖方式**：种子繁殖。**入侵特点**：① 繁殖性 节节麦的分蘖能力强，一般每株有10～20个分蘖，随着水肥条件的改善，单株最高可达50多个分蘖；主茎和分蘖一般都能抽穗结籽。每穗结实粒数一般为27～39粒。一粒节节麦种子当年一般能够产生100～800粒种子（张朝贤 等，2007；房锋 等，2015）。② 传播性 节节麦以种子传播，抽穗及颖果成熟期一般比小麦早5～7天，成熟的小穗具有一触即落的特性，风吹、农事活动、机械收割等活动都能使大量种子落入田间，形成巨大的土壤种子库。也有一部分节节麦种子混入小麦种子（由于节节麦小穗很像麦秸片段，所以很难辨认和分离），随人、畜活动，农机具转移和未腐熟的有机肥携带等方式传播到其他地方（房锋 等，2015）。③ 适应性 节节麦主要以幼苗越冬，也可以种子越冬，很少死亡。节节麦有两个出苗高峰期，且出苗时间长。环境条件对其种子萌发和出苗影响的研究表明，温度是影响节节麦种子萌发的最主要的环境因子，节节麦最适萌发温度为 15～25 ℃。土壤埋藏深度对其出苗影响较大，出苗的种子主要集中在 0～8 cm 土层中，1～3 cm 是最有利于节节麦出苗的深度。节节麦种子与其他杂草或作物种子相比，萌发适宜条件宽，能够在一定程度上耐干旱和高盐胁迫，即能够在干旱或者盐碱地萌发生长；节节麦种子萌发对 pH 也有着宽泛的适应性，在 pH 为 3.0～10.0 的环境条件下萌发率均超过 92%（段美生 等，2005；王克功 等，2010；房锋 等，2015）。**可能扩散的区域**：节节麦在全球的潜在分布区主要分布于 30°N～45°N 的冬小麦主产区。节节麦在中国的适生区主要分布在冬小麦主产区河南、河北、山东、山西西南部、陕西关中平原、宁夏中南部、甘肃东南部、湖北、江苏和安徽北部（房锋 等，2013）。

【危害及防控】 **危害**：节节麦为麦田恶性杂草，是很多国家和地区的检疫对象。节节麦与小麦的遗传背景相近，生长习性也与小麦非常接近，能与小麦激烈竞争光、肥、水等资源，造成小麦减产甚至绝收，且生产上缺乏成熟有效的防除措施。节节麦小穗常混杂于收获后的小麦谷粒中，且难以清除，使小麦的质量与品质下降，商品经济价值骤降（张朝贤 等，2007；王克功 等，2013；房锋 等，2015）。2003—2004 年河北南部的节节麦危害面积高达 1.4 万 hm²（1 hm²=0.01 km²），造成小麦减产 10%～25%（段美生 等，2005）。研究发现，节节麦主要是通过影响小麦的有效穗数来影响小麦产量（房锋 等，2014）。**防控**：① 耕作防除 节节麦靠种子传播繁殖，所有能够减少种子传播的方法都能够有效缓解节节麦蔓延危害。精选麦种是最有效防止节节麦入侵的方法。对于杂草发生量较少的麦田，在成熟之前人工拔除，带出田外，晒干粉碎或集中烧毁，减少传播扩散源；对于节节麦重灾区，倒茬与冬小麦差异较大的非禾谷类作物 3～5 年，能大大消减其土壤种子库，有效控制节节麦的潜在危害。在节节麦重发区禁止联合收割机跨区作业，或对联合收割机严格清仓控制，确保无携带，单打单放。有节节麦污染的小麦或麦秸运输过程中应防止沿途散落，禁止饲喂家畜，避免种子随家畜粪便循环入田造成危害。尽可能施行喷灌，减少漫灌。在灌溉水系上游加设滤网，收集杂草种子。② 化学防除 目前尚没有特效选择性药剂能在不伤害小麦的基础上有效防除节节麦，仅甲基二磺隆和异丙隆对节节麦有一定的防除效果。李秉华等（2007）报道甲基二磺隆宜在节节麦 3 叶期前用药，推荐剂量下防效能达到 80% 左右。节节麦叶龄与甲基二磺隆的防效呈明显负相关，甲基二磺隆对分蘖后节节麦的防效仅为 35%～40%（李秉华 等，2007；王克功 等，2011）。

【凭证标本】 山东省曲阜市曲阜师大西麦田，海拔 58.5 m，35.596 1°N，116.960 7°E，2013 年 4 月 10 日，郝加琛 1304018-3（CSH）。

【相似种】 圆柱山羊草（*Aegilops cylindrica* Host）与节节麦相似，该种原产欧洲南部和西亚，归化于美国并成为主要的麦田杂草。《中国植物志》记载圆柱山羊草在中国青海、陕西、河北有栽培（郭本兆和孙永华，1987）。圆柱山羊草外形肖似节节麦，穗状花序呈圆柱形，穗轴粗壮；二者区别在于节节麦颖顶端截平或有微齿，其齿为钝圆突头，而圆柱山羊草颖顶端具两齿，外侧者延伸成长约 1 cm 的芒。另外还有三芒山羊草（*Aegilops triuncialis* Linnaeus），该种原产于西亚和地中海地区，在美国被认为是入侵植物。《中国植物志》记载三芒山羊草在中国青海、陕西、江苏有栽培（郭本兆和孙永华，1987）。*Aegilops sguarrosa* Linnaeus 过去常常被误用成节节麦的拉丁名，其实它是三芒山羊草的一个异名（房锋 等，2015）。二者的区别在于节节麦穗轴粗壮，具凹陷，颖顶端截平或有微齿，其齿为钝圆突头，而三芒山羊草穗轴较细弱，不具凹陷，颖顶端具 3 齿并延伸成芒尖。

节节麦（*Aegilops tauschii* Cosson）
1. 生境；2、3. 穗状花序；4. 小花特写

参考文献

段美生，杨宽林，李香菊，等，2005.河北省南部小麦田节节麦发生特点及综合防除措施研究 [J].河北农业科学，9（1）：72-74.

房锋，高兴祥，魏守辉，等，2015.麦田恶性杂草节节麦在中国的发生发展 [J].草业学报，24（2）：194-201.

房锋，张朝贤，黄红娟，等，2013.基于 MaxEnt 的麦田恶性杂草节节麦的潜在分布区预测 [J].草业学报，22（2）：62-70.

房锋，张朝贤，黄红娟，等，2014.麦田节节麦发生动态及其对小麦产量的影响 [J].生态学报，34（14）：3917-3923.

耿以礼，1959.中国主要植物图说·禾本科 [M].北京：科学出版社：419-420.

郭本兆，孙永华，1987.山羊草属 [M] // 中国植物志编辑委员会.中国植物志：第九卷（第三分册）.北京：科学出版社：38-44.

江苏省植物研究所，1982.江苏植物志（上册）[M].南京：江苏科学技术出版社：187.

李秉华，王贵启，苏立军，等，2007.防治节节麦的除草剂筛选研究 [J].河北农业科学，11（1）：46-48.

徐海根，强胜，2004.中国外来入侵物种编目 [M].北京：中国环境科学出版社：237-239.

颜济，杨俊良，崔乃然，等，1984.新疆伊犁地区的节节麦（*Aegilops tauschii* Cosson）[J].作物学报，1：1-8.

袁立兵，耿亚玲，王华，等，2016.不同途径对节节麦的远距离传播能力研究初报 [J].中国植保导刊，36（11）：31-34.

王克功，曹亚萍，任瑞兰，等，2010.麦田恶性杂草节节麦发芽特性研究 [J].麦类作物学报，30（5）：958-962.

王克功，曹亚萍，卫玲，等，2011.除草剂对节节麦的防效及小麦生长的影响 [J].山西农业科学，39（4）：352-355.

王克功，任瑞兰，刘博，等，2013.冬小麦田恶性杂草节节麦的国内研究进展 [J].山西农业科学，41（9）：1017-1020.

王庆，黄林，袁中伟，等，2010.中国新疆与黄河流域节节麦的传播关系 [J].四川农业大学学报，28（4）：407-410.

魏会廷，李俊，彭正松，等，2008.节节麦 DNA 指纹关系所揭示的古代中国与西方农业技术交流 [J].自然科学进展，18（9）：987-993.

张朝贤，李香菊，黄红娟，等，2007.警惕麦田恶性杂草节节麦蔓延危害 [J].植物保护学报，34（1）：103-106.

钟骏平，崔乃然，林培钧，1984.新疆伊犁节节麦（*Aegilops tauschii* Cosson）的发现和

分布 [J]. 新疆农业大学学报，1：35-39.

Chen S L, Zhu G H, 2006. Tribe Triticeae[M]// Wu Z Y, Raven P H, Hong D Y. Flora of China: Vol.
22. Beijing: Science Press & St. Louis: Missouri Botanical Garden Press: 386-444.

Slageren van M W, 1994. Wild wheats: A Monograph of *Aegilops* L. and *Amblyopyrum* (Jaub. &
Spach) Eig (Poaceae) [M]. Wageningen, The Netherlands: Wageningen Agricultural University:
326-344.

2. 燕麦属 *Avena* Linnaeus

一年生草本，须根多粗壮，秆直立或基部稍倾斜，常光滑无毛。叶片线形，扁平，叶鞘几乎不闭合，无叶耳；叶舌膜质。圆锥花序顶生，常开展，具有大而悬垂的小穗，小穗常含 2～6 小花，其中有 1～3 小花能育，其余退化，顶生小花仅有残存器官，大型，大都长于 1 cm；小穗柄常弯垂，小穗轴节间有毛或无，脱节于颖上及各小花之间，或于栽培种内各花之间不易断落；颖草质，具 7～11 脉，等长或不等长，第二颖长于第一小花；外稃比颖片短或与之等长，稀长于颖者，背部圆形，具 5～9 脉，下部质地坚硬，近顶部纸质，背部有膝曲的芒或无芒；内稃比外稃短，有 2 脊；雄蕊 3 枚；柱头 2 枚；子房具毛。

全世界燕麦属约有 29 种，其种间关系十分密切，种间杂交也很频繁，分布于欧亚大陆温带、寒带地区至北非；广泛引种至全世界温带和寒带地区（Baum, 1977；吴珍兰和郭本兆，1987；Wu & Phillips, 2006）。中国有 5 种，皆为外来植物，但也有学者认为大粒裸燕麦（*Avena nuda* Linnaeus）起源于中国山西和内蒙古一带（郑殿升和张宗文，2011）。其中，野燕麦（*Avena fatua* Linnaeus）为外来入侵植物，是中国麦田重要杂草之一，另有长颖燕麦 [*Avena sterilis* subsp. *ludoviciana* (Durieu) Nyman] 在中国云南地区归化，是一种有害杂草（Wu & Phillips, 2006）。

野燕麦 *Avena fatua* Linnaeus, Sp. Pl. 1: 80. 1753.

【别名】 燕麦草、乌麦、香麦、铃铛麦

【特征描述】 一年生草本，株高 30～150 cm，秆单生或丛生，直立或基部膝曲，有 2～4 节。叶鞘光滑或基部被柔毛，叶片长 10～30 cm，宽 4～12 mm，叶舌膜质透明，长 1～5 mm。圆锥花序呈金字塔状开展，分枝轮生，长 10～40 cm；小穗长 17～25 mm，含 2～3 小花，其柄弯曲下垂；颖披针形，几等长，具 9～11 脉；外稃质地硬，下半部与小穗轴均有淡棕色或白色硬毛，穗轴成熟时在小花之间脱节，节间长约 3 mm；第一外稃长 15～20 mm，芒自外稃中部稍下处伸出，长 2～4 cm，膝曲。颖果被淡棕色毛，腹面有纵沟。**染色体**：$2n$=42（Baum，1977）。**物候期**：花果期 4—9 月。

【原产地及分布现状】 原产于欧洲、中亚及亚洲西南部，现广泛分布于全世界温带及寒带地区，是一种世界性的农田恶性杂草（Baum，1977）。**国内分布**：澳门、安徽、北京、重庆、福建、甘肃、广东、广西、贵州、海南、河北、黑龙江、河南、湖北、湖南、吉林、江苏、江西、辽宁、内蒙古、宁夏、青海、陕西、山东、上海、山西、四川、台湾、天津、香港、新疆、西藏、云南、浙江。

【生境】 生于海拔 4 300 m 以下的荒野、荒山草坡、田间、路边等处。

【传入与扩散】 **文献记载**：野燕麦在中国的最早记载见于 1861 年出版的 *Flora Hongkongensis* 一书，书中记载其生长于香港荒地，可能原产于地中海东岸地区（Bentham，1861）。1912 年出版的 *Flora of kwangtung and Hongkong* 也记载其在香港有分布（Dunn & Tutcher，1912）。1935 年鲁德馨主编的《动植物名词汇编（矿物名词附）》收录野燕麦，并给出了拉丁名、英文名、别名、中文名对照（鲁德馨，1935）。《中国主要植物图说·禾本科》记载其广布于中国南北各省，常与小麦混生而为有害的杂草（耿以礼，1959）。2002 年出版的《中国外来入侵种》一书将其列为外来入侵植物（李振宇和解焱，2002）。2016 年，中国原环境保护部和中国科学院（2016）将其列入《中国自然生态系统外来入侵物种名单（第四批）》。**标本信息**：Herb. Linn. No. 95.9（Lectotype: LINN），Designated by Baum in Taxon, 23: 579－583(1974)。1861 年出版的 *Flora Hongkongensis* 引证了一份 Hance 在香港岛采集的标本，据考证标本采集年份应该在 1844—1851 年间（Bentham，

1861）。1917 年之后中国广东、安徽、浙江、江苏、福建、江西、辽宁、新疆、湖南、云南等多个省区也有野燕麦标本采集记录。**传入方式**：无意引入。野燕麦是世界性的恶性农田杂草，在国内并没有引种记录，20 世纪中期已经广布于全国南北各省区，很可能不是近代引入的。野燕麦在国内常常与小麦混生，推测其可能作为小麦的伴生杂草随着栽培小麦从地中海地区向东传入中国。**传播途径**：野燕麦种子轻，有芒，易随风、水流、农机具、牲畜粪肥等传播，野燕麦草籽常混杂在小麦等谷类作物种子中随调种远距离传播。中国从进口粮食作物及动物产品中也经常截获野燕麦种子（张京宣 等，2016）。**繁殖方式**：种子繁殖。**入侵特点**：① 繁殖性 野燕麦根系发达，植株高大，分蘖能力强，繁殖系数高。野燕麦一般单株分蘖 15～25 个，每株结实 410～530 粒，多的可达 1 000 粒（杨玉锐和郭建洲，2015）。② 传播性 野燕麦落粒性强，混生在麦田中的野燕麦早抽穗、早落粒。种子由穗顶端向下依次成熟，边成熟边脱落，至小麦收获时，野燕麦有 80% 以上种子已脱落。针对野燕麦种子扩散特性的研究表明，野燕麦种子在 10 m 范围内扩散密度最大，可达每平方米 460 粒。随着扩散距离的增加，野燕麦扩散密度逐渐减小，50 m 处种子密度接近于零（赵威 等，2017）。③ 适应性 野燕麦耐寒、耐旱，抗逆性强。野燕麦种子具有休眠特性，在条件不适宜的情况下，休眠状态可以保持多年（裴金南 等，1993）。针对野燕麦种子萌发特性的研究表明，野燕麦种子对温度的适应范围较广，最适发芽温度为 15～20 ℃；对光周期不敏感，全黑、全光照条件下均可正常萌发；覆盖 2～15 cm 的土层均可萌发，其中 2～10 cm 土层的发芽率最高；适宜 pH 范围较广，在 pH 为 5～9 范围内，发芽率大于 70%；耐盐胁迫能力较强，NaCl 浓度为 160 mmol/L 时，发芽率大于 50%（李涛 等，2018）。野燕麦幼苗对盐胁迫和干旱胁迫具有较强的适应性（赵威 等，2017）。**可能扩散的区域**：全国各省市区。

【**危害及防控**】 **危害**：野燕麦是麦类作物田间的世界性恶性杂草，常与小麦混生，与小麦形态相似、生长发育时期相近，具有拟态竞争特性，并且是麦类赤霉病、叶斑病和黑粉病的寄主，严重威胁作物生产。1993 年报道野燕麦在中国冬麦区危害率达 15.6%，春麦区危害率达 25.3%，全国严重危害面积约 160 万 hm²（1.6 万 km²），每年因野燕麦危害损失粮食 17.5 亿 kg（涂鹤龄 等，1993）。随着田间野燕麦密度的增加，小麦有效穗数、穗粒数和产量逐渐降低，且野燕麦对不同小麦品种产量性状的影响不一致（魏守辉 等，2008）。野燕麦防除后能显著提高冬小麦田间的透光率，改善小麦顶层的光照，同时降低杂草对田间养分和水分的吸收，促进小麦光合作用的进行，从而显著提高冬小麦的产量（朱文达 等，2010）。在中国，野燕麦还危害其他麦类、玉米、高粱、马铃薯、油菜、大豆等作物。**防控：** ① 农业防治　a.各地切实加强植物检疫制度，严格植检工作，加强田间管理，严防传播蔓延。播种前精选麦种，大型收割机远程作业时，加强机械清理，牲畜粪便发酵腐熟后施用，切断传播源。b.深耕中耕，在播种冬小麦前深耕 25～30 cm，将野燕麦种子深埋于地下，第二年基本上无野燕麦草害发生。c.实行轮作，遏制危害，减少损失。野燕麦严重发生田要实行麦类与油菜、豆类轮作，既可达到养地、增产的目的，又可发挥对豆类、油菜安全的覆盖能力。d.适当掌握作物种植密度，合理密植，科学施肥，抑制和减少野燕麦的繁殖。e.人工拔除，结合麦田管理，在野燕麦成熟之前进行拔除。拔除要及时，大小一齐拔，多次拔，不留后患。拔掉的野燕麦必须带出麦田，晒干粉碎，或集中烧毁。同时，要清除田埂沟渠的杂草，减少传播扩散源（弓步学，1997；杨玉锐和郭建洲，2015）。② 化学防除　炔草酯、唑啉草酯、精噁唑禾草灵、甲基二磺隆、氟唑磺隆、啶磺草胺对 4～6 叶期野燕麦均有较好防效（李涛 等，2018）。翁华等（2017）筛选了目前生产中 10 种常用的除草剂，发现土壤处理除草剂中 81.5% 乙草胺 1 600 mL/hm²（160 L/km²）和 33.3% 二甲戊灵 5 400 mL/hm²（540 L/km²）防除野燕麦的效果高达 95% 以上；茎叶处理除草剂中，精噁唑禾草灵的防除效果最好。

【凭证标本】　安徽省蚌埠市龙子湖区蚌埠南站附近，海拔 27 m，33.894 4°N，117.431 4°E，2014 年 7 月 2 日，严靖、李惠茹、王樟华、闫小玲 RQHD00013（CSH）；新疆维吾尔自治区哈密市 304 省道路边，海拔 1 488 m，43.154 2°N，93.814 9°E，2015 年 8 月 9 日，张勇 RQSB02385（CSH）；贵州省毕节市近郊 326 省道旁，海拔 1 510 m，27.282 8°N，105.324 2°E，2016 年 4 月 27 日，马海英、王嫚、杨金磊 RQXN05036（CSH）；江西省上饶市婺源县思溪延村，海拔 104.5 m，29.341 7°N，117.793 5°E，2016 年 4 月 23 日，严靖、王樟华 RQHD03328（CSH）；江苏省无锡市锡山区红心西路，海拔

20.6 m，31.586 4°N，120.420 1°E，2015 年 7 月 2 日，严靖、闫小玲、李惠茹、王樟华 RQHD02631（CSH）；浙江省温州市乐清埠头村，海拔 65 m，27.595 2°N，120.624 1°E，2015 年 3 月 25 日，严靖、闫小玲、李惠茹、王樟华 RQHD01596（CSH）。

【相似种】 燕麦（*Avena sativa* Linnaeus）与野燕麦相似，该种为栽培起源，在中国有广泛栽培。燕麦与野燕麦形态相似，且二者容易杂交（Wu & Phillips，2006）。二者的形态区别主要在小穗上：燕麦小穗含小花 1～2 朵，小穗轴无毛或疏生短毛，不易断落，第一外稃背部无毛，基盘仅具少数毛或近于无毛，第二外稃无毛，通常无芒；野燕麦小穗含 2～3 小花，小穗轴密生淡棕色或白色硬毛，易断落，第一外稃被硬毛，第二外稃具芒。此外，野燕麦种子有一定多倍性，形态上小穗的外稃被毛与否以及被毛程度，小穗轴节间被毛与否及被毛程度等都有一定差别和变异。过去有学者在种下发表多个变种，现在多数学者认为这些划分过于细致，仅仅是种群差异。因此，过去《中国植物志》记载了两个变种光稃野燕麦（*Avena fatua* var. *glabrata* Petermann）和光轴野燕麦（*Avena fatua* var. *mollis* Keng）。*Flora of China* 中将两个变种归并为同一个变种光稃野燕麦，而 The Plant List（TPL）认为这两个变种不成立，皆为野燕麦的异名（吴珍兰和郭本兆，1987；Wu & Phillips，2006）。

野燕麦（*Avena fatua* Linnaeus）

1、2. 不同生境；3. 植株；4. 圆锥状花序；5、6. 小花特写；7、8. 颖果；9. 颖果及种子

相似种：燕麦（*Avena sativa* Linnaeus）

参考文献

耿以礼，1959. 中国主要植物图说·禾本科［M］. 北京：科学出版社：419-420.

弓步学，段兴恒，孔庆全，1997. 野燕麦的发生危害及综合防治技术［J］. 北方农业学报，4：33-34.

环境保护部，中国科学院，2016. 关于发布《中国自然生态系统外来入侵物种名单（第四批）》的公告［EB/OL］.(2016-12-20)［2020-06-19］.http://www.mee.gov.cn/gkml/hbb/bgg/201612/t20161226_373636.htm.

李涛，袁国徽，钱振官，等，2018. 野燕麦种子萌发特性及化学防除药剂筛选［J］. 植物保护，44（3）：111-116.

李振宇，解焱，2002. 中国外来入侵种［M］. 北京：中国林业出版社：176.

鲁德馨，1935. 动植物名词汇编（矿物名词附）［M］. 上海：科学名词审查会：35.

裴金南，马秀凤，王本富，等，1993. 野燕麦的生物学特性及其防除［J］. 杂草学报，4：31-33.

涂鹤龄，邱学林，辛存岳，等，1993. 农田野燕麦综合治理关键技术的研究［J］. 中国农业科学，26（4）：49-56.

魏守辉，张朝贤，朱文达，等，2008. 野燕麦对不同小麦品种产量性状的影响及其经济阈值［J］. 麦类作物学报，25（5）：893-899.

翁华，魏有海，郭青云，2017. 不同除草剂对野燕麦和旱雀麦的防除效果［J］. 农药，56（3）：225-227.

吴珍兰，郭本兆，1987. 燕麦属［M］// 中国植物志编辑委员会. 中国植物志：第九卷（第三分册）. 北京：科学出版社：167-173.

杨玉锐，郭建洲，2015. 野燕麦危害现状及防治对策［J］. 现代农村科技，14：24-25.

张京宣，邵秀玲，纪瑛，等，2016. 入境动物产品携带杂草疫情分析［J］. 食品安全质量检测学报，7（4）：1375-1381.

赵威，王艳杰，李琳，等，2017. 野燕麦繁殖和抗逆特性及其对小麦的他感效应研究［J］. 中国生态农业学报，25（11）：1684-1692.

郑殿升，张宗文，2011. 大粒裸燕麦（莜麦）（*Avena nuda* L.）起源及分类问题的探讨［J］. 植物遗传资源学报，12（5）：667-670.

朱文达，喻大昭，何燕红，等，2010. 野燕麦防除对冬小麦田间光照、养分和水分的影响［J］. 华中农业大学学报，29（2）：160-163.

Baum B R, 1974. Typification of Linnaeus species of oats, *Avena*[J]. Taxon, 23(4): 579–583.

Baum B R, 1977. Oats: wild and cultivated; a monograph of the Genus *Avena* L. (Poaceae)[M]. Ottawa: Canada Department of Agriculture: 280.

Bentham G, 1861. Flora Hongkongensis: a description of the flowering plants and ferns of the island of Honhkong[M]. London: Lovell Reeve: 430.

Dunn S T, Tutcher W J, 1912. Flora of Kwangtung and Hongkong (China)[M]. London: Majesty's Stationery Office: 326.

Wu Z L, Phillips S M, 2006. *Avena*[M]// Wu Z Y, Raven P H, Hong D Y. Flora of China: Vol. 22. Beijing: Science Press & St. Louis: Missouri Botanical Garden Press: 323–325.

3. 地毯草属 *Axonopus* P. Beauvois

多年生、稀一年生草本，簇生或具匍匐茎。叶片扁平或卷折。总状花序细弱，穗形，2 至数枚呈指状或总状排列于主轴上。小穗单生，几无柄，长椭圆形，背腹压扁，不膨胀，互生成两行排列于穗轴之一侧，脱落于颖之下，有 1～2 小花；第一颖缺，第二颖与第一外稃等长，第一小花无内稃；第二小花两性，可育，外稃坚硬，边缘内卷，包着同质内稃；第二外稃的背部为离轴性，鳞被 2，折叠，薄纸质；雄蕊 3；花柱基分离。种脐点状。

本属约 110 种，几乎全产于美洲热带和亚热带，仅一种产于非洲（Chen & Phillips, 2006）。中国有 2 种，皆为外来引种，其中地毯草［*Axonopus compressus* (Swartz) P. Beauvois］是外来入侵植物，另一种类地毯草［*Axonopus fissifolius* (Raddi) Kuhlmann］在中国已报道归化。

地毯草 *Axonopus compressus* (Swartz) P. Beauvois, Ess. Agrostogr.12, 154, 167. 1812. —— *Milium compressum* Swartz, Prodr. 24. 1788. —— *Paspalum compressum* (Swartz) Raspail, Ann. Sci. Nat. (Paris) 5: 301. 1825. —— *Paspalum guadaloupense* Steudel, Syn. Pl. Glumac. 1: 18. 1853.

【别名】 **大叶油草、热带地毯草**

【特征描述】 多年生草本，具长的匍匐茎，高 15～60 cm，秆压扁，节密被灰白色柔毛。叶鞘松弛，基部相互覆盖，扁平，背具脊；叶舌膜质，长约 0.5 mm；秆生叶长 10～20 cm，宽 6～12 mm，扁平，条形，质软，先端钝，两面光滑或上面疏被柔毛，边缘具细柔毛。总状花序 2～5 枚，各长 4～8 cm，指状排列在主轴上，最上 2 枚成对而生；小穗单生，长圆状披针形，长 2～2.5 mm，疏生丝状柔毛，含 2 小花，第一颖缺，第二颖与第一外稃等长或略短，先端尖；第二外稃革质，长约 1.7 mm，短于小穗，椭圆形至长圆形，背部具细点状横皱纹，顶端钝而疏生柔毛，边缘稍厚，包着同质内稃。鳞片 2，折叠；花柱基分离，柱头羽状，白色。**染色体**：$2n=40$、50、60、80（Chen & Phillips, 2006）。**物候期**：花期 4—6 月，果期 6—10 月。

【原产地及分布现状】 原产于美洲热带地区，包括美国中南部地区、墨西哥、中美洲和南美洲，现在广泛引种和归化于全世界热带、亚热带地区（Chase, 1938）。**国内分布**：澳门、福建、广东、广西、海南、台湾、香港、云南。

【生境】 喜温暖潮湿的环境，常生于山坡疏林、河滩地、沟旁、路旁、荒野等处。

【传入与扩散】 **文献记载**：地毯草在中国早期的记载见于《华南经济禾草植物》（贾良智，1955）一书。该书记载其为自美洲引种的优秀的草坪草。《中国主要植物图说·禾本科》（耿以礼，1959）记载其分布于广州、海南，是由国外输入。1963 年，许建昌报道其引种归化于中国台湾台南地区（Hsu, 1963）。2002 年出版的《中国外来入侵种》一书将其列为外来入侵植物，记载其 1940 年引入台湾栽培，常植作草坪或作牧草，逸生后成为农田和果园杂草（李振宇和解焱，2002）。**标本信息**：Swartz s.n.（Type: S-R-3627）。该标本采自西印度群岛的牙买加。地毯草在中国的早期标本于 1950 年采自广州市中山大学植物研究所标本园（陈少卿 6516）（IBSC）。1954 年在海南乐会县（今琼海市）橡胶园也有采集（海南东队 194）（KUN）。1960 年在台湾台南有采集（许建昌 609）（TAI）。**传入方式**：有意引种。作为草坪草于 1940 年引入台湾栽培，20 世纪 50 年代作为热带牧草引入广州和海南，20 世纪 80 年代至 90 年代开始应用于园林绿化（Hsu, 1963；贾良智，1955；李振宇和解焱，2002；周永亮 等，2005）。**传播途径**：主要随人为引种栽培而传播。在中国南方，常作草坪或牧草引种栽培，逸逸后蔓延迅速。**繁殖方式**：种子繁殖，或以茎段进行无性繁殖，也可分蘖和扦条繁殖（夏汉平和敖惠修，2000）。**入侵特点**：① 繁殖性　地毯草具匍匐茎，匍匐茎蔓延迅速，且每节上都能生根和抽出新植株，是典型的营养繁殖植物。除营养繁殖外，地毯草也可进行有性生殖，每年夏初抽穗，结实率和种子产量不高，但种子活力强，在 20～35 ℃ 及湿润条件下，其发芽率可高达 60%；种子千粒重 0.20～0.22 g（郭力华，2004）。② 传播性　地毯草具匍匐茎，在条件适宜时生长迅速，靠地上茎和分蘖能快速传播，蔓延成片。③ 适应性　地毯草喜高温高湿气候，地毯草的耐旱、耐寒性一般，但具有非常好的耐淹、耐热、耐荫性以及耐贫瘠能力（张惠霞和席嘉宾，2005）。**可能扩散的区域**：中国南方热带、亚热带地区。

【危害及防控】　**危害**：地毯草是典型的暖地型草坪植物，在中国南方常应用于园林绿化，也用作保土植物。但是因其匍匐茎生长繁殖快，具有侵占性，若人为栽培管理不当，容易逃逸蔓延，侵入果园、林下以及自然生态系统。彭宗波等（2013）报道地毯草为海南外来入侵植物，且在海南各地的不同生态系统中随处可见。张惠霞和席嘉宾（2005）在对广东地区地毯草野生种质资源调查时发现，广东除三连地区外，其他各地区均发现了地毯草的分布，且地毯草野生自然种群主要分布于潮湿的河滩地、沟旁、路边、田坎、丘陵山地、山坡林地以及山谷地带。目前，针对地毯草的研究多集中在种质资源、生理生化、抗性、遗传多样性、栽培技术等研究方面，但是对地毯草的入侵风险和物种安全评价方面缺乏长期的观测和研究。**防控**：加强引种栽培管理，防止逃逸。地毯草可用于栽培管理严格的公园绿化，运动场草坪；不建议用作管理粗放的野外荒山护坡植物。栽植地毯草时要注意妥善处理修剪的废枝，以免其生根蔓延造成危害。草甘膦及芳氧苯氧基丙酸类除草剂可防除（徐海根和强胜，2004）。

【凭证标本】　广东省湛江市赤坎区寸金桥公园，海拔 25 m，21.270 0°N，110.346 1°E，2015 年 7 月 5 日，王发国、李西贝阳、李仕裕 RQHN02916（CSH）；广西壮族自治区南宁市青秀区伶俐镇，海拔 65.4 m，22.857 5°N，108.753 3°E，2014 年 11 月 14 日，韦春强 RQXN07529（CSH）；海南省儋州市中和镇东坡书院，海拔 8 m，19.742 0°N，109.353 1°E，2015 年 12 月 19 日，曾宪锋 RQHN03603（CSH）。

【相似种】 类地毯草〔*Axonopus fissifolius* (Raddi) Kuhlmann〕与地毯草相似，该种原产于热带美洲，1953 年引进中国台湾栽培，现归化于台湾和西藏（金岳杏，1990；Chen & Phillips, 2006）。虽然二者外形相似，但区别在于类地毯草叶片宽 3～6 mm，节无毛，小穗长约 2 mm，柱头紫色，而地毯草叶片宽 6～12 mm，节密生灰白色柔毛，小穗长约 2.2～2.5 mm，柱头白色。

地毯草［*Axonopus compressus* (Swartz) P. Beauvois］
1. 生境；2～4. 指状排列的总状花序；5. 小穗；6. 植株，示匍匐茎及叶片形态

参考文献

耿以礼, 1959. 中国主要植物图说·禾本科 [M]. 北京: 科学出版社: 683-684.

郭力华, 2004. 中国热带地区三种匍匐茎无性系植物种群生态学研究 [D]. 长春: 东北师范大学.

贾良智, 1955. 华南经济禾草植物 [M]. 北京: 科学出版社: 26-27.

金岳杏, 1990. 地毯草属 [M] // 中国植物志编辑委员会. 中国植物志: 第十卷 (第一分册). 北京: 科学出版社: 278-280.

李振宇, 解焱, 2002. 中国外来入侵种 [M]. 北京: 中国林业出版社: 177.

彭宗波, 王春燕, 蒋英, 等, 2013. 海南岛外来植物入侵现状及防控策略研究 [J]. 热带农业科学, 33 (4): 52-57.

夏汉平, 敖惠修, 2000. 我国台湾的主要禾草简介 [J]. 草原与草坪, 1: 43-45.

徐海根, 强胜, 2004. 中国外来入侵物种编目 [M]. 北京: 中国环境科学出版社: 247-249.

张惠霞, 席嘉宾, 2005. 广东地区地毯草野生种质资源调查及生态特性研究 [J]. 草原与草坪, 6: 25-27.

周永亮, 张新全, 刘伟, 2005. 地毯草研究进展 [J]. 四川草原, 11: 24-26.

Chen S L, Phillips S M, 2006. *Axonopus*[M]// Wu Z Y, Raven P H, Hong D Y. Flora of China: Vol. 22. Beijing: Science Press & St. Louis: Missouri Botanical Garden Press: 531.

Chase A, 1938. The Carpet grasses[J]. Journal of the Washington Academy of Sciences, 28(4): 178-182.

Hsu C C, 1963. The Paniceae (Gramineae) of "Formosa" [J]. Taiwania, 9(1): 33-57.

4. 臂形草属 *Brachiaria* (Trinius) Grisebach

　　一年生或多年生草本, 秆直立, 匍匐或上升, 实心或空心。叶片线形至披针形。圆锥花序顶生, 由 2 至数枚总状花序组成。小穗饱满, 通常椭圆形, 具短柄或近无柄, 单生或孪生, 交互成两行排列于穗轴之一侧; 有 2 小花, 第一小花雄性或中性; 第二小花两性; 第一颖向轴而生, 近等长或远短于小穗, 基部包卷小穗; 第二颖与第一外稃等长, 同质同形; 第二外稃骨质, 先端不具小尖头或具小尖头, 背部突起, 背面离轴而生; 雄蕊 3, 子房无毛, 花柱 2, 离生, 花柱基分离。

　　本属约 100 种, 主产旧大陆热带与亚热带地区, 尤其是非洲 (Chen & Phillips,

2006）。中国有 10 余种，其中巴拉草［*Brachiaria mutica* (Forsskål) Stapf］为外来入侵植物，另有珊状臂形草［*Brachiaria brizantha* (Hochstetter ex Richard) Stapf］在中国归化（范志伟 等，2008）。

　　臂形草属原为黍属（*Panicum*）的一个亚属，后将其提升为一个独立的属。该属与黍属、尾稃草属（*Urochloa*）形态特征相似，也有学者支持将臂形草属并入尾稃草属中，但大多数学者认为这两个属是独立的（Veldkamp, 1996; Chen & Phillips, 2006）。

巴拉草 *Brachiaria mutica* (Forsskål) Stapf, Prain, Fl. Trop. Africa 9: 526. 1919. —— *Panicum muticum* Forsskål, Fl. Aegypt.-Arab. 20. 1775. —— *Urochloa mutica* (Forsskål) T.Q. Nguyen, Novosti Sist. Vyssh. Rast. 1966: 13. 1966.

【别名】 **疏毛臂形草、无芒臂形草**

【特征描述】 多年生草本，高 1.5～2.5 m，秆粗壮，直径 5～8 mm，茎下部节间生根，节上有毛。叶鞘被疣毛，叶舌膜质，长 1～1.3 mm，叶片扁平，长 10～30 cm，宽 1～2 cm，基部或边缘多少有毛。圆锥花序长 7～20 cm，由 10～15 枚总状花序组成，总状花序长 5～15 cm。小穗椭圆形，绿色或紫色，长 2.5～3.5 mm，通常孪生，交互成两行排列于穗轴之一侧；第一颖三角形，具 1 脉，长约为小穗的 1/4～1/3，第二颖等长于小穗，具 5 脉；第一小花雄性，其外稃长约 3 mm，具 5 脉，有近等长的内稃，第二外稃骨质，椭圆形，先端钝。雄蕊 3，子房无毛，花柱基分离，花药长约 2 mm。**染色体：** 2n=18，36（Veldkamp, 1996）。**物候期：**花果期 8—11 月。

【原产地及分布现状】 原产于非洲西部和北部的热带地区，在早期的黑奴贸易中，经巴西进入美洲，因此巴西也曾被误认为该种原产地之一（Parsons, 1972）。该种在世界热带和亚热带地区作为牧草被广泛引种栽培，目前在澳大利亚和美国佛罗里达州等一些国家和地区被列为危害严重的入侵植物（Chaudhari et al., 2012; McMaster et al., 2014）。**国内分布：**澳门、福建、广东、海南、香港、台湾。

【生境】 喜湿润的土壤环境，常生于橡胶林下、林缘、路边、河岸、溪流、水渠、湿地等低洼潮湿生境中。

【传入与扩散】 **文献记载**：1942 年，日本植物学家大井次三郎（Jisaburo Ohwi）记载了该种，报道其为当时引入台湾地区栽培的一种牧草（Ohwi, 1942）。1944 年出版的《台湾农家便览（改订增补）》（第 6 版）记载其为台湾地区栽培的饲料作物，使用的拉丁名是 *Panicum purpurascens*（台湾总督府农业试验所，1944）。1971 年许建昌在报道台湾的禾草时也收录了该种（Hsu, 1971）。1978 年出版的《台湾植物志（第 1 版）》（台湾植物志编辑委员会，1978）第五卷收录了巴拉草，记载其分布于台北、新竹、高雄、花莲等地。《中国植物志》记载其作为牧草在台湾地区引种栽培（金岳杏，1990）。FOC 记载其分布于福建和香港，在台湾有栽培（Chen & Phillips, 2006）。2009 年单家林报道巴拉草在海南逸生为杂草（单家林，2009）。2004 年出版的《中国外来入侵物种编目》（徐海根和强胜，2004）将其列为外来入侵植物。**标本信息**：Forskålii 86（Type: C）。该模式标本采自埃及。巴拉草在国内的早期标本采集记录包括：1931 年在台湾新竹采到的标本（Simada 5509）（TAI），1933 年在台湾高雄的采集（Suzuki 4212）（TAI），1968 年在香港的采集（Shiu Ying Hu 6260）（PE）。21 世纪以来，在海南、广东、福建等地陆续有巴拉草的标本采集记录。**传入方式**：有意引种，20 世纪 40 年代巴拉草就已作为热带牧草引入台湾栽培，大陆地区最早由中国热带农业科学院于 1964 年引入海南作牧草（陈运造，2006；范志伟 等，2008）。**传播途径**：主要随人为引种栽培而传播。该种作为牧草在热带亚热带地区广泛栽培，逃逸后蔓延迅速。**繁殖方式**：种子繁殖或以匍匐茎繁殖。**入侵特点**：① 繁殖性 巴拉草是一种多年生植物，具匍匐茎，其根系发达，生长迅速，侵占性强，其茎枝可通过无性繁殖迅速蔓延。巴拉草种子结实率较低，种子繁殖不占优势。② 传播性 巴拉草被用作牧草远距离传播，其种子和茎段能通过洪水或水利系统传播，也通过水鸟和牛等动物携带传播，传播能力强。③ 适应性 巴拉草喜高温高湿气候，能适应多种土壤类型，具备一定的耐盐性和耐酸性，耐火烧，同时也耐水淹，喜生于湿地、湖泊、池塘、溪流等潮湿环境。**可能扩散的区域**：中国南方热带、亚热带区域。

【危害及防控】 危害：巴拉草作为多年生植物，生长迅速，侵占性强，它能在河岸、湿地、湖泊、河流等环境形成密集的单优群落，排挤原生植物，破坏水鸟和鱼类繁殖的栖息地，降低生物多样性。目前，它在多个热带国家被认为是重要的农业杂草之一。在 20 世纪 90 年代，美国佛罗里达州 52% 的水体都被巴拉草侵扰，因此巴拉草被认为是严重的入侵植物，不推荐在本地种植（Chaudhari et al., 2012）。在澳大利亚的卡卡杜国家公园，巴拉草的覆盖面积超过 3 200 hm^2（1 hm^2=0.01 km^2），对当地的生态系统造成严重危害（McMaster et al., 2014）。2009 年，单家林报道其在海南有逸生，并侵入水利系统，很快会在全岛蔓延（单家林，2009）。2010 年以来，在广东和福建等地有多次标本采集记录，证明巴拉草在中国南部的分布区正在逐渐扩散。防控：加强引种管理，不推荐在开放的自然生态系统中栽培，对于作为牧草栽培的，应加强管理，及时处理废枝，防止其逃逸。对于在沟渠、农田等小范围内的逸生种群，可用草甘膦等化学除草剂防除，对于河岸、湿地、湖泊等自然生境中严重入侵的巴拉草群落，可在刀割或火烧之后，利用水淹处理来达到防除目的（Chaudhari et al., 2012; McMaster et al., 2014）。

【凭证标本】 广东省云浮市郁南县西江边，海拔 4 m，23.237 1°N，111.532 9°E，2015 年 10 月 4 日，王发国、段磊、王永琪 RQHN03252（CSH）；香港南生围，海拔 1 m，22.453 5°N，114.047 7°E，2015 年 7 月 27 日，王瑞江、薛彬娥、朱双双 RQHN00974（CSH）；福建省泉州市石狮市子房路 G15 路口附近，海拔 11 m，24.771 5°N，118.629 2°E，2014 年 10 月 2 日，曾宪锋 RQHN06292（CSH）；海南省儋州市中和镇东坡书院，海拔 6 m，19.747 1°N，109.348 0°E，2015 年 12 月 19 日，曾宪锋 RQHN03604（CSH）。

【相似种】 珊状臂形草 [Brachiaria brizantha (Hochstetter exRichard) Stapf] 与巴拉草相似，该种原产于非洲热带地区，1963 年由中国热带农业科学院自斯里兰卡引入海南，现归化于海南、广东、广西等地（范志伟 等，2008）。二者外形相似，该种植株高大，可达 2 m，含总状花序 10～20 枚，与国产的其余臂形草属植物易于区别，国产臂形草属植物植株秆纤细，株高 0.6 m 左右，总状花序少于 10 枚。珊状臂形草与巴拉草的主要区别在于其小穗结构上，巴拉草的小穗通常对生，珊状臂形草的小穗单生。

巴拉草 [*Brachiaria mutica* (Forsskål) Stapf]
1. 生境；2. 花序；3. 果序；4. 叶片及叶鞘；5. 小穗

参考文献

陈运造，2006. 苗栗地区重要外来入侵植物图志［M］. 苗栗："台湾行政院农业委员会"苗栗区农业改良场：294-295.

范志伟，沈奕德，刘丽珍，2008. 海南外来入侵杂草名录［J］. 热带作物学报，29（6）：781-792.

金岳杏，1990. 臂形草属［M］// 中国植物志编辑委员会. 中国植物志：第十卷（第一分册）. 北京：科学出版社：269-270.

单家林，2009. 海南岛种子植物分布新记录［J］. 福建林业科技，36（3）：256-259.

台湾总督府农业试验所，1944. 台湾农家便览（改订增补）［M］.6 版. 台北：台湾农友会：796.

台湾植物志编辑委员会，1978. 台湾植物志（第五卷）［M］. 台北：现代关系出版社：530.

徐海根，强胜，2004. 中国外来入侵物种编目［M］. 北京：中国环境科学出版社：250-251.

Chaudhari S, Sellers B A, Rockwood S V, et al, 2012. Nonchemical methods for paragrass (*Urochloa mutica*) control[J]. Invasive Plant Science & Management, 5(1): 20–26.

Chen S L, Phillips S M, 2006. *Brachiaria*[M]// Wu Z Y, Raven P H, Hong D Y. Flora of China: Vol. 22. Beijing: Science Press & St. Louis: Missouri Botanical Garden Press: 520.

Hsu C C, 1971. A guide to the Taiwan grasses, with keys to subfamilies, tribes, genera and species[J]. Taiwania, 16(2): 199–341.

McMaster D, Adams V, Setterfield S A, et al, 2014. Para grass management and costing trial within Kakadu National Park[C]// Baker M. AWC Proceedings 19th Australasian Weeds Conference. Tasmanian: Tasmanian Weed Society: 129–133.

Ohwi J, 1942. Gramina Japonica III[J]. Acta Phytotaxonomica et Geobotanica, 11: 27–56.

Parsons J J, 1972. Spread of African Pasture Grasses to the American Tropics[J]. Journal of Range Management, 25(1): 12–17.

Veldkamp J F, 1996. *Brachiaria*, *Urochloa* (Gramineae-Paniceae) in Malesia[J]. Blumea-Biodiversity, Evolution and Biogeography of Plants, 41(2): 413–437.

5. 雀麦属 *Bromus* Linnaeus

一年生或多年生草本，秆直立，丛生或具根状茎。叶鞘闭合；叶舌膜质；叶片线形，通常扁平。圆锥花序开展或紧缩，分枝粗糙或有短柔毛，伸长或弯曲；小穗较大，含3 至多数小花，上部小花常不孕；小穗轴脱节于颖之上与诸花间，微粗糙或有短毛；颖不等长或近相等，较短于小穗，第二颖短于第一小花，披针形或近卵形，具（1）5～7脉，顶端尖或长渐尖或芒状；外稃背部圆形或压扁成脊，具 5～9（11）脉，草质或近革质，边缘常膜质，基盘无毛或两侧被细毛，顶端全缘或具 2 齿，芒顶生或自外稃顶端稍下方裂齿间伸出，劲直，稀无芒和三芒；内稃狭窄，通常短于其外稃，两脊生纤毛或粗糙；雄蕊 3 枚，花药大小差别很大；鳞被 2；子房顶端具唇状附属物，2 花柱自其前面下方伸出。颖果长圆形，先端簇生毛茸，腹面具沟槽，成熟后紧贴其内、外稃。

本属约 150 种，广泛分布于南北半球温带地区，主产于北半球，热带高山地区也有分布。中国约有 57 种，其中扁穗雀麦（*Bromus catharticus* Vahl）为外来入侵植物，另有田雀麦（*Bromus arvensis* Linnaeus）、显脊雀麦（*Bromus carinatus* Hooker & Arnott）、变雀麦（*Bromus commutatus* Schrader）、毛雀麦（*Bromus hordeaceus* Linnaeus）、短毛雀麦（*Bromus pubescens* Sprengel）、硬雀麦（*Bromus rigidus* Roth）、贫育雀麦（*Bromus sterilis* Linnaeus）等在中国报道归化（Liu et al., 2006; Jung et al., 2006; Wu et al., 2010; Bai et al., 2013；马金双和李惠茹，2018）。

扁穗雀麦 *Bromus catharticus* Vahl, Symb. Bot. 2: 22. 1791. —— *Bromus unioloides* Kunth, Nov. Gen. Sp. 1: 151. 1815.

【别名】 大扁雀麦

【特征描述】 一年生或短期多年生草本，须根细弱，较稠密；秆直立，丛生，高 60～100 cm。叶鞘闭合，被柔毛；叶舌长约 2～3 cm，具缺刻；叶片线状披针形，长 30～40 cm，宽 4～7 mm，散生柔毛。圆锥花序疏松开展，长约 20 cm；具 1～3 枚大型小穗；小穗两侧急压扁，通常含 6～7 小花或多至 12 小花，长 2～3 cm；小穗轴节间长约 2 mm，粗糙；颖窄披针形，第一颖长 10～12 mm，具 7 脉，第二颖稍长，具 7～11 脉；外稃长 15～20 mm，具 11 脉，沿脉粗糙，顶端具芒尖，基盘钝圆，无毛；内稃窄小，长约为外稃的 1/2，两脊生纤毛；雄蕊 3，花药长 0.3～0.6 mm。颖果与内稃贴生，长 7～8 mm，顶端具茸毛。**染色体**：$2n=28$、42、58（Liu et al., 2006）。**物候期**：花果期 4—9 月。

【**原产地及分布现状**】 原产于南美洲，在全世界作为短期牧草被广泛引种栽培，在澳大利亚、新西兰、美国等地区报道归化（Liu et al., 2006; Alshallash, 2018）。**国内分布：**安徽、北京、重庆、福建、甘肃、广东、广西、贵州、河北、黑龙江、河南、湖北、江苏、江西、辽宁、内蒙古、青海、陕西、山东、山西、上海、四川、台湾、新疆、云南、浙江。

【**生境**】 喜肥沃黏重的土壤环境，常生于山坡荫蔽处、林下、草场、路旁、荒地、田边、河沟边等低湿地带。

【**传入与扩散**】 **文献记载：**1959 年出版的《中国主要植物图说·禾本科》（耿以礼，1959）记载其原产于南美，中国引种栽培，在南京台城附近山坡有逸生。1971 年许建昌报道其新归化于台湾梨山地区（Hsu, 1971）。《中国植物志》记载其作为牧草在华东、台湾及内蒙古等地引种栽培（刘亮 等，2002）。1979 年在云南发现逸生的扁穗雀麦种群，并在云南已野生多年，表现为短期多年生（韩学骏和雷发有，1984）。FOC 记载其作为冬季牧草引种栽培，分布于贵州、河北、江苏、内蒙古、台湾、云南（Liu et al., 2006）。原国辉等（2002）报道扁穗雀麦在山东莱州麦田大面积发生，造成危害。2004 年出版的《中国外来入侵物种编目》（徐海根和强胜，2004）将其列为外来入侵植物。2013 年，有报道称其在山东、福建和广东归化（高双菊 等，2013；曾宪锋 等，2013）。**标本信息：**J. Dombey s.n.（Lectotype: P-JU）。该标本采自秘鲁，1976 年由 Pinto-Escoba 指定为后选模式（Peterson & Planchuelo, 1998）。扁穗雀麦在国内的早期标本采集记录包括 1923 年钟心煊采自福建厦门鼓浪屿的标本（H. H. Chung 1504）（AU），1936 年赵修谦在厦门的采集（赵修谦 176）（AU），1954 年刘万山在江苏南京丁家桥附近的采集（刘万山 143）（NAU）。20 世纪 50 年代在北京、广西、江苏、陕西、天津等地都采集到栽培状态的标本，其后内蒙古等地也有栽培的扁穗雀麦的采集记录。1969 年郭长生在台湾台中梨山地区亦采集到该种标本（郭长生 80088）（TAI）。**传入方式：**有意引种，作为牧草在中国多省区引种栽培，目前国内学者认为扁穗雀麦最早于 20 世纪 40 年代末在江苏南京种植，后传入其他省区栽培（田宏 等，2009；周潇 等，2014）。但根据国内早期标本记录推断,在 20 世纪 20—30 年代,有学者在福建厦门就多次采集到扁穗雀麦的标本,说明扁穗雀麦早在 1930 年之前就已经传入中国东南沿海地区。**传播途径**:随人为引种栽培进行远距离传播,该种作为牧草在世界各地有栽培,在种植区常见逃逸蔓延。**繁殖方式**:种子繁殖或分蘖繁殖。**入侵特点**:① 繁殖性 在云南地区的研究表明,扁穗雀麦的有性繁殖和营养繁殖效果均很好,种子产量随地上生物量的增加而增加;种子发芽率高达 80%以上,种子无后熟期,收种后即可播种;扁穗雀麦有性繁殖苗期生长缓慢,分蘖之后生长速率加大,抽穗开花期达最大;营养繁殖成活率较高,达 89.7%,生长速率比有性繁殖快,并且随着植株长大,生长速率呈下降趋势(曹清国 等,2008)。② 传播性 扁穗雀麦常作为重要牧草远距离传播,其种子落粒性较强,可通过自播来维持其种群的持久性。其种子和茎段能用作饲料,也能通过风、水利系统等传播,割草机等农业器具以及动物携带均有利于其传播。③ 适应性 扁穗雀麦喜温暖湿润气候,喜肥沃黏重土壤,但也能在盐碱地和酸性土壤中生长。扁穗雀麦同时具有耐寒性和耐旱性,在中国南方地区的冬春季能保持青绿状态,长势良好。田宏等(2009)研究了盐胁迫对扁穗雀麦种子萌发特性的影响,结果显示扁穗雀麦种子耐 $NaCl$ 胁迫的能力大于耐 Na_2CO_3。**可能扩散的区域**:全国各地的低海拔地区。

【**危害及防控**】 **危害**:在澳大利亚和新西兰,扁穗雀麦常被当作外来杂草,该种侵入自然保护区,形成密集种群,同本土植物竞争,降低当地生物多样性。在沙特阿拉伯北部,扁穗雀麦侵入小麦田,造成作物减产(Alshallash, 2018)。国内针对扁穗雀麦的入侵危害研究较少,仅有原国辉等(2002)报道麦田杂草扁穗雀麦在山东莱州大面积爆发,造成麦田减产。扁穗雀麦作为牧草曾在中国各省区引种栽培,但是近年来报道其新归化于中国多个省区,野外调查也证实,其分布区正在逐渐扩散。**防控**:对于引种栽培应加强管理,及时处理废枝,防止其在种植区逃逸。对于侵入麦田造成危害的扁穗雀麦,可以考虑化学防除和人工拔除。

【**凭证标本**】 安徽省淮南市凤台永寿渡口,海拔 11.2 m,32.640 5°N,116.733 0°E,2015 年 5 月 7 日,严靖、闫小玲、李惠茹、王樟华 RQHD01822(CSH);浙江省台州

市临海市桃渚镇屯峙村（小杜线），海拔 15.9 m，28.805 7°N，121.580 3°E，2015 年
3 月 17 日，严靖、闫小玲、李惠茹、王樟华 RQHD01552（CSH）；辽宁省大连市旅顺
口区旅顺博物馆院内，海拔 12 m，38.807 7°N，121.234 2°E，2015 年 5 月 9 日，齐淑
艳 RQSB03450（CSH）；福建漳州东山县县城，海拔 5 m，23.740 0°N，117.529 6°E，
2015 年 3 月 6 日，曾宪锋 RQHN06930（CSH）；云南省红河州金平县金河镇马鹿塘望
金楼，海拔 2 099 m，25.309 2°N，102.759 4°E，2015 年 5 月 2 日，税玉民、陈文红
RQXN00149（CSH）。

【相似种】《中国植物志》及 FOC 依据小穗性状将雀麦属分成了六个组，扁穗雀麦隶属
于扁穗组，其特征是小穗两侧压扁，外稃具 7～13 脉，中脉显著成脊。除扁穗雀麦以
外，扁穗组还包括山地雀麦（*Bromus marginatus* Nees ex Steudel）和显脊雀麦（*Bromus
carinatus* Hooker & Arnott），三者主要区别在于山地雀麦为多年生，叶鞘具倒向柔毛，
外稃常被毛，芒长 5～7 mm；扁穗雀麦为一年生或短期多年生，外稃无芒或具长 1 mm
的芒尖，内稃长为其外稃的 1/2；显脊雀麦为一年生，叶鞘不具柔毛，外稃具长约 1 cm
的芒，内稃约等长于其外稃。山地雀麦原产于北美洲，在河北地区有栽培；显脊雀麦亦
原产于北美洲，在北京地区有栽培，在台湾地区归化（Jung et al., 2006）。此外，2006
年报道在台湾归化的欧雀麦（*Bromus secalinus* Linnaeus）为扁穗雀麦的错误鉴定，作者
已于 2009 年发文澄清（Jung et al., 2006; Scholz et al., 2009）。

扁穗雀麦（*Bromus catharticus* Vahl）

1. 生境；2. 植株；3. 圆锥状花序；4、5. 小穗；6. 小花特写；7. 叶片与叶舌

参考文献

曹清国, 张幽静, 区力松, 2008. 云南地区扁穗雀麦繁殖对策研究 [J]. 种子, 36 (3): 101–103.

高双菊, 张学杰, 樊守金, 2013. 山东归化植物一新记录种: 扁穗雀麦 [J]. 山东师范大学学报 (自然科学版), 28 (1): 136.

耿以礼, 1959. 中国主要植物图说·禾本科 [M]. 北京: 科学出版社: 277–278.

韩学俊, 雷发有, 1984. "野生"扁穗雀麦简介 [J]. 草业科学, 1 (1): 55–56.

刘亮, 朱太平, 陈文俐, 2002. 雀麦属 [M] // 中国植物志编辑委员会. 中国植物志: 第九卷 (第二分册). 北京: 科学出版社: 376.

马金双, 李惠茹, 2018. 中国外来入侵植物名录 [M]. 北京: 高等教育出版社: 160.

田宏, 刘洋, 张鹤山, 等, 2009. 盐胁迫对扁穗雀麦种子萌发特性的影响 [J]. 湖北农业科学, 48 (7): 1708–1711.

徐海根, 强胜, 2004. 中国外来入侵物种编目 [M]. 北京: 中国环境科学出版社: 233–234.

原国辉, 高一凤, 周永玲, 等, 2002. 2001 年莱州市麦田扁穗雀麦大面积发生 [J]. 中国植保导刊, 22 (1): 39.

曾宪锋, 邱贺媛, 林白鸿, 等, 2013. 广东省禾本科 2 种新记录归化植物 [J]. 华南农业大学学报, 34 (1): 123–124.

周潇, 王巧, 陈刚, 2014. 扁穗雀麦研究进展 [J]. 草业与畜牧, 4: 54–56.

Alshallash K S, 2018. Germination of weed species (*Avena fatua*, *Bromus catharticus*, *Chenopodium album* and *Phalaris minor*) with implications for their dispersal and control[J]. Annals of Agricultural Sciences, 63(1): 91–97.

Bai F, Chisholm R, Sang W G, et al, 2013. Spatial risk assessment of alien invasive plants in China[J]. Environmental Science & Technology, 47(14): 7624–7632.

Hsu C C, 1971. A guide to the Taiwan grasses, with keys to subfamilies, tribes, genera and species[J]. Taiwania, 16(2): 199–341.

Jung M J, Liao G I, Kuoh C S, 2006. Notes on alien *Bromus* grasses in Taiwan[J]. Taiwania, 51(2): 131–138.

Liu L, Zhu G H, Ammann K H, 2006. *Bromus*[M]// Wu Z Y, Raven P H, Hong D Y. Flora of China: Vol. 22. Beijing: Science Press & St. Louis: Missouri Botanical Garden Press: 371–386.

Peterson P M, Planchuelo A, 1998. *Bromus catharticus* in South America (Poaceae: Bromeae)[J]. Novon, 8(1): 53–60.

Scholz H, Chen C W, Jung M J, 2009. Supplements to the Grasses (Poaceae) in Taiwan (II)[J]. Taiwania, 54(2): 168–174.

Wu S H, Aleck Yan T Y, Teng Y C, et al, 2010. Insights of the latest naturalized flora of Taiwan: change in the past eight years[J]. Taiwania, 55(2): 139–159.

6. 蒺藜草属 *Cenchrus* Linnaeus

一年生或多年生草本,秆通常低矮而多分枝,叶片平展。穗形总状花序顶生;刺苞球形,由多数不育小枝形成的刚毛或刺毛部分愈合而成,总梗短而粗,在基部脱节,刺苞上刚毛直立或弯曲,内含簇生小穗1至数个,成熟时小穗与刺苞一起脱落,种子常在刺苞内萌发;小穗无柄,具小花2,第一小花雄性或中性,具雄蕊3,外稃膜质,内稃发育良好,第二小花两性,花柱2,基部联合,外稃成熟时质地变硬,通常肿胀,顶端渐尖,边缘薄而扁平,包卷同质的内稃;颖不等长,第一颖常短小或缺,第二颖通常短于小穗;鳞被退化;花药线形,顶端无毛或具毫毛。颖果椭圆状扁球形,通常肿胀,胚长约为果实的2/3。

本属约25种,世界热带和温带地区均有分布,主要分布于美洲和非洲温带的干旱地区。中国有4种,分布于华北、东北、华南与西南地区,均为外来种,其中外来入侵2种。

蒺藜草属在形态上与狼尾草属植物有诸多的相似特征,系统发育结果强烈支持蒺藜草属和狼尾草属的统一,因此有学者认为蒺藜草属应并入狼尾草属(Chemisquy et al., 2010)。

参考文献

Chemisquy M A, Giussani L M, Scataglini M A, et al, 2010. Phylogenetic studies favour the unification of *Pennisetum*, *Cenchrus* and *Odontelytrum* (Poaceae): a combined nuclear, plastid and morphological analysis, and nomenclatural combinations in *Cenchrus*[J]. Annals of botany, 106(1): 107–130.

分种检索表

1 刺苞呈稍扁的圆球形,长5～7 mm,裂片扁平刺状,基部联合成完整的一圈;刺苞基部具大量刚毛状的刺,刺柔韧,顶端常向内反曲 ··· 1. 蒺藜草 *Cenchrus echinatus* Linnaeus

2 刺苞呈长圆球形，长近 1 cm，由多个基部联合的扁平刺组成，裂片细长似针刺；刺苞基部
的刺虽也呈刚毛状，但其刺坚硬且较蒺藜草少，无典型的反向刺 ··
··· 2. 长刺蒺藜草 *Cenchrus longispinus* (Hackel) Fernald

1. 蒺藜草 *Cenchrus echinatus* Linnaeus, Sp. Pl. 2: 1050. 1753.

【别名】 刺蒺藜草、野巴夫草

【特征描述】 一年生草本，须根较粗壮，秆高约 50 cm，基部膝曲或横卧地面，节处
生根，下部各节常具分枝。叶鞘松弛，压扁具脊；叶舌短小，具长约 1 mm 的纤毛；叶
片线形或狭长披针形，质地较软，腹面粗糙，疏生长柔毛或无毛。总状花序直立，长
4～8 cm；刺苞呈稍扁的圆球形，长 5～7 mm，裂片扁平刺状，基部联合成完整的一圈，
裂片背部具较密的细毛和长绵毛，边缘具较多白色平展绵毛，刚毛在刺苞上轮状着生，
先端直立或常向内反曲，刚毛上具较明显的倒向糙毛，刺苞基部收缩呈楔形；总梗密被
短毛；每刺苞内具小穗 2～4 个，小穗椭圆状披针形，含 2 小花；颖片膜质；第一小花
雄性或中性，外稃与小穗近等长，具 5 脉，第二小花两性，外稃具 5 脉，包卷同质的内
稃，成熟时质地渐渐变硬；鳞被缺；柱头帚刷状，长约 3 mm。颖果椭圆状扁球形，背腹
压扁，种脐点状。**染色体：** 2n=34（Avdulov, 1931）、68（Tateoka, 1955）。**物候期：** 种子
于春季萌发，花果期为夏季至秋季，在潮湿的热带地区终年均可开花结果。

【原产地及分布现状】 原产于美国南部，现在广泛分布于世界热带与亚热带地
区（Chen & Phillips, 2006）。**国内分布：** 澳门、福建、广东、广西、海南、台湾、香港、
云南（南部）、浙江（普陀）。

【生境】 喜稍湿润的、排水良好的沙质土壤，喜干扰生境，常生于低海拔的沙地中，也
见于路旁荒地、草地、耕地、河岸、果园以及园林绿地等处。

【传入与扩散】 **文献记载**：日本植物学家大井次三郎（Jisaburo Ohwi）于 1936 年记载了该种在台湾有分布（Ohwi, 1936）。蒺藜草的中文名则出自 1957 年出版的《中国主要禾本植物属种检索表》（耿以礼，1957）和 1959 年出版的《中国主要植物图说·禾本科》，后者记载当时在广东、海南和台湾有该种分布（耿以礼，1959）。2001 年其被当作有害杂草报道（张金兰，2001），2002 年被作为中国外来入侵种报道（李振宇和解焱，2002）。**标本信息**：Herb. A. van Royen No. 912. 356－116（Lectotype: LINN）。该标本采自牙买加，1993 年由 Veldkamp 将其指定为后选模式（Veldkamp, 1993）。日本植物学家佐佐木舜一（Shun-ichi Sasaki）于 1934 年在台湾兰屿采到该种标本（TAI019594），之后在台南（1935）、屏东（1944）、嘉义（1955）等地均有标本记录。王朝品于 1952 年在广州北郊采到该种标本（N000051085）。1956 年于福建厦门、1969 年于香港、1978 年于广西亦有该种标本记录。**传入方式**：于 20 世纪 30 年代初传入中国，首次传入地为台湾，可能为随粮食运输无意传入，随后传入广州、香港，进而扩散至华南地区。**传播途径**：以其带刺的颖果附于衣物、农具、动物毛皮上，或混于粮食当中随放牧、农业活动、动植物引种、车船等的携带以及粮食运输等途径传播，该种在中国主要以车船携带的方式随人类旅行等活动在公路、铁路或港口附近扩散。**繁殖方式**：种子繁殖。**入侵特点**：① 繁殖性 生长迅速，可快速挤占空地。种子常在刺苞内萌发，发芽率高。② 传播性 种子的自播性不强，但其成熟的刺苞极易使其依附于经过的动物、车辆等身上，从而实现远距离传播，因此传播性强。③ 适应性 偏好沙质土壤，但适生于多种类型的土壤；喜潮湿生境，但抗旱性强，耐高温，但不耐寒；高纬度与高海拔地区不适宜其生长。**可能扩散的区域**：热带至亚热带地区的低海拔区域。

【危害及防控】 **危害**：该种作为有害植物在世界各地的许多作物种植区中均有出现，对一些蔬菜具有化感作用（Ma et al., 2014），影响作物产量和品质；易侵入裸地或新开垦的土地，也威胁热带、亚热带牧草的正常生长；其锐利的刺苞可刺穿人类和动物的皮肤，饲料或干草常由于其颖果的混入而适口性严重下降；威胁岛屿生态系统的平衡，降低生物多样性。该种自 1961 年在夏威夷群岛中的莱桑岛（Laysan island）发现以来，至

1991 年就已成为岛上的优势种，占据了该岛植被面积的 30%，使本地物种的生存空间不断缩小（Flint & Rehkemper, 2002）。在非洲毛里求斯岛亦有相似的情形发生（Bullock et al., 2002）。在中国该种为检疫性植物，曾在美国、加拿大、阿根廷、法国、澳大利亚、丹麦、沙特阿拉伯的进口小麦，美国、阿根廷、巴西的进口大豆和加拿大进口大麦以及美国进口亚麻籽中发现（张金兰, 2001）。其主要危害中国台湾及华南地区的农田和果园，对沿海岛屿的生态系统也构成威胁，需格外警惕。2010 年中国原环境保护部将其列入《中国外来入侵物种名单（第二批）》。**防控**：加强检验检疫，从源头上防止其传播扩散。小范围的发生可在结果前铲除。一些苗后除草剂如吡氟禾草灵（fluazifop）、烯禾啶（sethoxydim）等对该种的防治效果较好，而芽前除草剂的防治效果则不甚理想（Almeida et al., 1983），但除草剂的选择应视作物的不同而定。

【凭证标本】 澳门氹仔机场北安海边，海拔 12 m，22.168 6°N，113.568 6°E，2015 年 5 月 21 日，王发国 RQHN02771（CSH）；广东省广州市南沙区横档岛旅游过海码头，海拔 6 m，22.785 6°N，113.592 8°E，2014 年 10 月 20 日，王瑞江 RQHN00634（CSH）；广西壮族自治区北海市银滩镇，海拔 1 m，21.408 3°N，109.152 5°E，2015 年 12 月 10 日，韦春强、李象钦 RQXN07809（CSH）；海南省昌江石碌镇，海拔 108 m，19.289 4°N，109.049 7°E，2015 年 12 月 21 日，曾宪锋 RQHN03633（CSH）；香港大埔区元墩，海拔 88 m，22.430 8°N，114.163 3°E，2015 年 7 月 27 日，王瑞江、薛彬娥、朱双双 RQHN00971（CSH）。

【相似种】 倒刺蒺藜草（*Cenchrus setigerus* Vahl）与蒺藜草相似，本种刺苞裂片直立而不向内反折，且背部具稀疏的细毛或近无毛，与蒺藜草刺苞的形态稍有差别。倒刺蒺藜草原产于印度西北部，作为饲料草引入中国云南省红河哈尼族彝族自治州，目前其分布区尚未扩大（Chen & Phillips, 2006）。另有水牛草（*Cenchrus ciliaris* Linnaeus）被当作牧草引入台湾，该种刺苞裂片仅在基部合生且为毛刷状，而非锐利的刺状，与本属其他种区别明显。水牛草原产于非洲、印度至亚洲西南部，已归化于台湾南部地区（Chen & Phillips, 2006）。此外，该种在海南（Michalk et al., 1998）、广东（Michalk &

Huang, 1994）也有引种；在澳大利亚、美国西部和夏威夷等地，水牛草已被列为入侵植物，须引起警惕。需要指出的是，早期的中文文献中蒺藜草的拉丁名常被写成 *Cenchrus caliculatus* Cavanilles，实则是错误鉴定，后者植株高大，高可达 2 m，花序长可达 24 cm，主要分布于印度尼西亚、澳大利亚和太平洋南部岛屿中（Chen & Phillips, 2006）。

蒺藜草（*Cenchrus echinatus* Linnaeus）

1. 生境；2. 总状花序；3. 刺苞形态；4. 叶片与叶舌；5. 刺苞背部形态；6. 成熟果实

参考文献

耿以礼, 1957. 中国主要禾本植物属种检索表 [M]. 北京: 科学出版社: 127

耿以礼, 1959. 中国主要植物图说·禾本科 [M]. 北京: 科学出版社: 447.

李振宇, 解焱, 2002. 中国外来入侵种 [M]. 北京: 中国林业出版社: 178.

张金兰, 2001. 严防有害杂草的侵入 [J]. 植物检疫, 15（6）: 351-354.

Almeida F S, Oliveira V F, Manetti Filho J, 1983. Selective control of grass weeds in soyabeans with some recently developed post-emergence herbicides[J]. Tropical Pest Management, 29(3): 261-266.

Avdulov N P, 1931. Karyo-systematische untersuchungen der familie Gramineen[J]. Bulletin of Applied Botany, Genetics and Plant Breeding, 44: 119-123.

Bullock D J, North S G, Dulloo M E, et al, 2002. The impact of rabbit and goat eradication on the ecology of Round Island, Mauritius[C]// Veitch C R, Clout M N. Turning the tide: the eradication of invasive species. Switzerland and Cambridge, UK: IUCN SSC Invasive Species Specialist Group: 53-63.

Chen S L, Phillips S M, 2006. *Cenchrus*[M]// Wu Z Y, Raven P H, Hong D Y. Flora of China: Vol. 22. Beijing: Science Press & St. Louis: Missouri Botanical Garden Press: 552-553.

Flint E, Rehkemper C, 2002. Control and eradication of the introduced grass, *Cenchrus echinatus*, at Laysan Island, Central Pacific Ocean[C]// Veitch C R, Clout M N. Turning the tide: the eradication of invasive species. Switzerland and Cambridge, UK: IUCN SSC Invasive Species Specialist Group: 110-115.

Ma W J, Miao S Y, Tao W Q, et al, 2014. Study on the allelopathic effects of alien invasive species *Cenchrus echinatus* on seed germination and seedling growth of solanaceae crops[J]. Agricultural Science & Technology, 15(6): 885-889.

Michalk DL, Fu N P, Zhu C M, 1998. Improvement of dry tropical rangelands on Hainan Island, China: 4. Effect of seedbed on pasture establishment[J]. Journal of Range Management, 51(1): 106-114.

Michalk D L, Huang Z K, 1994. Grassland improvement in subtropical Guangdong Province, China. 2. Evaluation of pasture grasses[J]. Tropical Grasslands, 28(3): 139-145.

Ohwi J, 1936. Synbolae ad floram Asiae orientalis 14[J]. Acta Phytotaxonomica et Geobotanica eng, 5: 179-188.

Tateoka T, 1955. Karyotaxonomy in Poaceae III. Further studies of somatic chromosomes[J]. Cytologia, 20(4): 296-306.

Veldkamp J F, 1993. Gramineae[M]// Jarvis C E, Barrie F R, Allan D M, et al. Regnum vegetabile: A list of Linnaean generic names and their types. Vol. 127. Champaign, IL: Balogh Scientific Books: 31.

2. 长刺蒺藜草 *Cenchrus longispinus* (Hackel) Fernald, Rhodora 45(538): 388. 1943. —— *Cenchrus echinatus* f. *longispina* Hackel, Allg. Bot. Z. Syst. 9: 169. 1903.

【别名】 草狗子、草蒺藜、刺蒺藜草

【特征描述】 一年生草本植物，秆高 10～90 cm，基部分蘖，呈丛生状，茎横向匍匐后直立生长，近地面数节具根，茎节处稍有膝曲。叶鞘近边缘疏生细长柔毛，下部边缘无毛，压扁具脊；叶片线形或狭长披针形，干后常对折，两面无毛。总状花序直立，长 4.1～10.2 cm，花序轴具棱；刺苞呈长圆球形，长近 1 cm，由多个基部联合的扁平刺组成，裂片细长似针刺，裂片背部具白色短毛或长绵毛，裂片近基部边缘具平展的白色纤毛或无毛；刺苞的近基部有 1～2 圈较细的刚毛，上部刚毛粗壮，质坚硬，呈尖三角形，长约 3 mm，与刺苞裂片近等长，直立开展，刚毛上具极疏的不明显的倒向糙毛或几乎无毛，刺苞基部楔形；总梗具短柔毛；每刺苞内具小穗 2～3 个，小穗椭圆形，含 2 小花；颖片膜质；第一小花雄性，外稃纸质，具 5 脉，与第二小花等长，其内稃与外稃等长；第二小花两性，外稃纸质，成熟后质地渐变硬，具 5 脉，其内稃短于外稃；鳞被退化；花柱基部联合。颖果卵状球形，背腹压扁。**染色体**：$2n=34$（Gould, 1958; Yousefi, 2015）、36（Brown, 1948）。$2n=36$ 的存在说明该种可能存在非整倍体的现象，但后来的研究都未发现这一现象，染色体数目也都是 $2n=34$。**物候期**：种子于 4 月底开始萌发，发芽后 3～4 周开花，花果期为夏季至秋季。

【原产地及分布现状】 原产于北美洲东部地区、墨西哥至西印度群岛（DeLisle, 1962）。该种最迟于 1933 年被带入意大利，随后在欧洲蔓延，如今在意大利已广泛归化并表现出入侵趋势（Verloove & Gullón, 2012）。现在长刺蒺藜草广泛分布于美国全境，摩洛哥、非洲南部、地中海地区至欧洲东部，澳大利亚以及亚洲温带地区也有分布。**国内分布**：北京、河北、吉林、辽宁、内蒙古。

【生境】 喜沙质土壤或碎石地，喜干扰生境，生于路边荒地、农田、果园、苗圃、草原、牧场以及海边沙地等处。

【传入与扩散】　**文献记载**：20 世纪 80 年代，该种在作为当时粮食主要进口通道的辽宁省被发现（关广清和高东昌，1982）。1994 年，《内蒙古植物志（第二版）》（第五卷）收录了蒺藜草（*Cenchrus calyculatus* Cavanilles），但此记载及描述显然有误，应为长刺蒺藜草。1995 年，杜广明等首次对该种的危害性进行了详细报道，指出其具有相当严重的危害（杜广明 等，1995）。但需注意的是，上述文献所描述的物种均为错误鉴定，即将长刺蒺藜草误鉴定为其他物种，直至 2011 年才首次有提及长刺蒺藜草的文献，但该文献亦认为该种在中国无分布（郭琼霞，2011）。**标本信息**：Harger E. B. 426（Type: ISC）。模式标本采自美国康涅狄格州。1963 年汉骏声在辽宁省采到该种标本（IFP15880001x0010），之后于 1972 年在河北景县、1975 年在北京、2005 年在内蒙古均有标本记录。**传入方式**：杜广明等（1995）通过调查研究认为，该种是于 1942 年日本侵华时在中国东北垦殖过程中无意带入，繁殖后随着人们的打草、放牧及风刮雨冲等迅速蔓延。由文献及标本证据可知该种在中国的首次传入地为辽宁，随后向内蒙古、吉林蔓延，并传入华北地区。**传播途径**：传播途径与蒺藜草相似，但在中国该种主要通过放牧、牲畜的流转以及车辆携带沿草原、公路和铁路沿线扩散，尤其是在放牧过程中的传播，又与蒺藜草有所不同。**繁殖方式**：种子繁殖。**入侵特点**：① 繁殖性　根系发达，分蘖能力强，生长迅速。其种子具有异质性，即生长在同一植株或同一穗（或花序）上不同部位的种子，它的形态、质量、结构、成分都有所不同。同一刺苞中具有大、小 2 粒种子，在适宜的条件下，两粒种子均能发芽，大种子先于小种子发芽，且大、小种子的发芽率分别为 85.00% 和 59.64%；当发芽过程中水分不足时，大种子的发芽率几乎不受影响，而小种子则完全不发芽，处于休眠状态，保持生命力（韩成莲 等，2011）。② 传播性　刺苞表面多刺，极易附于动物皮毛或人类衣服之上，具有较强的传播扩散的能力。③ 适应性　长刺蒺藜草种子萌发的适宜温度为 20～25 ℃。其在环境条件严酷（主要是水分短缺）时，只是分蘖数减少，植株仍能结实，完成生活周期，遇伏雨后即使是较深层的种子也可迅速萌发（杜广明 等，1995）。耐旱、耐贫瘠、耐寒、抗病虫害，适生于沙质土壤，也适应多种土壤类型，在 pH 为 7～8 的立地条件下生长良好，适应性强。**可能扩散的区域**：华北、东北以及西北地区的草原、沙地和退化的沙质草场。

【**危害及防控**】 **危害**：其危害与蒺藜草相近，即危害作物产量和品质，对人畜造成伤害，排挤本地种，破坏生态平衡。许多国家如波兰已将其列入检疫对象，美国加州将其列为B类检疫性杂草。该种已侵入美国西部，在欧洲克罗地亚、希腊、乌克兰和匈牙利等地被视为危害严重的外来入侵植物（Verloove & Gullón, 2012）。该种为中国禁止入境的检疫性杂草，2014年中国原环境保护部将其列入第三批中国外来入侵物种名单。在中国，该种主要危害东北地区，对放牧活动区的侵染日趋严重，此外还严重入侵内蒙古、吉林和辽宁交界的大片区域的草场，形成单优群落，给畜牧业生产及农事活动带来了相当大的危害及不便，且仍有蔓延之势。**防控**：目前针对该种尚无成功的防除经验可借鉴，一些除草剂如西玛津、氟乐灵等仅可在小范围内对其进行控制，效果一般。因此无论是在国际范围还是省际范围，都应该加强检疫执法的力度，在动植物引种、粮食调运等过程中，严格实行检疫，从源头上防止其扩散蔓延。

【**凭证标本**】 北京市丰台区园博园南路圆博西一路路口，海拔59 m，39.859 8°N，116.190 8°E，2017年9月16日，严靖 RQHD03550（CSH）；辽宁省阜新市彰武县大冷镇，海拔161 m，42.651 4°N，122.232 5°E，2017年9月23日，严靖、邓玲丽、汪远 RQHD03672（CSH）；内蒙古自治区通辽市科尔沁左翼后旗甘旗卡镇，海拔248 m，42.956 4°N，122.383 0°E，2017年9月23日，严靖、邓玲丽、汪远 RQHD03679（CSH）；吉林省四平市双辽市卧虎镇，海拔123 m，43.687 1°N，123.533 0°E，2017年9月23日，严靖、邓玲丽、汪远 RQHD03682（CSH）。

【**相似种**】 蒺藜草属内各物种之间形态特征相近，因此错误鉴定的情况时常存在。光梗蒺藜草（*Cenchrus incertus* M. A. Curtis）与长刺蒺藜草极其相似，区别在于光梗蒺藜草的刺少于长刺蒺藜草，前者刺苞裂片扁平状（刺基部宽约3 mm），刺苞基部常无刚毛状刺，而后者刺苞裂片针刺状或稍扁平，且刺苞基部具多数刚毛状刺。国内几乎所有的文献都将长刺蒺藜草误鉴定成了光梗蒺藜草，并且这个错误一直延续至今。国内文献对该种所使用的学名有：*Cenchrus incertus* M. A. Curtis，*Cenchrus spinifex* Cavanilles，*Cenchrus pauciflorus* Benth，*Cenchrus caliculatus* Cavanilles，其中后两者是最常使用的，前三者所指均为光梗蒺藜草（也有不少文献称其中文名为少花蒺藜草），只是接受名和异名的关系。关于名称问题曾有学者予以澄清（安瑞军，2013），但仍为错误鉴定。经调查并查阅相关资料可知，分布于东北地区的均为长刺蒺藜草而非光梗蒺藜草或少花蒺藜草，之前的文献均为错误鉴定，在此予以澄清。长刺蒺藜草在欧洲地中海地区也一度被误鉴定为光梗蒺藜草，而实际上该种在地中海地区是分布最为广泛的蒺藜草属植物（Verloove & Gullón, 2012）。

长刺蒺藜草 [*Cenchrus longispinus* (Hackel) Fernald]

1. 生境；2、3. 总状花序；4. 刺苞形态；5. 刺苞特写；6. 刺苞解剖，示颖果；7. 种子形态

参考文献

安瑞军, 2013. 外来入侵植物: 少花蒺藜草学名的考证 [J]. 植物保护, 39（2）: 82-85.

安瑞军, 王永忠, 田迅, 2015. 外来入侵植物: 少花蒺藜草研究进展 [J]. 杂草科学, 33（1）: 27-31.

杜广明, 曹凤芹, 刘文斌, 等, 1995. 辽宁省草场的少花蒺藜草及其危害 [J]. 中国草地, 3: 71-73.

关广清, 高东昌, 1982. 又有五种杂草传入中国 [J]. 植物检疫, 6: 2-3.

郭琼霞, 2011. 长刺蒺藜草（*Cenchrus longispinus*）传入中国的风险性研究 [J]. 江西农业学报, 23（12）: 68-70.

韩成莲, 杨新芳, 王莹, 等, 2011. 疏花蒺藜草种子发芽习性差异的研究 [J]. 草业科学, 28（5）: 793-796.

Brown W V, 1948. A cytological study in the Gramineae[J]. American Journal of Botany, 35(7): 382–395.

DeLisle D G, 1962. Taxonomy and distribution of the genus *Cenchrus*[M]. Iowa: Iowa State University of Science and Technology Ames: 1–188.

Gould F W, 1958. Chromosome numbers in southwestern grasses[J]. American Journal of Botany, 45(10): 757–767.

Verloove F, Gullón E S, 2012. A taxonomic revision of non-native *Cenchrus* s. str. (Paniceae, Poaceae) in the Mediterranean area[J]. Willdenowia, 42(1): 67–75.

Yousefi M, 2015. Karyotypic characteristics of *Cenchrus longispinus* (Hack.) Fernald (Poaceae)[J]. Academia Journal of Agricultural Research, 3(4): 49–52.

7. 大麦属 *Hordeum* Linnaeus

多年生或一年生, 叶片扁平, 常具叶耳。顶生穗状花序或因三联小穗的两侧生者具柄而形成穗状圆锥花序; 小穗含 1 小花（稀含 2 小花）, 常以 2 至数枚着生于穗轴各节; 穗轴扁平, 多在成熟时逐节断落, 栽培种则坚韧不断, 顶生小穗退化; 三联小穗同型者皆无柄, 可育, 异型者中间的无柄, 可育, 两侧生的有柄, 可育或不育; 中间小穗以其腹面对向穗轴的扁平面, 两侧小穗则转变方向以其腹面对向穗轴的侧棱; 颖为细长弯软的细线形或为直硬的刺芒状, 有的基部扩展而呈披针形; 侧生小穗的两颖同型或异型, 位于外稃的两侧面, 中间小穗的两颖皆同型, 位于外稃的背面; 外稃背部扁圆，具 5 条脉，先端延伸成芒或无芒；内稃与外稃近等长，脊平滑或上部粗糙。颖果腹面具纵沟，顶生茸毛，与稃体黏着或分离。

本属约有 30～40 种，分布于全球温带或亚热带的山地或高原地区，中国有连同栽培种在内约 18 种（包括变种）。其中，芒颖大麦草（*Hordeum jubatum* Linnaeus）属外来入侵植物，球茎大麦（*Hordeum bulbosum* Linnaeus）在中国栽培，属外来植物。大麦属中除粮食作物外多为优良牧草。

芒颖大麦草 Hordeum jubatum Linnaeus, Sp. Pl. 1: 85. 1753. —— *Critesion jubatum* (Linnaeus) Nevski, Fl. URSS 2: 721. 1934. —— *Elymus jubatus* (Linnaeus) Link, Hort. Berol. 1: 19. 1827.

【别名】 芒麦草、芒颖大麦

【特征描述】 越年生草本，秆丛生，直立或基部稍倾斜，平滑无毛，高 30～45 cm，径约 2 mm，具 3～5 节。叶鞘下部者长于节间，中部以上者短于节间；叶舌干膜质、截平，长约 0.5 mm；叶片扁平，粗糙，长 6～12 cm，宽 1.5～3.5 mm。穗状花序柔软，绿色或稍带紫色，长约 10 cm（包括芒）；穗轴成熟时逐节断落，节间长约 1 mm，棱边具短硬纤毛；三联小穗两侧者各具长约 1 mm 的柄，两颖长 5～6 cm，呈弯软细芒状，其小花通常退化为芒状，稀为雄性；中间无柄小穗的颖长 4.5～6.5 cm，细而弯；外稃披针形，具 5 脉，长 5～6 mm，先端具长达 7 cm 的细芒；内稃与外稃等长。**染色体**：$2n=28$（Chen & Zhu, 2006）。**物候期**：花果期 5—8 月。

【原产地及分布现状】 原产北美及欧亚大陆的寒温带，在美国北部和加拿大的南部地区是一种危害严重的杂草（郭本兆，1987；陈超 等，2016）。**国内分布**：北京、甘肃、河北、黑龙江、吉林、江苏、辽宁、内蒙古、青海、山东、山西、新疆。

【生境】 常见于路旁或田野、草地、旱作物地、公园绿地、湖边绿地、林下等处。

【传入与扩散】　**文献记载**：1959 年出版的《中国主要植物图说·禾本科》记载芒颖大麦草分布于北美及欧亚大陆的寒温带，在中国东北逸生。《中国植物志》记载其在东北可能为逸生，生于路旁或田野。FOC 记载其分布于黑龙江和辽宁。强胜和曹学章认为该种是作为牧草或饲料引进中国的异域杂草（强胜和曹学章，2000）。2004 年出版的《中国外来入侵物种编目》将其列为外来入侵植物，记载其在黑龙江、吉林、辽宁有分布（徐海根和强胜，2004）。近年来，芒颖大麦草在内蒙古、甘肃、山东等地的分布也相继被报道（包颖和赵景龙，2001；万国栋，2012；蔡云飞 等，2013）。陈超等（2016）通过文献调研和实地调查发现芒颖大麦草在中国 10 个省市区（包括直辖市和自治区）22 个市县有分布，结合其生物学和生态学特征，认为芒颖大麦草是一种具有高度入侵风险的植物。**标本信息**：Herb. Linn. No. 103.10（Lectotype: LINN）。该标本采自加拿大，由 Hitchcock 指定为后选模式（Hitchcock，1908）。芒颖大麦草在国内的早期采集记录包括：1926 年在辽宁省大连市旅顺的采集（J. Sato 2725）（IFP），1950 年在辽宁省北宁市（今称北镇市）的采集（刘慎谔 2975）（IFP），1957 年在北京的采集（S.L. Jou 45）（NK）。近些年来，在内蒙古、青海、甘肃、山东等地陆续有该种采集记录。**传入方式**：作为牧草有意引入，国内学者普遍认为芒颖大麦草最早是在东北逸生，后扩散开来，根据标本采集记录判断，传入时间应该不晚于 20 世纪 20 年代（1926 年），传入地为辽宁省大连地区。**传播途径**：芒颖大麦草的传播途径主要分为有意引种栽培和无意扩散两种方式。该种常被作为观赏植物种植，用于庭院造景和花园绿化，曾被当作牧草种植，也曾尝试作为菱镁矿粉尘污染土壤的修复植物种植。其种子可依靠风力传播，也可附着于动物皮毛、衣物以及其他器械上进行扩散，也会夹杂于其他牧草种子中传播，或由雨水冲刷、灌溉水流等方式传播。**繁殖方式**：种子繁殖为主，也可进行营养繁殖。**入侵特点**：① 繁殖性　芒颖大麦草种子产量大，单株可达 180 粒，并且 67% 的种子可在土壤中存活一年以上（Conn & Deck，1995）。其种子发芽率高，在适宜的环境条件下，种子萌发率高达 98%，秋季未萌发的种子可在春季萌发，干燥储存 4 年的种子，其发芽率依然高达 96%（Ungar，1974）。但相关研究也表明，芒颖大麦草的种子在土壤种子库中的预期寿命通常为 2～3 年，种子在掩埋 3～7 年后其活力降到 1% 以下（Violett，2012；Conn & Deck，1995）。可见，其种子活力与储存条件

（水分、温度）有关，陈超等（2016）发现芒颖大麦草在中国北方农牧交错带不同土地利用方式（草甸土、围封草地土和放牧地土）的土壤条件下都有超过 80% 的发芽率。芒颖大麦草种子具有休眠特性，能够形成持久土壤种子库。赵傲雪等（2016）针对采自甘肃省临泽县境内的芒颖大麦草种子进行研究发现，种子具有较高的休眠率，且休眠类型为轻度生理性休眠，预先冷冻和 0.05% GA_3（赤霉素）溶液预湿发芽床均可作为种子播种前和发芽试验的预处理方法。② 传播性　芒颖大麦草的种子具芒，重量轻，千粒重 2.486 4 g，可依靠风力传播，引种栽培后易逃逸扩散（佟斌和梁鸣，2015）。③ 适应性　芒颖大麦草具有很强的耐盐碱能力，可耐受的土壤 pH 范围为 6.4～9.5。相关研究表明，芒颖大麦草的种子具有非常强的耐盐能力，明显高于其他牧草，种子在 1.0%NaCl 溶液的盐胁迫条件下其发芽率高达 90%。该种甚至能在 1.5% 的 NaCl 溶液中存活数周（Ungar, 1974; Israelsen et al., 2011）。此外，还有研究表明，芒颖大麦草具有较强的耐镁特性，土壤中镁浓度达到 4.61 g/kg 时，芒颖大麦草仍生长良好（方英　等，2012）。**可能扩散的区域**：芒颖大麦草目前主要入侵中国北方地区，尤其是受到人为干扰的环境中，例如道路两旁、撂荒地等常见有该种的分布，有时甚至成为优势植物。鉴于芒颖大麦草在其原产地分布生境类型多样，在自然生态系统也发生频繁，未来芒颖大麦草极有可能入侵到南北各地的自然生态系统，例如草地生态系统、湿地生态系统（尤其是盐碱地）和森林生态系统（陈超　等，2016）。

【危害及防控】　**危害**：芒颖大麦草具有广泛的适应性和很强的耐盐碱能力，比其他草地植物具有更强的竞争力，容易成为多种类型草地（尤其是盐碱化草地）的优势植物。此外，芒颖大麦草的适口性差，成熟后家畜不喜采食，并易造成对家畜的直接损伤。芒颖大麦草的入侵常造成草地产草量和利用率的下降（Cords, 1960；陈超　等，2016）。不仅如此，芒颖大麦草在原产地还是常见的麦田杂草（Donald, 1988）。在中国北方地区，芒颖大麦草主要入侵人为干扰区域，例如道路两旁、撂荒地、草坪、农田、林场等，目前尚未造成严重危害（陈超　等，2016）。**防控**：针对芒颖大麦草的防控的研究主要集中在美国和加拿大，包括栽培、机械、生物和化学等方法，均可用于管理或控制芒颖大麦草。每种方法都有不同的控制效果，并没有一种公认最有效的防控措施（Violett, 2012）。

芒颖大麦草为浅根系杂草，对于侵入农田的芒颖大麦草，深耕翻作是一种有效的防控措施（Donald, 1988）。

【凭证标本】　甘肃省定西市通渭县马营加油站，海拔 2 201 m，35.313 1°N，104.990 0°E，2015 年 8 月 5 日，张勇、张永 RQSB02435（CSH）；新疆维吾尔自治区乌鲁木齐市头屯河区顺河路 920 附近海兵超市，海拔 881 m，43.865 2°N，87.280 6°E，2015 年 8 月 23 日，张勇 RQSB01882（CSH）；辽宁省大连市甘井子区革镇堡街道夏家河子，海拔 0.4 m，39.022 5°N，121.482 5°E，2015 年 5 月 8 日，齐淑艳 RQSB03440（CSH）；黑龙江省鸡西市密山市 855 农场 31 队，海拔 194 m，45.697 8°N，131.420 6°E，2015 年 8 月 6 日，齐淑艳 RQSB03676（CSH）；吉林省延边朝鲜族自治州珲春市口岸大路，海拔 40 m，42.826 1°N，130.380 7°E，2015 年 8 月 2 日，齐淑艳 RQSB03910（CSH）；内蒙古自治区呼和浩特市呼和浩特市博物馆，海拔 1 046 m，43.928 3°N，116.054 0°E，2016 年 11 月 17 日，刘全儒等 RQSB09391（CSH）；青海省黄南藏族自治州同仁县南郊，海拔 2 481 m，35.525 8°N，102.024 4°E，2015 年 7 月 17 日，张勇 RQSB02631（CSH）。

【相似种】　芒颖大麦草为多年生植物，秆的基部不具球茎，三联小穗的颖同型，颖细长柔软，区别于其他国产大麦属植物。另有外来植物球茎大麦（*Hordeum bulbosum* Linnaeus），原产地中海东岸和西亚，归化于美国，据《中国植物志》及 FOC 记载，该种在南京、北京和青海等地均有栽培，用作育种材料。球茎大麦与芒颖大麦草在形态特征上的区别主要在于前者秆基部具直径 1.5 cm 的球茎，三联小穗两侧生者为雄性，颖不同型，为芒状和狭线状披针形，中间小穗无柄，窄线形披针形。解焱曾在《生物入侵与中国生态安全》一书中将球茎大麦收录为中国外来入侵植物，但是并未给出具体收录依据和来源，后续也有不少文献据此将球茎大麦作为入侵植物报道（解焱，2008；寿海洋 等，2014），也未提出确凿证据，在此不予采信。

芒颖大麦草（*Hordeum jubatum* Linnaeus）

1、2.生境；3.植株形态；4.穗状花序；5.成熟果序；6.小穗，示长芒

参考文献

包颖，赵景龙，2001. 内蒙古大麦属一新记录种［J］. 内蒙古师范大学学报（自然科学汉文版），30（4）：355.

蔡云飞，王伟华，石竹，2013. 山东植物新记录：芒颖大麦草 *Hordeum jubatum*（Gramineae）［J］. 山东林业科技，43（3）：78，109.

陈超，张卫华，武菊英，等，2016. 芒麦草（*Hordeum jubatum* L.）入侵特性和风险评估［J］. 生物灾害科学，39（2）：130-135.

方英，赵琼，台培东，等，2012. 芒颖大麦草对菱镁矿粉尘污染的生态适应性［J］. 应用生态学报，23（12）：3474-3478.

高海宁，张永，马占仓，等，2016. 入侵植物芒颖大麦在甘肃省的分布［J］. 河西学院学报，32（5）：69-71.

耿以礼，1959. 中国主要植物图说·禾本科［M］. 北京：科学出版社：443.

郭本兆，1987. 大麦属［M］// 中国植物志编辑委员会. 中国植物志：第九卷（第三分册）. 北京：科学出版社：26-34.

李浩兵，张旭，刘朝辉，等，1998. 球茎大麦在大麦远缘杂交育种中的应用［J］. 麦类作物学报，5：8-10.

马金双，李惠茹，2018. 中国外来入侵植物名录［M］. 高等教育出版社：163.

强胜，曹学章，2000. 中国异域杂草的考察与分析［J］. 植物资源与环境学报，9（4）：34-38.

寿海洋，闫小玲，叶康，等，2014. 江苏省外来入侵植物的初步研究［J］. 植物分类与资源学报，36（6）：793-807.

佟斌，梁鸣，2015. 五种观赏草种子繁殖特性研究［J］. 国土与自然资源研究，4：88-89.

万国栋，2012. 甘肃省禾本科一新记录种［J］. 甘肃农业大学学报，47（3）：72-73.

徐海根，强胜，2004. 中国外来入侵物种编目［M］. 北京：中国环境科学出版社：236-237.

解焱，2008. 生物入侵与中国生态安全［M］. 石家庄：河北科学技术出版社.

张学杰，王燕红，贾媛媛，等，2015. 山东省禾本科植物新归化属：大麦属［J］. 种子，34（11）：54-55.

赵傲雪，张晓娟，刘慧慧，等，2016. 芒颖大麦草种子休眠类型及破除方法的初步研究［J］. 草业科学，33（11）：2248-2253.

Chen S L, Zhu G H, 2006. Triticeae[M]// Wu Z Y, Raven P H, Hong D Y. Flora of China: Vol. 22. Beijing: Science Press & St. Louis: Missouri Botanical Garden Press: 395-399.

Conn J S, Deck R E, 1995. Seed viability and dormancy of 17 weed species after 9.7 years of burial in Alaska[J]. Weed Science, 43: 583-585.

Cords H P, 1960. Factors affecting the competitive ability of foxtail barley (*Hordeum jubatum*)[J]. Weeds, 8(4): 636–644.

Donald W W, 1988. Established foxtail barley, *Hordeum jubatum*, control with glyphosate plus ammonium sulfate[J]. Weed Technology, 2(3): 364–368.

Hitchcock A S, 1908. Types of American grasses : a study of the American species of grasses described by Linnaeus, Gronovius, Sloane, Swartz, and Michaux[J]. Contributions from the United States National Herbarium, 12(3): 113–158.

Israelsen K R, Ransom C V, Waldron B L, 2011. Salinity tolerance of foxtail barley (*Hordeum jubatum*) and desirable pasture grasses[J]. Weed science, 59(4): 500–505.

Ungar I A, 1974. The effect of salinity and temperature on seed germination and growth of *Hordeum jubatum*[J]. Canadian Journal of Botany, 52(6): 1357–1362.

Violett R D, 2012. Ecology and control of foxtail barley (*Hordeum jubatum* L.) on irrigated pastures in the big horn basin, Wyoming[M]. Wyoming: The University of Wyoming.

8. 黑麦草属 *Lolium* Linnaeus

一年生或多年生草本，秆直立或斜升。叶舌膜质，钝圆，常具叶耳；叶片线形，扁平。总状花序顶生，穗轴延续而不断落，具交互着生的两列小穗，小穗排列紧密，每小穗含4～20枚小花，两侧压扁，无柄，单生于穗轴各节；小穗轴脱节于颖之上及各小花间；颖仅1枚，第一颖退化或仅在顶生小穗中存在，第二颖位于背轴之一方，等长或短于小穗，具5～9脉；外稃椭圆形，具5脉，背部圆形，顶端有芒或无芒；内稃等长或稍短于外稃，两脊具狭翼，顶端尖；雄蕊3，子房无毛，花柱顶生，柱头帚刷状。颖果腹部凹陷，中部具纵沟，与内稃黏合，不易脱落；胚小型，长为果体的1/4，种脐狭线形，染色体大型。

本属约8种，主产于地中海区域，欧亚大陆以及非洲北部的温带地区均有分布，现被广泛引种于世界温带地区。中国有6种，其中外来入侵4种。

黑麦草属内各种均存在一定程度的种间杂交，因此在形态上常常存在诸多过渡性状而难以区分各种，即使是单个种的种内变异也非常大。除此之外，该属植物还可与羊茅属（*Festuca*）植物杂交，形成一系列适合商业化栽培的杂交种（Zare et al., 2002）。在黑麦草属与羊茅属之间存在着非常复杂的关系，分子系统学证据显示此二者多数类群之

间都存在嵌合的情形，从而构成一系列的复合群。最新的研究表明，原来属于羊茅属的
一些类群应并入黑麦草属之中，其中就包括苇状羊茅亚属（*Festuca* subgen. *Schedonorus*）
（Soreng et al., 2015）。

参考文献

Soreng R J, Peterson P M, Romaschenko K, et al, 2015. A worldwide phylogenetic classification of
   the Poaceae (Gramineae)[J]. Journal of Systematics and Evolution, 53(2): 117–137.
Zare A G, Humphreys M W, Rogers J W, et al, 2002. Androgenesis in a *Lolium multiflorum* ×
   Festuca arundinacea hybrid[J]. Euphytica, 125(1): 1–11.

分种检索表

1 颖片宽大，长于其小穗；颖果成熟后肿胀 ·················· 4. 毒麦 *Lolium temulentum* Linnaeus
1 颖片短小，长约为小穗之半或稍短于小穗；颖果成熟后不肿胀 ·················· 2
2 多年生，花期具分蘖叶；外稃无芒 ·················· 2. 黑麦草 *Lolium perenne* Linnaeus
2 一年生，花期无分蘖叶；外稃常有芒（有时上部小花无芒）·················· 3
3 小穗含 11～22 小花，侧生于穗轴上 ·················· 1. 多花黑麦草 *Lolium multiflorum* Lamarck
3 小穗含 5～10 小花，多少嵌陷于穗轴中 ·················· 3. 硬直黑麦草 *Lolium rigidum* Gaudin

1. 多花黑麦草 *Lolium multiflorum* Lamarck, Fl. Franç. 3: 621. 1779.

【别名】 意大利黑麦草

【特征描述】 一年生、越年生或短期多年生草本，秆丛生，直立或基部平卧，节上生
根，高 50～130 cm。叶鞘疏松，叶舌小或不明显，有时长可达 4 mm，有时具叶耳；
叶片扁平，长 10～20 cm，宽 3～8 mm，无毛，叶正面微粗糙。总状花序直立或弯
曲，长 15～30 cm，穗轴柔软，小穗在花序轴上排列紧密；每小穗含 11～22 小花，长
10～18 mm，宽 3～5 mm，侧生于穗轴上；颖片披针形，具狭膜质边缘，具 5～7 脉，

长 5～8 mm，长约为小穗之半，通常与第一小花等长；外稃长圆状披针形，顶端膜质透明，长约 6 mm，具 5 脉，具长约 5（～15）mm 之细芒，或上部小花无芒；内稃与外稃近等长，脊上具微小纤毛。颖果长圆形，长为宽的 3 倍。**染色体**：$2n=14$。在草种的育种中可使其染色体加倍而成为四倍体种（Beddows，1973）。**物候期**：花果期 4—8 月。

【**原产地及分布现状**】 原产于欧洲中部和南部、非洲西北部以及亚洲西南部等地区（Hubbard，1968）。该种作为牧草和草坪草被大量引种至全世界温带地区，现已广泛分布于世界亚热带至温带地区，热带地区的高地上也有分布。**国内分布**：安徽、北京、福建、甘肃、广西、贵州、河北、河南、湖北、湖南、江苏、江西、辽宁、内蒙古、宁夏、青海、陕西、山东、上海、四川、台湾、新疆、云南、浙江。

【**生境**】 喜肥沃土壤，喜生于降水量相对较高的地区，常见于路边荒地、耕地以及农田周围、园林绿地、草坪，尤其容易侵入覆盖不连续的草坪和受到持续干扰的生境。

【**传入与扩散**】 **文献记载**：多花黑麦草在中国较早的记载见于 1952 年的《植物分类学报》（胡兴宗，1952）中，后被收录于 1956 年版的《牧草学各论》（王栋，1956）中，称该种为具有世界栽培意义的禾本科牧草。《中国主要植物图说·禾本科》（耿以礼，1959）中称该种在当时仅作为牧草引种栽培。郭水良和李扬汉（1995）首次将其作为外来杂草报道。**标本信息**：Anon. herb. Lamarck（Lectotype: P）。该标本采自法国，1968 年由 Terrell 将其指定为后选模式（Terrell，1968）。1930 年，焦启源在山东青岛采到该种标本（C.Y. Chiao 2886）（SYS）。**传入方式**：20 世纪 30 年代，当时位于南京的中央农业实验所和中央林业实验所从美国引进 100 多份豆科和禾本科牧草的种子，在南京进行引种试验，其中就包含多花黑麦草和黑麦草（*Lolium perenne* Linnaeus）（徐旺生，1998）。**传播途径**：主要随人为引种栽培而传播，具有一定的自播性，其种子可随风扩散，也可混于土壤中而随草皮运输传播。**繁殖方式**：种子繁殖。**入侵特点**：① 繁殖性 该种苗期生长旺盛，分蘖极多，可达 30～50 个。异花授粉，种子产量高，几乎不存在休眠的特性，且萌发率高，可达到 93%，在土壤中深埋 4 年后仍有少数种子具有活力（发芽率为 3%）（Lewis, 1958）。② **传播性** 种子质量较大，千粒重为 1.3～2.6 g，平均为 2.0 g（Beddows, 1973），因此其自播性不强，种子仅能散播至母体周围不远处，其远距离传播主要依赖于农业、园林等人类活动。③ **适应性** 该种具有高度的表型可塑性，遗传多样性高，可适应受到持续干扰的生境，耐炎热，不耐霜冻，不耐长时间干旱以及过度潮湿。只要土壤条件适宜，高海拔的地区也可生长。**可能扩散的区域：** 全国各省区。

【**危害及防控**】 **危害：** 多花黑麦草生长迅速，可产生大量种子，其危害主要表现为入侵天然草场、农田（麦田）和草坪，影响原生牧草的生长，破坏草坪景观，增加草坪维护成本。此外，该种还是赤霉病和冠锈病的寄主（李扬汉，1998）。该种被引入南北美洲、南非、澳大利亚以及新西兰后不久，即迅速蔓延而成为果园、农田以及天然草场的杂草，挤压本地牧草的生长空间（Beddows, 1973）。在美国（Liebl & Worsham, 1987）、智利（Pedreros, 2001）、意大利（Zanin et al., 1993）等国家的田间试验表明，不同密度的多花黑麦草种群对小麦的收成均有明显的降低影响。在中国，该种主要入侵华中和华东地区，其他地区较少见。**防控：** 控制引种栽培范围。多数常用的除草剂对多花黑麦草均具有良好的防治效果，如氯磺隆可有效控制小麦田中的多花黑麦草（Griffin, 1986）。但该种存在多个具除草剂抗性的不同生物型，据报道，在美国有抗禾草灵的生物型（Stanger & Appleby, 1989），此外，还检测到该种对苯草酮、异丙隆等除草剂成分具有抗性（Moss et al., 1993）。

【**凭证标本**】 江苏省连云港市灌南县 X207 东湾村，海拔 4 m，34.053 0°N，119.381 7°E，2015 年 5 月 28 日，严靖、闫小玲、李惠茹、王樟华 RQHD02053（CSH）；浙江省舟山市嵊泗小洋山东海大桥入口，海拔 4 m，30.641 9°N，122.054 2°E，2015 年 4 月 28 日，严靖、闫小玲、李惠茹、王樟华 RQHD01701（CSH）；江西省鹰潭市贵溪市江铜生活区，海拔 41 m，28.273 0°N，117.156 0°E，2016 年 5 月 25 日，严靖、王樟华 RQHD03461（CSH）；云南省昭通市大山包乡，海拔 2 370 m，24.630 0°N，103.581 6°E，2016 年 12 月 30 日，税玉民 RQXN00813（CSH）；新疆维吾尔自治

区喀什地区英吉沙县郊区，海拔 1 282 m，38.949 2°N，76.172 6°E，2015 年 8 月 19 日，张勇 RQSB01972（CSH）；贵州省毕节市黔西县文峰街道河堤，海拔 1 256 m，27.020 8°N，106.041 1°E，2016 年 4 月 28 日，马海英、王曌、杨金磊 RQXN05066（CSH）；四川省甘孜藏族自治州康定城郊，海拔 3 464 m，30.002 5°N，101.950 4°E，2016 年 10 月 27 日，刘正宇、张军等 RQHZ05361（CSH）；广西壮族自治区百色市乐业县甘田镇，海拔 973 m，24.798 9°N，106.559 9°E，2016 年 1 月 24 日，唐赛春、潘玉梅 RQXN08220（CSH）。

【相似种】 多花黑麦草与硬直黑麦草（*Lolium rigidum* Gaudin）形态相近，唯前者每小穗含 11～22 小花，而后者每小穗含 5～10 小花。该种在中国主要分布于华东地区。多花黑麦草自栽培以来就经过不断的引种筛选和品种选育，20 世纪 70 年代四倍体品种的出现是多花黑麦草品种选育重要进展之一。到 2007 年为止，全国审定登记的多花黑麦草品种有 12 个（全国草品种审定委员会，2007），其中育成品种 6 个，属间杂交品种 1 个。由此可知，多花黑麦草不管是栽培型还是野生的生物型，其形态变异性与可塑性均较强。

多花黑麦草（*Lolium multiflorum* Lamarck）
1. 生境；2、3. 总状花序；4. 具芒的小穗；
5. 无芒的小穗；6、7. 小花，示雄蕊和羽毛状柱头；
8. 叶片与叶舌

参考文献

耿以礼, 1959. 中国主要植物图说·禾本科 [M]. 北京: 科学出版社: 447.

郭水良, 李扬汉, 1995. 我国东南地区外来杂草研究初报 [J]. 杂草科学, 2: 4-8.

胡兴宗, 1952. 南京常见禾本科植物生态的初步观察 [J]. 植物分类学报, 2(2): 159-162.

李扬汉, 1998. 中国杂草志 [M]. 北京: 中国农业出版社: 1267-1268.

全国草品种审定委员会, 2007. 中国审定登记草品种集(1999—2006)[M]. 北京: 中国农业出版社: 42-46.

王栋, 1956. 牧草学各论 [M]. 南京: 畜牧兽医图书出版社.

徐旺生, 1998. 近代中国牧草的调查、引进及栽培试验综述 [J]. 中国农史, 17(2): 79-85.

Beddows A R, 1973. Biological flora of the British Isles: *Lolium multiflorum*[J]. Journal of Ecology, 61(2): 587-600.

Griffin J L, 1986. Ryegrass (*Lolium multiflorum*) control in winter wheat (*Triticum aestivum*)[J]. Weed Science, 34(1): 98-100.

Hubbard C E, 1968. Grasses[M]. 2nd ed. Harmondsworth, London, UK: Penguin Books: 148-149.

Lewis J, 1958. Longevity of crop and weed seeds. 1. First interim report[J]. Proceedings of the International Seed Testing Association, 23: 340-354.

Liebl R, Worsham A D, 1987. Interference of Italian ryegrass (*Lolium multiflorum*) in wheat (*Triticum aestivum*)[J]. Weed Science, 35(6): 819-823.

Moss S R, Horswell J, Froud-Williams R J, et al, 1993. Implications of herbicide resistant *Lolium multiflorum* (Italian rye-grass)[J]. Aspects of Applied Biology, 35: 53-60.

Pedreros L A, 2001. Wild oat (*Avena fatua* L.) and Italian ryegrass (*Lolium multiflorum* Lam.) effect on wheat yield at two locations[J]. Agricultura Tecnica, 61(3): 294-305.

Stanger C E, Appleby A P, 1989. Italian ryegrass (*Lolium multiflorum*) accessions tolerant to diclofop[J]. Weed Science, 37(3): 350-353.

Terrell E E, 1968. A taxonomic revision of the genus *Lolium*[J]. Washington: Agricultural Research Service, United States Department of Agriculture: 1-65.

Zanin G, Berti A, Toniolo L, 1993. Estimation of economic thresholds for weed control in winter wheat[J]. Weed Research, 33(6): 459-467.

2. 黑麦草 *Lolium perenne* Linnaeus, Sp. Pl. 1: 83. 1753.

【别名】 多年生黑麦草、宿根毒麦、英国黑麦草

【特征描述】 多年生草本，具细弱的根状茎，花期具分蘖叶。秆丛生，高 30～90 cm，具 3～4 节，基部常倾卧，节上生根。叶鞘疏松，叶舌短小，长约 2 mm；叶片线形，长 5～20 cm，宽 3～6 mm，质地柔软，无毛或叶正面具微毛。总状花序直立或稍弯，长 10～20 cm，小穗轴节间长 5～10 mm，平滑无毛；小穗长 1～1.4 cm，具 7～11 小花；颖披针形，短于小穗，边缘狭膜质；外稃长圆形，基部基盘明显，平滑，通常顶端无芒，稀上部小穗具短芒，第一外稃长约 7 mm；内稃稍短于外稃或等长，两脊生短纤毛。颖果长约为宽的 3 倍。**染色体**：$2n=14$（Evans, 1926），其四倍体植物已经借助秋水仙碱人工产生（Myers, 1939），此外也有三倍体植物的报道（Myers, 1944）。四倍体植物的叶片比二倍体更宽、更厚、更长，小穗更大。**物候期**：花果期为春季至秋季，柱头与花药的外露需要充足的光照。

【原产地及分布现状】 原产于欧洲大部分地区（包括地中海地区）、非洲北部、中东地区和亚洲的部分地区（中亚）（Beddows, 1967; Balfourier et al., 2000）。该种早期由欧洲牧民作为牧草引种至欧洲各地，之后被欧洲殖民者带到了美洲、澳大利亚、南非等地，现已在全世界温带地区广泛种植并逸为野生，在其中一些地区构成入侵。**国内分布**：安徽、北京、重庆、福建、甘肃、广东、广西、贵州、河北、河南、黑龙江、湖北、湖南、吉林、江苏、江西、辽宁、内蒙古、宁夏、青海、陕西、山东、山西、上海、四川、台湾、天津、香港、新疆、云南、浙江。

【生境】 喜温凉湿润气候，喜肥沃土壤，不喜干旱，常生于路边草丛、荒地、灌丛、淡水湿地、沿海海滩、草原、牧场以及公园绿地中。

【传入与扩散】 **文献记载**：该种在中国最早的记载见于 1921 年刊行的《江苏植物名录》（祁天锡，1921）中，之后《种子植物名称》（中国科学院编译局，1954）和《中国主要植物图说·禾本科》（耿以礼，1959）中均有收录，后者指出该种为引种栽培牧草。刘全儒等（2002）将其作为外来入侵植物报道。**标本信息**：Herb. Linn. No. 99.1（Lectotype: LINN）。该标本采自欧洲，1968 年由 Terrell 将其指定为后选模式（Terrell,

1968）。1922 年在中国江苏省采到该种标本（N019105569），1933 年在陕西省也有标本记录（N019105563），这两份标本均存放于南京大学植物标本馆（N）。**传入方式**：据徐旺生（1998）记载，20 世纪 30 年代，当时位于南京的"中央农业实验所"和"中央林业实验所"从美国引进 100 多份豆科和禾本科牧草的种子，在南京进行引种试验，其中就包含黑麦草。据上述文献与标本记载，该种应于 20 世纪 20 年代之前就已作为牧草引入中国，首次引入地应为江苏南京。后来又从美国引入黑麦草的品种'洞墓-70'，在中国南北各省广为推广。由于黄淮流域的栽培面积相对集中，该区域的黑麦草逸生种群分布亦非常广。**传播途径**：随人类的引种栽培行为而在全球广泛传播，也可随草食动物携带传播，有研究证明其种子可夹杂在羊毛中进行长距离传播，并可在羊毛中存留 1～2 个月（Fischer et al., 1996）。该种的自然扩散程度有限，可通过分蘖在一定程度上进行横向扩散。**繁殖方式**：种子繁殖。**入侵特点**：① 繁殖性 异花授粉，通常自交不亲和，自花授粉的情况下其结实率不到 3%，但也曾发现过自花授粉结实率达 32%的情况（Gregor, 1928）。该种为地面芽植物，生长速度快，尤其在春季和秋季生产力高。果实于 4～5 周内即可成熟，成熟后遇适宜条件即可萌发，几乎无休眠期或后熟阶段（Beddows, 1967）。② 传播性 该种种子不适于风或水流传播，自播性不强，主要依赖于人类活动传播，而人类的引种栽培已将该种传播至世界各大洲的热带至温带地区。③ 适应性 适生于温带气候条件下，最适生长温度为 25 ℃左右。分蘖多，耐践踏。不耐荫，对干旱及高温较为敏感，在干旱的夏季长势不良，不耐长时间低温。不耐贫瘠，但具有广泛的土壤适应性，对土壤酸碱度要求不高，在 pH 为 5.2～8.0 的土壤条件下均可生长。目前已培育出多种黑麦草品种，在提高抗性方面也多有研究，如抗寒性和抗旱性。**可能扩散的区域**：全国各省区。

【危害及防控】 **危害**：黑麦草具有许多杂草特性，能够迅速适应环境，产生大量种子，并且很容易随人类活动传播。该种造成的主要经济危害和与其相关的动物毒性问题有关，其中包括黑麦草蹒跚病（Ryegrass staggers），指的是放牧牲畜的季节性霉菌毒素中毒，这种情况经常发生在澳大利亚和新西兰，有时可见于阿根廷和北美（Di Menna et al., 2012）。在新西兰和澳大利亚，该物种被认为是环境杂草。在澳大利亚，黑麦草的入侵对

当地物种 *Lepidium aschersonii* Thellung 和 *Swainsona plagiotropis* Mueller 的生长构成了威胁。该种也是澳大利亚各地濒危高原玄武岩林和 *Eucalyptus conica* H. Deane & Maiden 林地的主要杂草（University of Queensland, 2016）。此外，该种也是造成人类花粉过敏的物质之一。该种在中国主要入侵华东地区和西北地区的少数区域（甘肃），其他地区有逸生，但种群规模不大。**防控**：在荒山荒坡绿化时应控制该种的使用；在园林绿化中使用该种时，需对其进行定期的割草处理，防止其向周围蔓延。一些常规除草剂如草甘膦、环丙嘧磺隆和氯磺隆等对该种也有较好的防治效果，同时也须防止因长期使用同一种除草剂而出现具有除草剂抗性的黑麦草生物型。

【**凭证标本**】 江苏省镇江市扬中堤顶公路，海拔 16 m，32.109 0°N，119.834 5°E，2015年 6 月 18 日，严靖、闫小玲、李惠茹、王樟华 RQHD02435（CSH）；上海市青浦区淀山湖淀湖村，海拔 9 m，32.066 7°N，120.915 3°E，2015 年 4 月 29 日，严靖、闫小玲、李惠茹、王樟华 RQHD01724（CSH）；江西省吉安市吉水县金滩镇滩上村，海拔 57 m，27.207 2°N，115.129 8°E，2017 年 6 月 9 日，严靖、王樟华 RQHD03111（CSH）；黑龙江省牡丹江市绥芬河市绥芬河口岸附近，海拔 505 m，44.411 6°N，131.187 9°E，2015年 8 月 5 日，齐淑艳 RQSB03876（CSH）；甘肃省平凉市崆峒区平凉师范，海拔 1 331 m，35.529 1°N，106.707 9°E，2015 年 7 月 30 日，张勇、李鹏 RQSB02585（CSH）；青海省海南藏族自治州贵德县拉西瓦镇杏花村，海拔 2 547 m，36.129 1°N，101.201 5°E，2015年 7 月 16 日，张勇 RQSB02661（CSH）；贵州省安顺市平坝区荒地，海拔 1 333 m，26.405 5°N，106.234 4°E，2015 年 8 月 17 日，马海英、邱天雯、徐志茹 RQXN07303（CSH）。

【**相似种**】 疏花黑麦草（*Lolium remotum* Schrank）在小穗及小花的形态上与黑麦草极相似，不同之处在于本种为一年生，花期不具分蘖叶，小花外稃短而宽，近卵形，长4～5 mm，而黑麦草为多年生且花期具分蘖叶，小花外稃长圆形，长 5～9 mm。疏花黑麦草原产于欧洲北部至中部、西亚至俄罗斯西部，地中海地区极少见（Terrell, 1968），在中国仅北京、黑龙江、上海、新疆、云南有分布记录，种群数量较少。此外，多个国家的研究者对黑麦草进行了多年的集约化繁育，培育出许多二倍体和四倍体形式的改良品种。该改良品种还可与多花黑麦草自由杂交，并产生可育的杂种，尽管杂交种可能在适应性上较亲本有所减弱（Naylor, 1960）。黑麦草本身在植株形态上也有变异，存在从直立、具多个分蘖的个体到具有几个营养枝的匍匐状个体的多个情况。笔者在野外还发现了具有分枝花序的个体，根据以往的研究推测，这可能是黑麦草与羊茅属（*Festuca*）植物所形成的杂交种，如在中国广泛栽培并逸生的苇状羊茅（*Festuca arundinacea* Schreber）。

黑麦草（*Lolium perenne* Linnaeus）

1. 生境；2. 花序具分枝的个体；3、4. 总状花序；5、6. 小穗特写；7. 叶片与叶舌

相似种：疏花黑麦草（*Lolium remotum* Schrank）

参考文献

耿以礼，1959. 中国主要植物图说·禾本科 [M] . 北京：科学出版社：447.

刘全儒，于明，周云龙，2002. 北京地区外来入侵植物的初步研究 [J] . 北京师范大学学报（自然科学版），38（3）：399-404.

祁天锡，1921. 江苏植物名录 [M] . 钱雨农，译 . 复印本 . 上海：中国科学社 .

徐旺生，1998. 近代中国牧草的调查、引进及栽培试验综述 [J] . 中国农史，17（2）：79-85.

中国科学院编译局，1954. 种子植物名称 [M] . 北京：中国科学院 .

Balfourier F, Imbert C, Charmet G, 2000. Evidence for phylogeographic structure in *Lolium* species related to the spread of agriculture in Europe. A cpDNA study[J]. Theoretical and Applied Genetics, 101(1–2): 131–138.

Beddows A R, 1967. Biological Flora of the British Isles: *Lolium perenne* L.[J]. Journal of Ecology, 55(2): 567–587.

Di Menna M E, Finch S C, Popay A J, et al, 2012. A review of the *Neotyphodium lolii/Lolium perenne* symbiosis and its associated effects on animal and plant health, with particular emphasis on ryegrass staggers[J]. New Zealand Veterinary Journal, 60(6): 315–328.

Evans G, 1926. Chromosome complements in grasses[J]. Nature, 118(2980): 841.

Fischer S F, Poschlod P, Beinlich B, 1996. Experimental studies on the dispersal of plants and animals on sheep in calcareous grasslands[J]. Journal of Applied Ecology, 33(5): 1206–1222.

Gregor J W, 1928. Pollination and Seed Production in the Rye-Grasses (*Lolium perenne* and *Lolium italicum*)[J]. Earth and Environmental Science Transactions of The Royal Society of Edinburgh, 55(3): 773–794.

Myers W M, 1939. Colchicine induced tetraploidy in perennial ryegrass[J]. Journal of Heredity, 30(11): 499–504.

Myers W M, 1944. Cytological studies of a triploid perennial ryegrass and its progeny[J]. Journal of Heredity, 35(1): 17–23.

Naylor B, 1960. Species differentiation in the genus *Lolium*[J]. Heredity, 15: 219–233.

Terrell E E, 1968. A taxonomic revision of the genus *Lolium*[M]. Washington: Agricultural Research Service, United States Department of Agriculture: 1–65.

University of Queensland, 2016. Weeds of Australia, Biosecurity Queensland edition. Queensland, Australia[EB/OL]. [2019–07–08]. https://keyserver.lucidcentral.org/weeds/data/03080008–030 1–4c05–8c0e–0c0f040b0803/media/Html/lolium_perenne.htm.

3. 硬直黑麦草 *Lolium rigidum* Gaudin, Agrost. Helv. 1: 334−335. 1811.

【别名】 瑞士黑麦草、硬毒麦、南方黑麦草

【特征描述】 一年生草本，秆丛生，高 20～60 cm，直立或基部膝曲，较粗壮，平滑无毛。叶片长 5～20 cm，宽 3～6 mm，上面与边缘微粗糙，下面平滑，基部具有长达 3 mm 的叶耳。穗形总状花序硬直，长 5～20 cm；穗轴质硬，较细至粗厚；小穗长 10～15 mm，含 5～10 小花，多少嵌陷于穗轴中；颖片长 8～12（20）mm，长约为小穗之半，具 5～7（9）脉，先端钝；外稃长圆形至长圆状披针形，长 5～8 mm，无毛或微粗糙，顶端钝尖或齿蚀状，具长 3～8 mm 的芒。颖果长卵圆形，成熟时不肿胀。**染色体**：$2n=14$（Terrell, 1968）。**物候期**：花果期 4—9 月。

【原产地及分布现状】 原产于欧洲南部、地中海地区、北非、中东至亚洲西南部（Terrell, 1968）。19 世纪，该种被作为一种理想的牧草有意引入澳大利亚，从此成为澳大利亚南部的一种恶性杂草，除此之外，它还被引入或偶然传播至北美洲、南美洲和南非；现分布于全世界的暖温带至温带地区，在其中的一些地区（如澳大利亚）成为有害植物。**国内分布**：除华南地区之外的其他地区均有分布，华东地区尤其是江苏、上海等地分布最为广泛。

【生境】 喜含水量高的沙质土壤，常生于路边荒地、农田果园、公园绿化、山坡草地以及林缘等处。

【传入与扩散】 **文献记载**：张则恭和张金兰（1984）首次记载了该种，称该种易混生于粮食播种地和苜蓿播种地，并指出在国内未见其分布报道。2002 年，《中国植物志》收录了该种，记载其在甘肃天水与河南有分布，生于田间和台地（刘亮 等，2002）。各地方植物志则均无该种的记载。**标本信息**：Gaudin s.n.（Type: LAU）。模式标本采自瑞士。硬直黑麦草的国内标本记录较少，1953 年在甘肃省天水市吕二沟试验场采到该种标本

（崔友文 10364，PE00572256），采集记录中记载为栽培牧草。**传入方式**：根据标本信息，该种可能作为牧草在 20 世纪 50 年代初引入甘肃省天水市栽培，之后随农业活动或跨区域引种传播至华北、华东等地区。**繁殖方式**：种子繁殖。**入侵特点**：① 繁殖性　该种自交不亲和，异花授粉。种子具休眠特性，需要经过一段时期的后熟才能萌发，易于在土壤中建立持续的种子库。靠近土壤表面的种子萌发率较高，在 11～14 cm 的深度其发芽则完全被抑制（Gramshaw & Stearn, 1977）。有研究发现，该种土壤种子库中种子的年均发芽率达 67%，萌发后幼苗的成活率为 75%～95%（Fernandez-Quintanilla et al., 2000）。秋季降雨之后的种子初始萌发率占该季节性出苗总量的 60%～80%（Gill, 1995）。② 传播性　种子千粒重 1.75～2 g（张则恭和张金兰，1984），易混杂于作物种子中，进而随粮食或种子运输而扩散，也可随引种栽培或园林活动的无意识携带而传播，传播性强。③ 适应性　种子可通过休眠度过不良环境。该种具有高度的遗传变异性，可快速适应各种气候以及土壤条件，适应性强。**可能扩散的区域**：全国除热带和南亚热带地区之外的区域。

【危害及防控】　危害：硬直黑麦草生长迅速，可产生大量种子，与作物竞争激烈。其危害主要表现为入侵天然草场、农田（麦田）和草坪，影响原生牧草的生长，破坏草坪景观，增加草坪维护成本。此外，该种与黑麦草类似，容易造成牲畜食用后霉菌毒素中毒。在澳大利亚，1968—1999 年间，每年因硬直黑麦草霉菌毒素中毒造成约 147 000 只绵羊和 500 头牛的死亡（Gill, 1995）。在中国，该种主要分布于华北及华东地区，种群数量大，发生频率高，危害当地的农业生产，破坏绿地。**防控**：针对农田的防控措施主要有田间拔除、轮作倒茬、翻耕除苗等方法。多数常用的化学药物（如草甘膦）也能对硬直黑麦草的种群进行有效控制，针对不同的作物如油菜、向日葵、玉米、马铃薯等均有相对应的合适的化学药物适用。但需注意硬直黑麦草对各种化学药品均可产生抗性，有学者曾在一个硬直黑麦草种群中发现了对 9 种不同的除草剂均产生抗性的现象（Burnet et al., 1994）。其中对草甘膦具有抗性的种群的发现使硬直黑麦草成为第一种产生这种抗性的杂草，该种也曾被认为是抗除草剂种类最多的杂草（Gut, 1998; Powles et al., 1998）。因此，对于除草剂的使用应当谨慎。对硬直黑麦草的防控应重在预防，加强检疫，规范引种，及时清除。

【凭证标本】 江苏省盐城市东台市富安镇，海拔 0.1 m，32.657 0°N，120.509 6°E，2015 年 5 月 25 日，严靖、闫小玲、李惠茹、王樟华 RQHD02000（CSH）；江西省鹰潭市西门村，海拔 65 m，28.219 5°N，117.045 3°E，2016 年 5 月 24 日，严靖、王樟华 RQHD03434（CSH）；上海市静安区上海客运总站，海拔 12 m，31.250 6°N，121.450 0°E，2014 年 7 月 14 日，李惠茹、汪远 LHR02040（CSH）；四川省凉山彝族自治州盐源县泸沽湖镇，海拔 2 713 m，27.736 1°N，100.833 8°E，2014 年 11 月 06 日，刘正宇、张军等 RQHZ06328（CSH）。

【相似种】 硬直黑麦草与多花黑麦草形态相似，其区别见本属检索表。硬直黑麦草表型可塑性高，并且与多花黑麦草、黑麦草之间可自由杂交形成不同的杂交种，也可与羊茅属（*Festuca*）植物杂交形成属间杂种（Terrell, 1968）。硬直黑麦草与多花黑麦草之间基因渐渗的现象非常明显（Bennett et al., 2000），在一项来自意大利的黑麦草属物种的研究中，40%～60% 的个体被证明都是杂交种（Dinelli et al., 2002）。可见该种具有高水平的种群内变异，表型变异非常大。

硬直黑麦草（*Lolium rigidum* Gaudin）

1. 生境；2. 总状花序；3. 小穗与小花；4. 叶片与叶舌；
5. 黑麦草属植物的小穗形态变化；6. 黑麦草属植物模式标本中的小穗形态

参考文献

刘亮，朱太平，陈文俐，2002. 黑麦草属［M］// 刘亮. 中国植物志：第九卷（第二分册）. 北京：科学出版社：288-293.

张则恭，张金兰，1984. 毒麦属及其种的形态特征和分布［J］. 植物检疫，2：13-18.

Bennett S J, Hayward M D, Marshall D F, 2002. Electrophoretic variation as a measure of species differentiation between four species of the genus *Lolium*[J]. Genetic Resources and Crop Evolution, 49(1): 59–66.

Burnet M W M, Hart Q, Holtum J A M, et al, 1994. Resistance to nine herbicide classes in a population of rigid ryegrass (*Lolium rigidum*)[J]. Weed Science, 42(3): 369–377.

Dinelli G, Bonetti A, Lucchese C, et al, 2002. Taxonomic evaluation of Italian populations of *Lolium spp.* resistant and susceptible to diclofop-methyl[J]. Weed Research (Oxford), 42(2): 156–165.

Fernandez-Quintanilla C, Barroso J, Recasens J, et al, 2000. Demography of *Lolium rigidum* in winter barley crops: analysis of recruitment, survival and reproduction[J]. Weed Research (Oxford), 40(3): 281–291.

Gill G S, 1995. Development of herbicide resistance in annual ryegrass populations (*Lolium rigidum* Gaud.) in the cropping belt of Western Australia[J]. Australian Journal of Experimental Agriculture, 35(1): 67–72.

Gramshaw D, Stearn W R, 1977. Survival of annual ryegrass (*Lolium rigidum* Gaud.) seed in a Mediterranean type environment. II. Effects of short term burial on persistance of viable seed[J]. Australian Journal of Agricultural Research, 28: 93–101.

Gut D, 1998. First weed resistant to glyphosate[J]. Obst-und Weinbau, 134(8): 223–224.

Powles S B, Lorraine-Colwill D F, Dellow J J, et al, 1998. Evolved resistance to glyphosate in rigid ryegrass (*Lolium rigidum*) in Australia[J]. Weed Science, 46(5): 604–607.

Terrell E E, 1968. A taxonomic revision of the genus *Lolium*[M]. Washington: Agricultural Research Service, United States Department of Agriculture: 1–65.

4. 毒麦 *Lolium temulentum* Linnaeus, Sp. Pl. 1: 83. 1753.

【别名】 小尾巴麦、黑麦子、闹心麦

【特征描述】 一年生草本，秆疏丛生，高 20～120 cm。叶鞘疏松，叶舌长 1～2 mm；叶片线形，质地较薄，长 10～25 cm，宽 4～10 mm，无毛，顶端渐尖，边缘微粗糙。

穗形总状花序长 10～15 cm，穗轴增厚，节间长 5～10 mm，无毛；小穗长约 1 cm，具 4～10 小花；颖片宽大，长 10～17 mm，等长或稍长于其小穗，质地硬，具 5～9 脉，具狭膜质边缘；外稃长 5～8 mm，椭圆形至卵形，成熟时肿胀，顶端膜质透明，芒自近外稃顶端伸出，长可达 1～2 cm，粗糙。颖果长椭圆形，长 4～6 mm，为其宽的 2～3 倍，成熟后肿胀，厚 1.5～2 mm，绿色稍带紫褐色。**染色体：** $2n=14$（Naylor & Rees，1958）。**物候期：** 花果期 4—9 月，冬季的低温可使其开花时间提前。

【原产地及分布现状】 原产于欧洲地中海地区和亚洲西南部（Thomas，1982），广泛分布于世界温带地区的谷物种植区，在热带地区的分布受到高温和低湿条件的限制，在热带地区的高海拔区域也有分布。**国内分布：** 除澳门、海南、香港和台湾之外的其他地区均有过发现，历史分布区非常广泛，但自 21 世纪之后其分布区迅速缩小，只零星出现于长江以北少数地区（如江苏北部、山东）的麦田之中。

【生境】 喜低温（15～20 ℃）及高含水量的土壤环境，主要生长于麦田及其他谷物田中，油菜田中也有发现，常见于冬季作物田中。

【传入与扩散】 **文献记载：** 1918 年初版的《植物学大辞典》（孔庆莱 等，1918）首次收录了毒麦，并附有绘图与详细的形态描述，且指出为"欧罗巴（即欧洲）原产"。《中国主要植物图说·禾本科》（耿以礼，1959）中也有记载。**标本信息：** Herb. Burser I: 113（Lectotype: UPS）。该标本采自欧洲，现存放于乌普萨拉大学演化博物馆（Burser herbarium）（UPS），1992 年由 Loos 和 Jarvis（1992）将其指定为后选模式。1957 年在黑龙江省黑河市采到该种标本（IFP15844002x0001），之后 1958 年在北京植物园原始材料圃（PE01608836），1966 年在浙江省岱山县（PE00572262）均有该种标本记录。**传入方式：** 阎贵忠和张陞（1958）曾对毒麦的来源做了介绍，称当时黑龙江省东宁县绥芬河镇的群众于抗战胜利后，在绥芬河火车站发现一车皮小麦，有的群众看这个品种很好，便留下做种，但小麦中夹杂着少量毒麦，没有引起重视，随着小麦的种植毒麦也传布蔓延。有学者认为，毒麦于 20 世纪 50 年代随国外引种或进口粮食时传入中国，最初出现在黑龙江等地，后在江苏、湖北等地蔓延，之后由于在各地调种中缺乏严格的检疫措施而传播，至 21 世纪初已扩散到 22 个省（周靖华 等，2007）。1954 年在从保加利亚进口的小麦中也有发现（李振宇和解焱，2002）。结合文献及标本，毒麦最有可能于 20 世纪 40 年代后期随麦种传入中国，首次传入地为黑龙江。**传播途径**：混杂于粮食种子中随粮食贸易、种子运输等过程传播，在中国常随省际频繁的种子调运而传播扩散，最常见的是混杂于小麦种子中。**繁殖方式**：种子繁殖。**入侵特点**：① 繁殖性 该种自交亲和，可自花授粉，部分幼苗或种子可越冬，于夏季抽穗，分蘖能力强。同期播下的种子中，毒麦比小麦出苗要迟，但毒麦出土后生长迅速，繁殖能力强。Steiner 和 Ruckenbauer（1995）发现在温度 10～15 ℃、湿度 3%～12% 条件下保存 110 年的种子仍然具有活力。该种种子很少有休眠的现象，其发芽需要一定时间的低温处理（春化作用）和较高的土壤湿度。② 传播性 该种种子千粒重 13～13.2 g（阎贵忠和张陞，1958），不易随风力传播。其籽粒易随稃片脱落，在小麦收获时，毒麦的落籽率为 10%～20%（周靖华 等，2007），因此极易混杂于小麦种子中，进而随粮食或种子运输而扩散，传播性强。③ 适应性 适应性广，可适应多种土壤类型，在土壤 10 cm 深处尚能出土，抗性强，不论旱年或涝年，其繁殖能力都比小麦大 2～3 倍（周靖华 等，2007）。抗旱性和耐湿性均较强，耐寒性强，可耐极端低温。但毒麦在农田以外的区域不宜生长。**可能扩散的区域**：全国除热带和南亚热带地区之外都有可能扩散。

【危害及防控】 **危害**：毒麦一直以来都是检疫性杂草，是限制输入的检疫对象。毒麦常混生于小麦、亚麻、向日葵等作物之中，严重影响作物的产量和质量。毒麦颖果的内种皮与淀粉层之间易受真菌（*Stromatinia temulenta*）菌丝的侵染，从而产生毒麦碱毒素，人、畜食后均能引起中毒。当面粉中毒麦含量达 4% 以上时即可引起食用者的急性中毒，表现为神经麻痹、眩晕、恶心、呕吐等症状（阎贵忠和张陞，1958）。该种在尚未成熟时或多雨潮湿的季节收获的种子毒力最强，茎、叶则无毒（李扬汉，1998）。毒麦在世界各地的粮食产区均造成不同程度的危害，曾对中国华东、华北、西北及东北地区的小麦产区造成严重危害。20 世纪 80 年代后，随着防除工作力度的加大和采取了一系列有效的综合治理措施，毒麦的危害得到了有效的控制。现在毒麦的种群数量很小，只是零星地出现在谷物田中。**防控**：早期对毒麦的防控措施主要有田间拔除、对受污染的麦种进行统一换种、轮作倒茬、翻耕除苗等方法。在小麦出苗后或播种前可使用不同的化学药物对毒麦进行有效控制，针对不同的作物如亚麻、向日葵、大麦等均有相对应的合适的化学药物可有效控制毒麦的发生。对毒麦的防控应重在预防，即加强种子的清洁处理。近年来随着种子精选技术的不断提高以及检验检疫力度的加强，毒麦的发生面积已经得到有效的控制，但仍须对其保持高度的警惕，严格执行检疫制度。

【 凭证标本 】 江苏省无锡市江阴市中粮麦芽（江阴）有限公司码头，海拔 11 m，31.948 9°N，120.310 7°E，2019 年 8 月 27 日，严靖、李惠茹、闫小玲、王樟华 WY09773（CSH）。

【 相似种 】 无论是电泳变异研究（染色体性状）还是形态性状的研究都证明毒麦与黑麦草、多花黑麦草和硬直黑麦草三者之间存在明显的差别（Bennett et al., 2000; 2002）。但毒麦和欧黑麦草（*Lolium persicum* Boissier & Hohenacker）则较为相近，且同为自花授粉植物，生活习性亦相似。欧黑麦草以其短于小穗的颖片和成熟后不肿胀的颖果区别于毒麦，该种原产于欧洲，在中国仅在西北少数地区有分布，在其他地区偶见栽培。毒麦尚有一变种田野黑麦草 [*Lolium temulentum* var. *arvense* (Withreing) Liljeblad] 在中国有分布，该种亦原产于欧洲，其外稃无芒或有时具细弱的短芒，毒麦则具粗糙的长芒。田野黑麦草也叫田毒麦，其危害性与毒麦相似，但该种只在甘肃、广西、湖南、浙江曾经有过标本记录，1970 年之后再未见有采集记录。此外还有关于长芒毒麦（*Lolium temulentum* var. *longiaristatum* Parnell）的入侵报道（徐海根和强胜，2004），但该学名早在 1968 年就已被作为毒麦的异名处理（Terrell, 1968）。

毒麦（*Lolium temulentum* Linnaeus）
1. 植株形态；2、3. 近于成熟的果序，小穗明显肿胀；4. 总状花序

相似种：田野黑麦草
[*Lolium temulentum*
var. arvense (Withreing)
Liljeblad]

相似种：欧黑麦草（*Lolium persicum* Boissier & Hohenacker）

参考文献

耿以礼，1959. 中国主要植物图说·禾本科 [M]. 北京：科学出版社：449.

孔庆莱，吴德亮，李祥麟，等，1918. 植物学大辞典 [M]. 北京：商务印书馆：554.

李扬汉，1998. 中国杂草志 [M]. 北京：中国农业出版社：1269-1270.

李振宇，解焱，2002. 中国外来入侵种 [M]. 北京：中国林业出版社：179.

徐海根，强胜，2004. 中国外来入侵物种编目 [M]. 北京：中国环境科学出版社：256-257.

阎贵忠，张陞，1958. 黑龙江省牡丹江专区毒麦调查初报 [J]. 中国农业科学，5：256-257.

周靖华，张皓，张吉昌，等，2007. 陕西省毒麦的发生危害与治理 [J]. 陕西师范大学学报（自然科学版），S1：175-177.

Bennett S J, Hayward M D, Marshall D F, 2000. Morphological differentiation in four species of the genus *Lolium*[J]. Genetic Resources and Crop Evolution, 47(3): 247-255.

Bennett S J, Hayward M D, Marshall D F, 2002. Electrophoretic variation as a measure of species differentiation between four species of the genus *Lolium*[J]. Genetic Resources and Crop Evolution, 49(1): 59-66.

Loos B P, Jarvis C E, 1992. The typification of *Lolium perenne* L. and *Lolium temulentum* L. (Poaceae)[J]. Botanical Journal of the Linnean Society, 108(4): 399-408.

Naylor B, Rees H, 1958. Chromosome size in *Lolium temulentum* and *L. perene*[J]. Nature, 181(4612): 854-855.

Steiner A M, Ruckenbauer P, 1995. Germination of 110-year-old cereal and weed seeds, the Vienna sample of 1877. Verification of effective ultra-dry storage at ambient temperature[J]. Seed Science Research, 5(4): 195-199.

Terrell E E, 1968. A taxonomic revision of the genus *Lolium*[M]. Washington: Agricultural Research Service, United States Department of Agriculture: 1-65.

Thomas A C, 1982. Poaceae[M]// Nasir E, Ali S I. Flora of Pakistan: Vol. 143. Karachi, Pakistan: University of Karachi: 377.

9. 糖蜜草属 *Melinis* P. Beauvois

多年生或一年生草本，秆丛生，基部常匍匐；叶鞘通常松散，叶片线形，叶舌边缘具纤毛；圆锥花序，花梗纤细，无毛或顶端具长毛；小穗椭圆形或长圆形，两侧压扁，有毛或无毛；下部颖片小或无，上部颖片与小穗等长，膜质至纸质，具5～9脉，顶端凹陷或两裂，有芒或无芒，有时背部突起，逐渐变细成喙状；下部小花雄性或中性，外稃与上部颖片相似，具 3～7 脉；第二颖与第一外稃常有芒或小尖头；上部小花侧面压扁，膜质至薄骨质，易脱落。

本属共有 22 种，主要分布于世界热带地区和非洲南部，中国有 2 种，其中外来入侵 1 种。

红毛草 *Melinis repens* (Willdenow) Zizka, Biblioth. Bot. 138: 55. 1988. —— *Rhynchelytrum repens* (Willdenow) C. E. Hubbard, Bull. Misc. Inform. Kew 1934(3): 110. 1934. —— *Saccharum repens* Willdenow, Sp. Pl. 1(1): 322. 1798.

【别名】 笔仔草、红茅草、金丝草、文笔草

【特征描述】 多年生草本，根茎粗壮；秆直立，常分枝，高可达 1 m，节间常具疣毛，节具软毛。叶鞘松弛，大多短于节间，下部也散生疣毛；叶舌为长约 1 mm 的柔毛组成；叶片线形，长可达 20 cm，宽 2～5 mm。圆锥花序开展，长 10～15 cm，分枝纤细，长达 8 cm；小穗柄纤细弯曲，顶端稍膨大，疏生长柔毛；小穗长约 5 mm，常被粉红色绢毛；第一颖小，长约为小穗的 1/5，长圆形，具 1 脉，被短硬毛；第二颖和第一外稃具 5 脉，被疣基长绢毛，顶端微裂，裂片间生 1 短芒；第一内稃膜质，具 2 脊，脊上有睫毛；第二外稃近软骨质，平滑光亮；雄蕊 3，花药长约 2 mm；花柱分离；鳞被 2，折叠，具 5 脉。**染色体**：$2n=36$（Nordenstam, 1982）。**物候期**：花果期 6—11 月。

【原产地及分布现状】 原产于非洲南部，由于长期被用作牧草和观赏植物引种栽培，已广泛分布于世界热带和亚热带地区（Chen & Phillips, 2006）；在澳大利亚、巴西、加纳、赞比亚、马来西亚是危害严重的杂草（Holm et al., 1979），在墨西哥、美国等国也造成了入侵。**国内分布**：澳门、福建、广东、广西、海南、江西、台湾、香港、云南。

【生境】 喜温暖的气候条件，常生于河边、山坡草地、废弃采石场及新建道路两侧。

【传入与扩散】 **文献记载**：1963 年许建昌报道红毛草在中国台湾的台东归化（Hsu, 1963）；2002 年李振宇和解焱报道该种在台湾、福建、香港、广东、海南等地入侵（李振宇和解焱，2002），随后红毛草被多次报道在华南地区入侵（严岳鸿 等，2004；郭成林 等，2013）。**标本信息**：Isert s.n.（Type: B）。该标本采自非洲几内亚，存放于德国柏林达莱植物园与植物博物馆标本室。赵子孝于 1948 年采自中国（具体地点不详）的红毛草标本是国内较早的标本记录（N019121535）。**传播途径**：其种子主要靠风力传播，长距离传播依靠植物和种子的贸易（Possley & Maschinski, 2006）。**传入方式**：20 世纪 50 年代左右红毛草作为牧草被引入台湾、广东栽培，后归化（李振宇和解焱，2002），在台湾南部沿铁路沿线分布扩散（Hsu, 1978）。**繁殖方式**：以种子进行有性繁殖，但也有报道称红毛草可以根茎繁殖（Possley & Maschinski, 2006）。**入侵特点**：① 繁殖性 红毛草繁殖能力强，种子量比较大，发芽率高（丁丹和陈超，2016）。红毛草可以在土壤表面形成 5 cm 厚的种子覆盖层（Stokes et al., 2011）。Díaz Romo 等（2012）报道在墨西哥红毛草产生的种子量可达每平方米 3 906 粒。其种子在高温情况下（45 ℃）仍能保持 30.2% 的发芽率，有较强的耐热性。此外，红毛草种子发芽迅速，其种子在保存 4 年后仍能维持较高的发芽率（陈彦 等，2013）。② 传播性 红毛草圆锥花序开展，分枝纤细，小穗疏生长柔毛，易随风传播扩散。③ 适应性 丁丹和陈超（2016）对红毛草地理分布和风险评估的研究发现红毛草具有良好的生态适应性和环境抗逆性。耐干旱、耐盐碱、耐瘠薄、耐热；对土壤条件要求不严格，且能够改变土壤的微生物群落结构及理化性质，使土壤更利于红毛草的生长（张丽娜 等，2016）。该种喜生于 pH 为 6～8 的土壤中，当水分和温度条件合适时，几乎所有种子都可以萌发（Stokes et al., 2011）。**可能扩散的区域**：红毛草在中国北方地区生长繁殖受限，不能露地越冬，在中国的南部地区有不断扩大的趋势，属于高风险外来入侵植物（丁丹和陈超，2016）。

【危害及防控】 **危害**：红毛草地上部分干燥且密集，易发生火灾，对当地动植物的生长和生存造成威胁。据报道，红毛草因易发生火灾已经对夏威夷的 6 个原生物种产生了极为不利的影响（US Fish and Wildlife Service, 2012）。巴西的珍稀物种也正遭受红毛草的威胁（Porembski et al., 1998）。该种在中国主要入侵华南地区，对当地的生物多样性和绿化景观造成了一定的危害。**防控**：主要通过物理和化学的方法进行防控，对于大规模种群可以在结籽时将果序去除以减少扩散，对规模比较小的红毛草种群可在开花前及时清除。在夏威夷的研究表明，火烧可以使种子失去活性，并使植株死亡（Daehler, 2003），但如果火烧后遇到大量雨水，则对控制红毛草效果不利。含有二氢吡啶或草甘膦的除草剂对红毛草的控制效果较好，在开花前或发芽后进行喷洒效果最好（Florabase, 2019）。

【凭证标本】 广东省佛山市三水区山水庄园，海拔 1 m，22.642 4°N，112.871 1°E，2014 年 10 月 14 日，王瑞江 RQHN00531（CSH）；福建省泉州市石狮市子房路 G15 路口附近，海拔 20 m，24.771 7°N，118.630 0°E，2014 年 10 月 2 日，曾宪锋 RQHN06298（CSH）。

【相似种】 糖蜜草（*Melinis minutiflora* P. Beauvois）与红毛草易混淆，糖蜜草植株被腺毛，可分泌糖蜜味液体，具匍匐茎，小穗长约 2 mm，几乎无毛，而红毛草秆直立，小穗长约 5 mm，常被粉红色毛。糖蜜草原产于非洲，已被广泛地引种栽培到热带和亚热带地区作为牧草应用，归化于亚洲温带地区、澳大利亚、夏威夷、北美洲、中美洲和南美洲，中国南部地区也有引种，归化于广东、广西、香港、台湾、云南等地。

红毛草 [*Melinis repens* (Willdenow) Zizka]

1. 生境；2. 小穗；3、4. 疏散的圆锥状花序；5. 叶片与叶舌

相似种：[糖蜜草（*Melinis minutiflora* P. Beauvois）]

参考文献

陈彦，杨中艺，袁剑刚，2013. 红毛草 *Rhynchelytrum repens* (Willd.) C. E. Hubbard 的繁殖特性 [J]. 中山大学学报（自然科学版），52（5）：111-117.

丁丹，陈超，2016. 红毛草（*Rhynchelytrum repens*）入侵特性，地理分布和风险评估 [J]. 杂草学报，34（2）：29-33.

郭成林，马永林，马跃峰，等，2013. 广西农业生态系统外来入侵杂草发生与危害现状分析 [J]. 南方农业科学，44（5）：778-783.

李振宇，解焱，2002. 中国外来入侵种 [M]. 北京：中国林业出版社：185.

严岳鸿，邢福武，黄向旭，等，2004. 深圳的外来植物 [J]. 广西植物，24（3）：232-238.

张丽娜，王桔红，陈文，等，2016. 红毛草不同程度入侵区土壤微生物群落结构和部分理化指标的比较及其相关性分析 [J]. 植物资源与环境学报，25（2）：33-40.

Chen S L, Phillips S M, 2006. *Melinis*[M]// Wu Z Y, Raven P H, Hong D Y. Flora of China: Vol. 22. Beijing: Science Press & St. Louis: Missouri Botanical Garden Press: 539.

Daehler C C, 2003. Performance comparisons of co-occurring native and alien invasive plants: implications for conservation and restoration[J]. Annual Review of Ecology, Evolution and Systematics, 34(1): 183–211.

Díaz R, Flores A, Luna J, et al, 2012. Aerial biomass, seed quantity and quality in *Melinis repens* (Willd.) Zizka in Aguascalientes, Mexico[J]. Revista Mexicana de Ciencias Pecuarias, 3(1): 33–47.

Florabase, 2019. The Western Australian Flora. Perth, Western Australia: Department of Environment and Conservation [EB/OL]. [2020-05-23]. http://florabase.dpaw.wa.gov.au/.

Holm L, Pancho J V, Herberger J P, et al, 1979. A geographical atlas of world weeds[M]. New York, USA: John Wiley and Sons: 71.

Hsu C C, 1963. The Paniceae (Gramineae) of "Formosa" [J]. Taiwania, 9(1): 33–57.

Hsu C C, 1978. Gramineae (Poaceae)[M]// Editorial Committee of the Flora of Taiwan. Flora of Taiwan: Vol. 5. Taipei: Epoch Publishing Co., Ltd: 596–597.

Nordenstam B, 1982. Chromosome numbers of southern African plants: 2[J]. Journal of South African Botany, 48(2): 273–275.

Porembski S, Martinelli G, Ohlemuller R, et al, 1998. Diversity and ecology of saxicolous vegetation mats on inselbergs in the Brazilian Atlantic rainforest[J]. Diversity and distributions, 4(3): 107–119.

Possley J, Maschinski J, 2006. Competitive effects of the invasive grass *Rhynchelytrum repens* (Willd.) C.E. Hubb. on pine rockland vegetation[J]. Natural Areas Journal, 26(4): 391–395.

Stokes C A, MacDonald G E, Adams C R, et al, 2011. Seed biology and ecology of natalgrass (*Melinis repens*)[J]. Weed science, 59(4): 527–532.

US Fish and Wildlife Service, 2012. Endangered and Threatened Wildlife and Plants; Listing 38 Species on Molokai, Lanai, and Maui as Endangered and Designating Critical Habitat on Molokai, Lanai, Maui, and Kahoolawe for 135 Species[J]. Federal Register, 77(112): 34464–34775.

10. 黍属 *Panicum* Linnaeus

一年生或多年生草本，有的具根茎，秆直立或基部膝曲或匍匐，叶片线形或卵状披针形，通常扁平，叶舌膜质或顶端具毛，或全由一列毛组成。圆锥花序顶生，分枝常开展，小穗具柄，成熟时脱节于颖下或第一颖先落，背腹压扁，含 2 小花；第一小花雄性或不育；第二小花两性；颖草质或纸质，不等长；第一颖通常比小穗短而小，第二颖与小穗等长，且常同形，先端无芒；第一内稃存在或退化至缺；第一外稃先端无芒，第二外稃硬纸质或革质，有光泽，边缘包着同质内稃。

本属约 500 种，分布于全世界热带和亚热带地区。该属的种间分类较为困难，传统上认为其主要区别特征为内颖的长度和质地、小穗相对于主轴的位置、小穗下的刚毛等（Zuloaga, 1987）。中国有 21 种，其中外来入侵 2 种。

参考文献

Zuloaga F O, 1987. Systematics of New World Species of Panicum (Poaceae: Paniceae)[M]// Soderstrom T R, Hilu K W, Campbell C S, et al. Grass Systematics and Evolution. Washington, USA: Smithsonian Institute: 287–306.

分种检索表

1 株高 100～300 cm，节上密生柔毛；叶鞘疏生疣基毛；圆锥花序长 25～30 cm；第二小花（谷粒）具横皱纹 ·················· 1. 大黍 *Panicum maximum* Jacquin

1 株高 50～100 cm；叶鞘光滑，边缘被纤毛；圆锥花序长 5～20 cm；第二小花（谷粒）平滑 ·················· 2. 铺地黍 *Panicum repens* Linnaeus

1. **大黍 *Panicum maximum*** Jacquin, Icon. Pl. Rar. 1: 2, pl. 13. 1781. —— *Megathyrsus maximus* (Jacquin) B.K. Simon & S.W.L. Jacobs, Austrobaileya 6(3): 572. 2003. —— *Urochloa maxima* (Jacquin) R. D. Webster, Austral. Paniceae (Poaceae) 241. 1987.

【别名】 坚尼草、普通大黍、天竺草、羊草

【特征描述】 多年生高大草本，根茎粗壮；秆直立，高 1~3 m，粗壮，光滑，节上密生柔毛；叶鞘疏生疣基毛；叶舌膜质，长约 1.5 mm，顶端被长睫毛；叶片宽线形，质硬，长约 20~60 cm，宽 1~1.5 cm，上面近基部被疣基硬毛，边缘粗糙；圆锥花序开展，长 25~30 cm，主轴粗，分枝纤细，下部的轮生，腋内疏生柔毛，第二小花（谷粒）具横皱纹；小穗长圆形，顶端尖，无毛；第一颖长约为小穗的 1/3，具 3 脉，第二颖与小穗等长，具 5 脉，顶端喙尖；第一外稃与第二颖同形，等长，具 5 脉，其内稃薄膜质，与外稃等长，具 2 脉，有 3 雄蕊；第二外稃长圆形，革质，与其内稃表面均具横皱纹。**染色体**：$2n=32$（Hamoud et al., 1994; Pandit et al., 2006）。**物候期**：花果期 7—10 月。

【原产地及分布现状】 原产于热带非洲，作为牧草被广泛引种栽培于世界各地，目前广泛归化于全世界热带及温带地区，在亚洲、欧洲、北美洲、中美洲及加勒比海区域、南美洲和大洋洲均有引种并在部分地区造成入侵（Holm et al., 1979; Alves & Xavier, 1986）。**国内分布**：澳门、福建、广东、广西、贵州、海南、台湾、香港、云南。

【生境】 喜水分充足而肥沃的土壤，生于田间地头、荒地山坡、路边以及林缘等处。

【传入与扩散】 **文献记载**：1904 年，大黍在香港地区有栽培记录（Forbes & Hemsley, 1904）。1912 年版的 *Flora of Kwangtung and Hongkong* 一书中记载大黍在香港作为牧草栽培（Dunn & Tutcher, 1912）。《台湾农家便览（改订增补）》（第 6 版）（台湾总督府农业试验所，1944）记载大黍在台湾作为饲料栽培。《广州常见经济植物》（中国植物学会广州分会，1952）提及大黍在广州有栽培，供牧草用。李振宇和解焱（2002）报道大黍在中

国热带及亚热带地区有广泛栽培和归化，在台湾和香港地区则成为常见杂草。**标本信息**：N. Jacquin s.n.（Type: W）。该标本采自西印度群岛的小安的列斯群岛（Lesser Antilles），采集人 Jacquin，存放于维也纳自然史博物馆。1928 年由佐佐木舜一（Shun-ichi Sasaki）采自台湾的栽培植物标本是中国较早的大黍标本（TAI138701）。**传入方式**：20 世纪初大黍分别被引入香港及台湾作为牧草栽培，后归化并在部分地区造成入侵。**传播途径**：大黍种子被一些鸟类吃掉后借助粪便进行传播，也可通过短根状茎或者茎秆下部节点上生根进行蔓延（Alves & Xavier, 1986），但是相对较慢。**繁殖方式**：大黍主要以种子进行有性繁殖，也可通过根状茎进行无性繁殖（Lazarides, 1980），商业上可以通过分蘖进行无性繁殖（Holm et al., 1977）。**入侵特点**：① 繁殖性　大黍具有较短的根状茎，茎秆下部节点生根可以产生新的植株，无性繁殖能力强（Alves & Xavier, 1986）。其地上部分密集呈簇状，圆锥花序大型，分枝多，种子量比较大。② 传播性　茎秆下部节点易生根，遇到合适土壤条件极易长出新的植株，蔓延能力强。③ 适应性　大黍具有比较强的抗旱能力（Holm et al., 1977），能够适应多变的环境，若遭遇火灾，可迅速从根状茎中再生。有记录表明，在澳大利亚，90%～100% 的大黍植株被洪水浸没 5～10 天后仍能存活（Anderson, 1970）。大黍在炎热潮湿的热带亚热带地区生长良好，但不耐寒。**可能扩散的区域**：中国热带及亚热带地区。

【**危害及防控**】　**危害**：大黍是对非洲、美洲和亚洲多国危害比较严重的杂草（Baker & Terry, 1991; Holm et al., 1977; Valle et al., 2000）。1969 年大黍被列为世界危害最严重的十大杂草之一。据报道，大黍是巴西甘蔗、咖啡、柑橘及其他水果果园重要的入侵植物之一（Alves & Xavier, 1986）。此外，大黍是许多谷类作物和甘蔗的害虫和疾病的替代宿主。其地上植株比较高，秋冬季节容易造成火灾。该种在中国主要入侵华南和西南地区，生长迅速且植株高大，竞争力强，挤占本土植物的生长空间。**防控**：良好的土壤管理对于大黍的控制和管理至关重要，增加土壤的耕作次数可以减弱大黍种子繁殖，减少其种群数量（Rojas, 1986）。对于传统方法如手工拔除不适宜的株型高大的大黍（Olunuga & Akobundu, 1980; Conklin et al., 1982），通过耕作切断其根状茎，后续配合使用除草剂防治效果更好（Dawson, 1986）。大黍对甘蔗林的危害比较大，为了避免除草剂对甘蔗林的有害影响，可以选择在甘蔗出苗前进行喷洒（Santo et al., 2000）。

【凭证标本】 广东省广州市白云区太和镇永泰庄，海拔 13 m，22.861 1°N，113.324 9°E，2014 年 10 月 13 日，王瑞江 RQHN00491（CSH）；福建省漳州市漳浦县湿地，海拔 14 m，24.236 6°N，117.961 4°E，2014 年 9 月 30 日，曾宪锋 RQHN06260（CSH）；海南省三亚市凤凰镇梅村，海拔 5 m，18.298 9°N，109.399 3°E，2015 年 12 月 22 日，曾宪锋 RQHN03685（CSH）；香港香港岛薄扶林道，海拔 134 m，22.265 9°N，114.133 1°E，2015 年 7 月 26 日，王瑞江等 RQHN00947（CSH）；澳门莲花路路旁荒地，海拔 24 m，22.138 2°N，113.571 5°E，王发国 RQHN02748（CSH）。

【相似种】 洋野黍（*Panicum dichotomiflorum* Michaux）与大黍形态相似，主要区别是其植株较矮，高仅 30～100 cm，茎秆柔软，不具地下茎，第二小花（谷粒）平滑（Chen & Renvoize, 2006）。大黍的形态变异比较大，内外稃具有明显的横皱纹，这是该种区别于黍属其他种的主要特征。大黍曾被放置在尾稃草属（*Urochloa*）（Webster, 1987）和大序黍属（*Megathyrsus*）内（Herrera-Arrieta, 2014; Simon & Jacobs, 2003）。洋野黍原产于北美洲，广泛归化于日本等温带国家，在我国该种归化于北京、福建、广东、广西、江苏、台湾、香港和云南等地。

大黍（*Panicum maximum* Jacquin）

1、2.生境；3、4.高大的植株；5、6.圆锥状花序；7.小穗；8.叶片与叶鞘

参考文献

李振宇，解焱，2002. 中国外来入侵种［M］. 北京：中国林业出版社：180.

台湾总督府农业试验所，1944. 台湾农家便览（改订增补）［M］.6 版 . 台北：台湾农友会：797.

中国植物学会广州分会，1952. 广州常见经济植物［M］. 广州：中华全国自然科学专门学会联合会广州分会筹备委员会：221.

Alves A, Xavier F E, 1986. Major perennial weeds in Brazil[Z]// Food and Agriculture Organization of the United Nations. Ecology and Control of Perennial Weeds in Latin America: FAO Plant Production and Protection Paper 74. Rome, Italy: FAO: 204–235.

Anderson E R, 1970. Effect of flooding on tropical grasses[C]. Surfers Paradise, Queensland, Australia: Proceedings of the 11th International Grassland Congress: 591–594.

Baker F W G, Terry P J, 1991. Tropical grassy weeds. CASAFA report series. No. 2[M]. Wallingford, UK: CAB International: 203.

Conklin F S, McCarty T C, Miller S F, 1982. The potential for incorporating herbicides into a mulch farming system in Costa Rica[J]. Crop Protection, 1(4): 441–451.

Chen S L, Renvoize S A, 2006. *Panicum*[M]// Wu Z Y, Raven P H, Hong D Y. Flora of China: Vol. 22. Beijing: Science Press & St. Louis: Missouri Botanical Garden Press: 506.

Dawson J H, 1986. New herbicides to control perennial grasses[Z]// Food and Agriculture Organization of the United Nations. Ecology and Control of Perennial Weeds in Latin America: FAO Plant Production and Protection Paper 74. Rome, Italy: FAO: 158–167.

Dunn S T, Tutcher W J, 1912. Flora of Kwangtung and Hongkong (China)[M]. London: Majesty's Stationery Office: 315.

Forbes F B, Hemsley W B, 1904. An Enumeration of all the Plants known from China Proper, "Formosa", Hainan, Corea, the Luchu Archipelago, and the Island of Hongkong, together with their Distribution and Synonymy. —Part XVIII[J]. The journal of the Linnean Society of London, Botany, 36(253): 297–376.

Hamoud M A, Haroun S A, Macleod R D, et al, 1994. Cytological relationships of selected species of *Panicum* L.[J]. Biologia Plantarum, 36(1): 37.

Herrera-Arrieta Y, 2014. Additions and updated names for grasses of Durango, Mexico[J]. Acta botanica mexicana, 106(106): 79–95.

Holm L G, Pancho J V, Herberger J P, et al, 1979. A geographical atlas of world weeds[M]. New York, USA: John Wiley and Sons: 391.

Holm L G, Plucknett D L, Pancho J V, et al, 1977. The world's worst weeds: distribution and biology[M]. Honolulu, Hawaii, USA: University Press of Hawaii.

Lazarides M, 1980. The Tropical Grasses of Southeast Asia[M]. Vaduz, Liechtenstein: A.R. Gantner Verlag: 225.

Olunuga B A, Akobundu I O, 1980. Weed problems and control practices in field and vegetable crops in Nigeria[C]// International Institute of Tropical Agriculture. Weeds and their control in the humid and subhumid tropics: Proceedings of a Conference at the International Institute of Tropical Agriculture. Ibadan, Nigeria: Institute of Tropical Agriculture: 138–146.

Pandit M K, Tan H T W, Bisht M S, 2006. Polyploidy in invasive plant species of Singapore[J]. Botanical Journal of the Linnean Society, 151(3): 395–403.

Rojas G A, 1986. Soil management and control of perennial weeds[C]// Food and Agriculture Organization of the United Nations. Ecology and Control of Perennial Weeds in Latin America: FAO Plant Production and Protection Paper 74. Rome, Italy: FAO: 167–185.

Santo LT, Schenck S, Chen H, et al, 2000. Crop Profile for Sugarcane in Hawaii[M]. Aiea, Hawaii: Hawaii Agriculture Research Center.

Simon B K, Jacobs S W L, 2003. Megathyrsus, a new generic name for *Panicum* subgenus *Megathyrsus*[J]. Austrobaileya, 6(3): 571–574.

Valle A, Borges V F, Rincones C, 2000. Weeds distribution in sugarcane fields at Unión municipality, Falcon state, Venezuela[J]. Revista de la Facultad de Agronomía, Universidad del Zulia, 17(1): 51–62.

Webster R D, 1987. Australian Paniceae (Poaceae)[M]. Berlin: J. Cramer: 1–322.

2. 铺地黍 *Panicum repens* Linnaeus, Sp. Pl. (ed. 2) 1: 87. 1762.

【别名】 枯骨草、苦拉丁、硬骨草

【特征描述】 多年生草本，根茎粗壮发达。秆直立，坚挺，高 50～100 cm。叶鞘光滑，边缘被纤毛；叶片质硬，线形，长 5～25 cm，宽 2.5～5 mm，干时常内卷，呈锥形，顶端渐尖，上表皮粗糙或被毛，下表皮光滑；叶舌极短，膜质，顶端具长纤毛。圆锥花序开展，长 5～20 cm，分枝斜上，粗糙，具棱槽；小穗长圆形，长约 3 mm，无毛，先端尖；第一颖薄膜质，长约为小穗的 1/4，基部包卷小穗，顶端截平或钝圆，脉通常不明显；第二颖约与小穗近等长，顶端喙尖，具 7 脉，第一小花为雄性，其外稃与第二颖等长，内稃薄膜质，约与外稃等长；雄蕊 3，花丝极短，花药暗褐色，长约 1.6 mm；第二小花结实，长圆形，长约 2 mm，平滑光亮，先端尖。颖果椭圆形，淡棕色。染色体：

2*n*=36（Kumar & Kuriachan, 1990）。**物候期**：花果期 6—11 月。

【**原产地及分布现状**】 原产于欧洲南部和非洲，归化于世界热带与亚热带地区（Centre for Agriculture and Bioscience International, 2019）。**国内分布**：澳门、福建、广东、广西、贵州、海南、湖南、江西、四川、台湾、香港、云南、浙江。

【**生境**】 喜沙质土壤和潮湿生境，常生于湿地、沟渠边、海边等潮湿生境，常入侵旱地。

【**传入与扩散**】 **文献记载**：基于 1827 年在澳门及周边岛屿的采集（Millett.Vachell n. 57.），Hooker 等人在 *The Botany of Captain Beechey's Voyage*（Hooker et al., 1841）一书中记载了铺地黍在澳门有分布，但未说明是栽培还是归化。基于 1845—1851 年的考察，1857 年 Seemann 在 *The botany of the voyaye of H.M.S.* 一书中记载铺地黍在香港有分布，且 Hance 在香港采集了铺地黍的标本（Seemann, 1857）。随后，Bentham（1861）在 *Flora hongkongensis* 一书中也记录了该种。1904 年 Forbes 和 Hemsley（1904）记载铺地黍在台湾及香港地区有分布。1952 年版的《广州常见经济植物》（中国植物学会广州分会，1952）记载铺地黍在广州有分布。李振宇和解焱（2002）报道铺地黍在中国的华南和华东部分地区造成入侵。**标本信息**：Herb. Linn. No. 80.47（Lectotype: LINN）。模式标本可能采自西班牙，采集人为 Alstroemer。1910 年 Hitchcock 和 Chase 曾指定了后选模式，但未具体指定是哪一份标本，1996 年由 Veldkam 重新指定（Veldkamp, 1996）。1827 年在澳门及周边岛屿有标本采集记录（Millett.Vachell n. 57.），随后在香港亦有采集，20 世纪初在广东也有采集。**传入方式**：可能作为牧草引入，也可能为无意带入，引入时间应在 19 世纪初，首次引入地应为广东南部岛屿，随后扩散至广东省内陆地区。**传播途径**：铺地黍主要借助根茎进行传播，根茎短时间内可以蔓延数米。关于铺地黍种子传播的资料很少。据报道铺地黍的种子曾在西班牙的野生长腿龟（*Testudo graeca*）的粪便中发现，但是种子是否有活性未被测定（Cobo & Andreu, 1988）。**繁殖方式**：以根茎进行无性繁殖为主。**入侵特点**：① 繁殖性 铺地黍根系发达，繁殖能力强，不仅可以通过根状茎顶端蔓延产生新植株，也可以通过根状茎上任一腋芽产生新植株（Peng & Twu, 1979; Wilcut et al., 1988）。环境适宜时，铺地黍根茎任一节段均可长出新的植株。在日本南部的红壤中铺地黍的根茎可以深入土壤 42 cm，一个根茎节点一年内可以产生 20 000 多个根茎芽（Hossain et al., 1996）。铺地黍的根茎盘根错节，在佛罗里达的一个高尔夫球场，铺地黍根茎占植物总生物量的 87%（Busey, 2003）。其根茎坚硬，可以穿透木头和沥青（Hall et al., 1998）。关于铺地黍借助种子进行有性繁殖的报道比较少，来自日本的研究表明，铺地黍不能结实（Hossain et al., 1996）。也有报道称在台湾铺地黍不能产生可育的种子（Peng & Twu, 1979）。此外，对铺地黍种子萌发力的报道不尽一致，许多研究称铺地黍种子的发芽率比较低或没有生存能力（Stone, 2011），另有报道称铺地黍的种子容易发芽，但需要一定的水分（Futch & Hall, 2004）。② 传播性 铺地黍根状茎的生长速度比较快，茎和根茎可以产生分蘖，其根状茎的片段极易散落在土壤中，易随土壤移动而传播至各处。③ 适应性 铺地黍在除草剂应用、放牧、切割、耕作或焚烧后仍然可以存活并发芽。铺地黍生长的最适温度为 30～35 ℃，不耐寒。对土壤的适应性比较强，耐干旱和洪涝，可以适应不同的土壤类型，在 pH 为 4.2～6.7 条件下均可正常生长（Wilcut et al., 1988），具有比较强的耐盐性（Peng et al., 1977; Peng & Twu, 1979; Nemoto et al., 1987）。喜潮湿环境，尤其是在高水位的区域，一旦种群建立，也可以在中度干旱环境下生存。**可能扩散的区域**：中国的热带至亚热带地区。

【**危害及防控**】 **危害**：铺地黍是全世界热带和亚热带地区入侵最严重的植物之一，由于其具备比较强的入侵性和改变原生植物群落的能力，在美国佛罗里达州被列为 I 类入侵种类。铺地黍的无性繁殖能力很强，尤其是在湿地环境中能够快速形成密集的单一种群，排挤原生植物群落（Shilling & Haller, 1989; Bodle & Hanlon, 2001）。该种在台湾和夏威夷是比较严重的杂草，对非洲西部的凤梨及南亚、东南亚的经济林亦造成了严重的危害。铺地黍生长迅速，根茎发达，盘根错节的根茎抢夺了农田作物的大量养分，地上部分遮盖作物茎叶，使田间通风透光不良（李振宇和解焱，2002），是旱地作物田中的一种地区性恶性杂草，对坡地和坝地作物以及橡胶树、果树、茶园、桑树均有危害，对广东湛江地区和海南地区一带的旱地作物危害较为严重（李扬汉，1998）。目前，关于铺地黍入侵作物田造成经济损失的评估报道比较少，但 Peng 和 Sze（1974）曾报道称入侵台湾的铺地黍根茎密度可达 15 t/hm²（1 500 t/km²），而 5 t/hm²（500 t/km²）的根茎密度可以使甘蔗产量减少 50%。也有报道称，铺地黍对其他植物种类具有化感作用（Chon, 1989）。在中国，该种主要入侵华南和西南地区，通过根状茎扩散蔓延，形成致密的种群替代原生植物种类，危害经济林的生产，破坏生态平衡。**防控**：由于地下根茎强大快速的再生能力，传统的物理防治方法比如挖掘及人工除草对铺地黍基本是无效的。深耕是相对有效的控制方法，但是要控制土壤及气候使之保持持续的干燥，否则铺地黍会继续蔓延。

【凭证标本】 广东省韶关市始兴县顿岗镇岭下村，海拔 120 m，24.940 0°N，114.116 7°E，2014 年 9 月 24 日，王瑞江 RQHN00426（CSH）；福建省泉州市石狮市子房路 G15 路口附近，海拔 18 m，24.772 3°N，118.629 7°E，2014 年 10 月 2 日，曾宪锋 RQHN06302（CSH）；广西壮族自治区梧州市岑溪市岑城镇，海拔 138 m，22.939 0°N，111.020 8°E，2016 年 1 月 15 日，韦春强、李象钦 RQXN07969（CSH）。

【相似种】 糠稷（*Panicum bisulcatum* Thunberg）与铺地黍相似，该种为一年生草本，植株相对较柔弱，圆锥花序长达 30 cm，第一颖长为小穗的 1/2，具 1～3 脉，基部不包卷小穗，而铺地黍是多年生草本，根茎粗壮发达，圆锥花序长 5～20 cm，第一颖长约为小穗的 1/4，基部包卷小穗，脉通常不明显。糠稷为国产种，南北各省区广泛分布，曾被误以为入侵种进行报道，生于荒野潮湿处，为一般田地杂草。

铺地黍（*Panicum repens* Linnaeus）
1. 生境；2. 植株；3. 茎段；4. 叶片与叶鞘；5. 圆锥状花序；6. 小穗

相似种：糠稷（*Panicum bisulcatum* Thunberg）

参考文献

李扬汉，1998. 中国杂草志［M］. 北京：中国农业出版社：1285–1286.

李振宇，解焱，2002. 中国外来入侵种［M］. 北京：中国林业出版社：181.

中国植物学会广州分会，1952. 广州常见经济植物［M］. 广州：中华全国自然科学专门学会联合会广州分会筹备委员会：221–222.

Bentham G, 1861. Flora hongkongensis: a description of the flowering plants and ferns of the island of Hongkong[M]. London: Lovell Reeve: 412.

Bodle M, Hanlon C, 2001. Damn the torpedograss[J]. Wildland Weeds, 4(4): 9–12.

Busey P, 2003. Reduction of torpedograss (*Panicum repens*) canopy and rhizomes by quinclorac split applications[J]. Weed technology, 17(1): 190–194.

Centre for Agriculture and Bioscience International, 2019. Invasive Species Compendium[EB/OL]. [2020–06–11]. https://www.cabi.org/isc/datasheet/38670#tosummaryOfInvasiveness

Chon C H, 1989. Allelopathic research of subtropical vegetation in Taiwan. IV[J]. Journal of chemical ecology, 15(7): 2149–2159.

Cobo M, Andreu A C, 1988. Seed consumption and dispersal by the spur-thighed tortoise Testudo graeca[J]. Oikos, 51(3): 267–273.

Forbes F B, Hemsley W B, 1904. An Enumeration of all the Plants known from China Proper, "Formosa", Hainan, Corea, the Luchu Archipelago, and the Island of Hongkong, together with their Distribution and Synonymy. —Part XVIII[J]. The journal of the Linnean Society of London, Botany, 36(253): 297–376.

Futch S H, Hall D W, 2004. Identification of grass weeds in Florida citrus[D]. Florida: University of Florida Cooperative Extension Service, Institute of Food and Agricultural Sciences: 1–8.

Hall D W, Currey W L, Orsenigo J R, 1998. Weeds from other places: the Florida beachhead is established[J]. Weed technology, 12(4): 720–725.

Hitchcock A S, Chase A, 1910. The North American species of *Panicum*: Vol. 15[M]. Washington: Government Printing Office: 85.

Hooker S W J, Walker-Arnott G A, Beechey F W, 1841. The Botany of Captain Beechey's Voyage[M]. London: Henry G. Bohn: 233.

Hossain M A, Ishimine Y, Akamine H, et al, 1996. Growth and development characteristics of torpedograss (*Panicum repens* L.) in Okinawa Island, Southern Japan[J]. Weed research, Japan, 41(4): 323–331.

Kumar M G V, Kuriachan P I, 1990. SOCGI plant chromosome number reports-IX[J]. Journal of Cytology and Genetics, 25: 145–147.

Nemoto M, Panchaban S, Vichaidis P, et al, 1987. Some aspects of the vegetation at the inland saline areas in northeast Thailand[J]. Journal of Agricultural Science, Tokyo Nogyo Daigaku, 32(1): 1–9.

Peng S Y, Sze W B, 1974. Competition effect of *Panicum repens* Linn. on sugarcane and its eradication by herbicides[J]. Taiwan Sugar, 5: 155–166.

Peng S Y, Twu L T, 1979. Studies on the regenerative capacity of rhizomes of torpedo grass (*Panicum repens* Linn.). 1. Characteristics in sprouting of rhizomes and resistance to herbicides and environmental adversities[J]. Journal of the Agricultural Association of China, 107: 61–74.

Peng S Y, Wang C T, Twu L T, 1977. Sugarcane cultivation and chemical weed control in saline soils in Taiwan[J]. Taiwan Sugar, 1: 281–286.

Seemann B, 1852–1857. The botany of the voyage of HMS Herald: Under the command of Captain Henry Kellett, RN, CB, during the years 1845–1851[M]. London: Lovell Reeve: 423.

Shilling D G, Haller W T, 1989. Interactive effects of diluent pH and calcium content on glyphosate activity on *Panicum repens* L.(torpedograss)[J]. Weed research, 29(6): 441–448.

Stone K R, 2011. *Panicum repens* [EB/OL]. [2019–12–14]. Fire Effects Information System. U.S. Department of Agriculture, Forest Service, Rocky Mountain Research Station, Fire Sciences Laboratory. https://www.fs.fed.us/database/feis/plants/graminoid/panrep/all.html.

Veldkamp J F, 1996. Revision of *Panicum* and *Whiteochloa* in Malesia(Gramineae-Paniceae)[J]. Blumea, 41(1): 202.

Wilcut J W, Dute R R, Truelove B, et al, 1988. Factors limiting the distribution of cogongrass, Imperata cylindrica, and torpedograss, *Panicum repens*[J]. Weed Science, 36(5): 577–582.

11. 雀稗属 *Paspalum* Linnaeus

多年生或一年生草本，秆丛生，直立，或具匍匐茎和根状茎。叶舌短，膜质；叶片线形或狭披针形，扁平或卷折。穗形总状花序 2 至数枚，呈指状或总状排列于茎顶或伸长的主轴上；小穗单生或孪生，通常圆形或近圆形，几无柄或具短柄，以 2～4 行互生于穗轴之一侧，背腹压扁；每小穗含 2 小花，第一小花雄性或中性，第二小花两性；第一颖通常缺如，稀存在，第二颖膜质或厚纸质，具 3～7 脉，与小穗等长，有时第二颖较短或不存在；第一外稃与第二颖同质同形，第二外稃背部隆起，对向穗轴，近革质或软骨质，成熟后变硬，顶端钝圆，有光泽，边缘包卷同质、扁平或稍凹之内稃；鳞被 2；雄蕊 3；柱头帚刷状，自顶端伸出；胚大，长为颖果的 1/2；种脐点状。

本属约 300 种，分布于世界热带与亚热带地区，多产于西半球，尤以热带美洲最为丰富。该属植物的染色体型（x=10）常存在大量的变异，且存在无融合生殖的现象。中国有 16 种，其中 2 种为特有种，8 种为外来种，外来入侵 4 种。

分种检索表

1 总状花序 2 枚，对生 ┄┄┄┄┄┄┄┄┄┄┄┄┄┄┄┄┄┄┄┄┄┄┄┄┄┄┄┄┄┄┄┄ 2

1 总状花序 3 至多数，在伸长的主轴上互生 ┄┄┄┄┄┄┄┄┄┄┄┄┄┄┄┄┄┄┄ 3

2 总状花序长 6～12 cm，穗轴细软 ┄┄┄┄┄┄ 1. 两耳草 *Paspalum conjugatum* P. J. Bergius

2 总状花序长 3～5 cm，穗轴硬直 ┄┄┄┄┄┄ 3. 双穗雀稗 *Paspalum distichum* Linnaeus

3 植株具匍匐根状茎，小穗长 3～4 mm ┄┄┄┄┄ 2. 毛花雀稗 *Paspalum dilatatum* Poiret

3 植株不具匍匐根状茎，小穗长 2～3 mm ┄┄┄┄ 4. 丝毛雀稗 *Paspalum urvillei* Steudel

1. 两耳草 *Paspalum conjugatum* P. J. Bergius, Acta Helv. Phys.-Math. 7: 129, pl. 8. 1772.

【别名】 八字草、叉仔草、大肚草

【特征描述】 多年生草本，植株具长可达 2 m 的匍匐茎，秆纤细，有时略带紫色，直立部分高 30～60 cm。叶鞘松弛，背部具脊，无毛或上部边缘及鞘口具柔毛；叶舌膜质，极短；叶片狭披针形至线状披针形，平展而质薄，无毛或边缘具疣柔毛，有时腹面疏生疣基毛。总状花序 2 枚，对生，长 6～12 cm，纤细开展；穗轴细软，宽约 0.8 mm，边缘有锯齿；小穗柄长约 0.5 mm；小穗卵圆形，长 1.5～1.8 mm，宽约 1.2 mm，顶端稍尖，覆瓦状排列成两行；第一颖退化，第二颖的边缘具长丝状柔毛，毛与小穗近等长，颖长与第一外稃相等，两者均质地较薄且无脉；第二外稃薄革质，背面略隆起，卵形，包卷同质的内稃。颖果长约 1.2 mm，胚长为颖果的 1/3。**染色体**：$2n$=20（Olorode, 1974）、40（Tateoka, 1965）、80（Gould & Soderstrom, 1974）。其中，$2n$=40 是最常见的。来自台湾的材料其检测结果也是如此，并且发现其染色体在减数分裂第一中期尚无配对现象，不正常减数分裂的情形在该种中时有发生（Fang & Li,

1966）。**物候期**：开花时间与日照长短无关，通常夏秋季节抽穗，在温暖的热带亚热带地区全年均可开花结果。

【**原产地及分布现状**】 原产于美洲热带地区（de Koning & Sosef, 1985; USDA-ARS, 2018），于 19 世纪下半叶被引入马来半岛（de Koning & Sosef, 1985），现广泛分布于世界热带及亚热带地区。**国内分布**：澳门、福建、广东、广西、海南、台湾、香港、云南。

【**生境**】 喜温暖潮湿的生境，喜遮荫的环境，生于路边荒地、草地、农田、果园、茶园及其他种植园中。

【**传入与扩散**】 **文献记载**：1904 年在香港有分布（Forbes & Hemsley, 1904），1912 年在香港歌赋山也有记载（Dunn & Tutcher, 1912）。1952 年出版的《广州常见经济植物》（中国植物学会广州分会，1952）中收录了该种。之后，《中国主要禾本植物属种检索表》（耿以礼，1957）和《中国主要植物图说·禾本科》（耿以礼，1959）亦有记载。2002 年被当作中国外来入侵种报道（李振宇和解焱，2002）。**标本信息**：Rolander s.n. in Herb. Berg. 36（Lectotype: SBT）。该标本采自苏里南，1985 年由 de Koning 和 Sosef（1985）将其指定为后选模式。1917 年在海南采到该种标本（SYS00012747），1919 年在广东省鹤山市（黄茂先 110797）（PE）、1929 年在台湾（Anonymous s.n.）（PE）、1943 年在云南（简焯坡 960）（PE）均有标本记录，之后的采集多来源于西南和华南地区。**传入方式**：20 世纪初自东南亚地区传入中国香港，可能随苗木交易无意传入，之后扩散至华南、西南地区。**传播途径**：以根状茎或颖果随土壤运输、苗木交易或粮食贸易等传播，也可能随动物及农业活动等进行小范围的扩散。**繁殖方式**：种子繁殖，也可以根状茎进行营养繁殖。**入侵特点**：① 繁殖性 植株多分枝，在稍遮荫的环境下生长迅速，可快速形成大面积种群。其种子发芽对光不敏感，并具有很高的发芽率，田间条件下可在 240 天内保持稳定的发芽率（52%），300 天后发芽率逐渐下降（Horng & Leu, 1978），发芽后约 45 天开始形成根状茎。② 传播性 根状茎发达，向四周蔓延扩散的能力强。在潮湿的条件下，其带纤毛的颖果极易粘在人的衣物或动物皮毛上而进行长距离的传播。③ 适应

性　种子发芽需要一定的光照，其发芽最佳温度为 25～35 ℃。种子的萌发主要发生在土壤深度 0～2.5 cm 的范围内（Horng & Leu, 1978）。耐荫，也耐强日照，在 24% 的光照强度下生长最旺盛（Pamplona, 1975）。耐贫瘠，耐酸性土壤，各种土壤类型均可生长。**可能扩散的区域：** 热带亚热带地区海拔 1 500 m 以下的区域。

【危害及防控】　危害： 该种在潮湿的热带地区是多年生作物中常见的有害植物，常形成单优群落，尤其是在茶园、橡胶林、油棕林、果园以及其他经济林中，与作物竞争养分，影响经济林生长。控制实验表明，由于单优的两耳草种群与橡胶林竞争养分，橡胶的胸径减少了 37%～54%（Pamplona, 1975）。在澳大利亚昆士兰，两耳草还是白条黄单胞菌（*Xanthomonas albilineans*）的替代宿主之一。该菌是引起甘蔗叶灼病的病原菌（Persley, 1973）。该种有时被当作牧草栽培，但相对于其他牧草该种的蛋白质含量低，因此适口性并不好，且其颖果易粘在牲畜的喉咙里而引起牲畜窒息（Beetle, 1974）。该种在中国主要入侵西南和华南地区，是云南橡胶林、广东各大果园中主要的入侵植物之一，常在林下形成优势种群。**防控：** 在种植园中，使用豆类覆盖物是控制两耳草种群的有效手段（Sahid et al., 1993），但这个方法要求经常进行人工除草。化学防治中经常使用的除草剂有草甘膦、农达水剂和镇草宁等（黄惠文和梁品珍，1978），单独使用或混合使用，在出苗前喷施效果较好，但应注意防止两耳草对某单一除草剂产生抗性。

【凭证标本】 澳门氹仔北安码头，海拔 6 m，22.169 0°N，113.574 1°E，2015 年 5 月 22 日，王发国 RQHN02783（CSH）；广东省中山市古镇南方绿博园，海拔 3 m，22.651 9°N，113.182 8°E，2014 年 10 月 16 日，王瑞江 RQHN00598（CSH）；广西壮族自治区桂林市雁山镇，海拔 152 m，25.069 2°N，110.298 1°E，2016 年 8 月 26 日，韦春强、李象钦 RQXN08082（CSH）；云南省红河州河口县老范寨乡，海拔 1 021 m，22.479 7°N，99.676 1°E，2014 年 7 月 17 日，税玉民、汪健、杨珍珍等 RQXN00042（CSH）；香港大埔区香港中文大学，海拔 14 m，22.416 4°N，114.209 2°E，2016 年 8 月 31 日，王瑞江、陈雨晴、蒋奥林 RQHN01249（CSH）；海南省儋州市儋州热带植物园，海拔 140 m，

19.512 5°N，109.496 9°E，2015 年 12 月 20 日，曾宪锋 RQHN03608（CSH）。

【相似种】 双穗雀稗（*Paspalum distichum* Linnaeus）与两耳草相近，均只有 2 枚总状花序，但前者总状花序长 3～5 cm，穗轴硬直，两耳草则穗轴细软，且总状花序长 6～12 cm，区别明显。双穗雀稗原产于美洲，广布于世界热带至暖温带地区，在中国长江以南各省区均有分布。两耳草的变异较大，其形态特征随生长环境的不同而变化，有时可见到具 3 枚总状花序的个体，但该种与本属的其他种类区别明显。

两耳草（*Paspalum conjugatum* P. J. Bergius）
1. 生境；2. 植株；
3、4. 卵圆形小穗；
5. 总状花序；6. 小穗，示雄蕊；
7. 叶片与叶舌；8. 根状茎

参考文献

耿以礼, 1957. 中国主要禾本植物属种检索表 [M]. 北京: 科学出版社: 123.

耿以礼, 1959. 中国主要植物图说·禾本科 [M]. 北京: 科学出版社: 687−688.

黄惠文, 梁品珍, 1978. 用镇草宁控制成令胶园植胶带上以奥图草和两耳草为主的杂草 [J]. 热带作物译丛, 3: 8−10.

李振宇, 解焱, 2002. 中国外来入侵种 [M]. 北京: 中国林业出版社: 182.

中国植物学会广州分会, 1952. 广州常见经济植物 [M]. 广州: 中华全国自然科学专门学会联合会广州分会筹备委员会: 222.

Beetle A A, 1974. Sour paspalum—tropical weed or forage?[J]. Journal of Range Management, 27(5): 347−349.

de Koning R, Sosef M S M, 1985. The Malesien species of *Paspalum* L.(Gramineae)[J]. Blumea, 30(2): 279−318.

Dunn S T, Tutcher W J, 1912. Flora of Kwangtung and Hongkong(Chinn) [M]. London: Majesty's Stationery Office: 313.

Fang J S, Li H W, 1966. Cytological study in *Paspalum conjugatum* Berg.[J]. Botanical Bulletin of Academia Sinica, 7(1): 1−12.

Forbes F B, Hemsley W B, 1904. An Enumeration of all the Plants known from China Proper, "Formosa", Hainan, Corea, the Luchu Archipelago, and the Island of Hongkong, together with their Distribution and Synonymy—Part XVIII[J]. The journal of the Linnean Society of London, Botany, 36(253): 297−376.

Gould F W, Soderstrom T R, 1974. Chromosome numbers of some Ceylon grasses[J]. Canadian Journal of Botany, 52(5): 1075−1090.

Horng L C, Leu L S, 1978. The effects of depth and duration of burial on the germination of ten annual weed seeds[J]. Weed Science, 26(1): 4−10.

Olorode O, 1974. Chromosome counts in some Nigerian grasses[J]. Cytologia, 39(3): 429−435.

Pamplona P P, 1975. Studies on the biology, competition and control of sourgrass (*Paspalum conjugatum* Berg.)[J]. Biotrop Newsletter, 12: 13.

Persley G J, 1973. Naturally occurring alternative hosts of *Xanthomonas albilineans* in Queensland[J]. Plant Disease Reporter, 57: 1040−1042.

Sahid I, Tasrif A, Sastroutomo S S, Latiff A, 1993. Allelopathic potential of legume cover crops on selected weed species[J]. Plant Protection Quarterly, 8(2): 49−53.

Tateoka T, 1965. Chromosome numbers of some East African grasses[J]. American Journal of Botany, 52(8): 864−869.

USDA−ARS, 2018. National Genetic Resources Program, "*Paspalum conjugatum* P. J. Bergius" in Germplasm Resources Information Network [EB/OL]. [2020−06−12]. http://www.tn-grin.nat.tn/gringlobal/taxonomydetail.aspx?id=26835.

2. 毛花雀稗 *Paspalum dilatatum* Poiret, Encycl. 5: 35. 1804.

【别名】 美洲雀稗、大理草、宜安草

【特征描述】 多年生草本,具匍匐根状茎。秆丛生,直立或基部倾斜,粗壮,高 50～150 cm。叶舌膜质,叶片条形,中脉明显,无毛。总状花序长 5～8 cm,4～10 枚呈总状着生于长 4～10 cm 的主轴上,形成大型圆锥状花序,分枝的腋间具长柔毛;小穗卵形,长 3～4 mm,孪生,覆瓦状排列成 4 行,第二小花长为小穗的 2/3;第二颖具 7～9 脉,背面散生短毛,边缘具长纤毛;第一外稃具 5～7 脉,边缘不具纤毛。颖果卵状圆形,长 2～2.5 mm。**染色体:** $2n=40$、50、60(Gould & Soderstrom, 1974)。大多数的报道为 $2n=50$,即毛花雀稗为具有三个染色体组、50 条染色体的天然杂种,是一个五倍体的专性无融合体种,减数分裂时染色体配对成 20 个二价体和 10 个单价体(Burson & 吴永敷, 1985)。**物候期:** 花果期可从春季持续至秋季,于夏季最盛,夏季之后开花逐渐减少。

【原产地及分布现状】 原产于南美洲(Chen & Phillips, 2006),作为牧草在世界范围内引种栽培,澳大利亚栽培最广。该种于 1875 年从乌拉圭或阿根廷引入美国南部,1878 年自乌拉圭引入法国;于 20 世纪初引入美洲的大安的列斯群岛以及日本,并在日本中南部地区归化(Sugiura & Yamazaki, 2007)。现该种广泛分布于世界热带至暖温带地区,并在许多地区(如夏威夷、新西兰)构成入侵。**国内分布:** 安徽、重庆、福建、广东、广西、贵州、海南、湖北、湖南、江苏、江西、上海、四川、台湾、香港、云南、浙江。

【生境】 喜潮湿温暖、土壤肥沃的生境,常见于干扰生境,生于路边荒地、草地、草坪、农田、湿地、林缘以及园林绿地中。

【传入与扩散】 **文献记载:** 1942 年在中国台湾有文献记载(Ohwi, 1942)。《中国主要禾本植物属种检索表》(耿以礼,1957)收录了该种,《中国主要植物图说·禾本科》(耿以礼,1959)亦有记载,并指出上海、台湾有引种,可作牧草但同时亦为杂草。2002 年毛花雀稗作为中国外来入侵种被报道,当时在贵州各地区均有其分布(屠玉麟,2002)。**标本信**

息: Commerson s.n.（Type: P）。该标本采自阿根廷布宜诺斯艾利斯。1929 年在中国台湾台北市采到该种标本（S. Suzuki s.n.）（TAI），直到 1978 年在福建漳州亦有标本记录（苏松池 s.n.）（FJSI），1984 年在广西（张本能 415）（IBK）、1986 年在广东（余汉平 16029）（IBSC）均有采集，之后在华东、西南以及华南地区多有采集。**传入方式**：据记载，日本明治时期用毛花雀稗干草做军马饲料，种子混入其中而传入了鹿儿岛、宫崎县等地，并于 1913 年在台湾试种（宝满正治和李爱英，1981）。由此可知该种于 1913 年作为牧草首次引入台湾，随后又有多次的引入过程，如 20 世纪 50 年代引入上海，60 年代引入广西、湖南等地。现在在长江流域及其以南地区均有毛花雀稗分布。**传播途径**：主要通过人为的引种栽培在全世界热带至暖温带地区传播扩散。其颖果可通过水流、动物等传播，土壤运输、苗木交易或农业活动等人类活动可使其进行远距离传播。**繁殖方式**：种子繁殖，大多数种子由无融合生殖产生。**入侵特点**：① 繁殖性 以无融合生殖为主，有性生殖率低。风媒传粉，一些独居蜂也可为其传粉（Adams et al., 1981），但花粉活力较低，因此结实率不高（Miz & De Souza-Chies, 2006）。种子发芽缓慢，萌发率不稳定，唐成斌和龙绍云（1990）对毛花雀稗的研究显示其种子存在休眠特性，当年的种子发芽率仅有 3.2%，在常温条件下贮藏，第二年发芽率可提高到 11.8%，第三年增加到 19.7%，因此其种群建立缓慢。该种不同的基因型其种子萌发特性亦不同，其中有性生殖的四倍体与无融合生殖的六倍体具有高萌发率的种子（>60%）（Glison et al., 2015）。种子萌发后，早期生长较缓慢，一旦出苗则可快速生长，夏季是其生长旺季。② 传播性 具有一定的自播能力。由于该种常作为牧草被引种栽培，且随着其改良基因型的不断产生（Glison et al., 2015），该种的分布范围将会进一步扩大。③ 适应性 喜肥沃的中等质地土壤，但在重黏土中也可生长，适生于多种土壤类型。不耐荫，其生长需要充足的阳光。耐水湿，同时也具有一定的抗旱能力。最佳生长温度为 22～30 ℃，但在−3 ℃的条件下亦能生长，因其根系发达，植株可在霜冻之后再生。**可能扩散的区域**：热带亚热带地区海拔 2 200 m 以下的区域。

【危害及防控】 **危害**：该种根系发达，一旦出苗可形成密集的群体，威胁本土物种的生长。该种可被雀稗麦角菌（*Claviceps paspali*）感染而具毒性，威胁牲畜健康。该种被加拿大食品检验局列为禁止入境的有害植物，在东南亚地区以及诸多热带岛屿如夏威夷群岛、斐济群岛等已造成危害，排挤当地物种的生长。该种在中国入侵长江流域及其以南地区，尤其是西南与华东地区，主要危害草坪草的生长。由于该种耐刈割、耐践踏，但本身又不适于作草坪草应用，因此在草坪中难以根除，影响草坪的美观，增加维护成本。另外，须警惕该种对华东及华南沿海岛屿的自然生态系统造成危害。**防控：** 对于零星生长于草坪中的毛花雀稗，可人工拔除，但须挖除其所有的根状茎。由于其耐刈割，因此可运用割草与化学防治相结合的方法，一些常用的除草剂如百草枯（幼苗阶段）、草甘膦（成熟植株）等防治效果较好。

【**凭证标本**】 安徽省安庆市桐城市大观镇，海拔 71 m，31.219 1°N，117.020 4°E，2014年7月28日，严靖、李惠茹、王樟华、闫小玲 RQHD00444（CSH）；上海市浦东新区野生动物园，海拔 7 m，31.194 3°N，121.360 6°E，2015年7月17日，严靖、李惠茹、王樟华、闫小玲 RQHD02805（CSH）；江西省南昌市江西农业大学，海拔 48 m，28.765 6°N，115.830 7°E，2016年9月19日，严靖、王樟华 RQHD10042（CSH）；贵州省安顺市 G60高速路口，海拔 1 371 m，26.321 1°N，106.065 3°E，2015年8月17日，马海英、邱天雯、徐志茹 RQXN07296（CSH）。

【**相似种**】 丝毛雀稗（*Paspalum urvillei* Steudel）与毛花雀稗形态相似，但前者植株高大，叶片边缘具长柔毛，大型圆锥状花序具 10～20 枚总状花序，小穗长 2～3 mm，毛花雀稗则植株相对矮小，叶片边缘无毛，总状花序 10 枚以下，小穗则明显相对较大。丝毛雀稗原产于南美洲，在中国主要分布于华南地区。毛花雀稗除具无融合生殖的五倍体种外，还具有性的四倍体种，为黄色花药生物型。该种作为牧草已有多个品种被培育出来，且与丝毛雀稗之间存在杂交的现象（Miz & De Souza-Chies, 2006）。另有百喜草（*Paspalum notatum* Flügge）与毛花雀稗亦相近，唯其小穗平滑无毛而与上述 2 种有区别，其根状茎木质化，粗壮，能与本属其他种类相区别。百喜草原产于美洲热带及亚热带地区，中国台湾于 1953 年从美国引进 Pensacola 品系，编号为 A33，1956 年自菲律宾引进另一品系，编号 A44，后来又陆续引进多个品系供试验观察（夏汉平和敖惠修，2000）。中国甘肃及河北等地曾将其作为牧草引种栽培，而且基本上都是从台湾引进的，现在福建、江西、云南等地亦有百喜草分布，并且已归化。

毛花雀稗（*Paspalum dilatatum* Poiret）

1. 生境；2. 植株；3. 总状花序；4. 分枝的腋间具长柔毛；5. 小穗；6. 叶片与叶舌

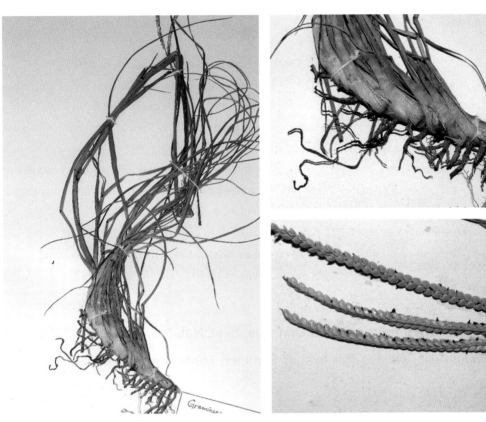

相似种：百喜草（*Paspalum notatum* Flüggé）

参考文献

宝满正治，李爱英，1981. 日本热带牧草的引进与育种 [J]. 热带作物译丛，6：54-58.

耿以礼，1957. 中国主要禾本植物属种检索表 [M]. 北京：科学出版社：123.

耿以礼，1959. 中国主要植物图说·禾本科 [M]. 北京：科学出版社：687.

唐成斌，龙绍云，1990. 优良野生牧草毛花雀稗栽培驯化试验 [J]. 四川草原，（4）：34-37.

屠玉麟，2002. 生物入侵：贵州的外来有害植物 [J]. 贵州环保科技，8（4）：1-4.

夏汉平，敖惠修，2000. 我国台湾的主要禾草简介 [J]. 草原与草坪，1：43-45.

Adams D E, Perkins W E, Estes J R, 1981. Pollination systems in *Paspalum dilatatum* Poir. (Poaceae): an example of insect pollination in a temperate grass[J]. American Journal of Botany, 68(3): 389-394.

Burson B L, 吴永敷，1985. 毛花雀稗及其相关种系统发育的研究 [C] // 美国牧草与草地学会（A.F.G.C.）.第十四届国际草地会议论文集（上册）.北京：肯塔基大学、中国草学会：5.

Chen S L, Phillips S M, 2006. *Paspalum*[M]// Wu Z Y, Raven P H, Hong D Y. Flora of China: Vol. 22. Beijing: Science Press & St. Louis: Missouri Botanical Garden Press: 526–530.

Glison N, Viega L, Cornaglia P, et al, 2015. Variability in germination behaviour of *Paspalum dilatatum* Poir. seeds is genotype dependent[J]. Grass and Forage Science, 70(1): 144–153.

Gould F W, Soderstrom T R, 1974. Chromosome numbers of some Ceylon grasses[J]. Canadian Journal of Botany, 52(5): 1075–1090.

Miz R B, De Souza-Chies T T, 2006. Genetic relationships and variation among biotypes of dallisgrass (*Paspalum dilatatum* Poir.) and related species using random amplified polymorphic DNA markers[J]. Genetic Resources and Crop Evolution, 53(3): 541–552.

Ohwi J, 1942. Gramina Japonica III[J]. Acta phytotaxonomica et geobotanica, 11: 27–56.

Sugiura S, Yamazaki K, 2007. Migratory moths as dispersal vectors of an introduced plant-pathogenic fungus in Japan[J]. Biological Invasions, 9(2): 101–106.

3. 双穗雀稗 *Paspalum distichum* Linnaeus, Syst. Nat. (ed. 10) 2: 855. 1759. —— *Paspalum paspaloides* (Michxaux) Scribner, Mem. Torrey Bot. Club 5(3): 29. 1894.

【别名】 泽雀稗、游水筋、过江龙

【特征描述】 多年生草本，匍匐茎粗壮、横走，长达 1 m，直立部分高 20～40 cm，节上具柔毛。叶鞘松弛，短于节间，背部具脊，边缘或上部被柔毛；叶舌膜质，长 2～3 mm，无毛；叶片披针形，扁平，无毛。总状花序通常 2 枚，近对生，稀于下方再生 1 枚，总状花序长 3～5 cm；穗轴硬直；小穗椭圆形，长 3～3.5 mm，疏生微柔毛，两行排列；第一颖退化、微小或长达小穗之半；第二颖膜质，背面被微毛，具明显的中脉；第一外稃与第二颖同质同形，通常无毛；第二外稃草质，等长于小穗，黄绿色，先端具少数细毛。颖果长椭圆形，浅褐色，长约 2.3 mm。**染色体**：2n=20（Gould & Soderstrom, 1974），2n=40、60（Quarin & Burson, 1991），2n=50、52、54、57、58（Echarte et al., 1992）。该种的染色体型存在大量的变异，其中 2n=40 和 60 是最常见的类型。**物候期**：通常夏季抽穗，花果期 5—9 月。

【**原产地及分布现状**】 该种确切的原产地较为模糊，可能原产于除加拿大之外的美洲地区（USDA-ARS, 2018）。关于该种在世界范围内的具体传播历史已模糊不清，在法国于 1802 年首次有记录，葡萄牙为 1887 年（Aguiar et al., 2005），在东南亚地区如马来西亚、菲律宾、爪哇等地亦为外来种，引入时间不详（de Koning & Sosef, 1985）。该种现广布于全世界热带至暖温带地区。**国内分布**：安徽、澳门、重庆、福建、广东、广西、贵州、海南、河南、湖北、湖南、江苏、江西、山东、上海、四川、台湾、香港、云南、浙江。

【**生境**】 喜水湿环境，生于路边荒地、草地、水沟旁、河岸湖边、低湿地、水田以及其他土壤湿润的生境。

【**传入与扩散**】 **文献记载**：1904 年在中国台湾和广东省南部有该种分布记录，见于湿地中（Forbes & Hemsley, 1904）。1942 年日本植物学家大井次三郎（Jisaburo Ohwi）在台湾亦有记载，认为该种产自南亚热带和美洲（Ohwi, 1942）。《中国主要禾本植物属种检索表》（耿以礼，1957）和《中国主要植物图说·禾本科》（耿以礼，1959）有该种记载。2005 年其被作为中国外来入侵种报道（黄辉宁 等，2005）。**标本信息**：Herb. Linn. No. 79.9, second specimen from the left（Lectotype: LINN）。该标本采自牙买加，1976 年由 Guédès（1976）将其指定为后选模式。1915 年在台湾新竹采到该种标本（Y. Shimada 360）（TAI），1922 年在广东省（A. S. Hitchcock 18702）（SYS）、1925 年在福建福州（钟心煊 3651）（AU）、1936 年在江苏南京（S. S. Sun 137）（IBSC）均有采集，之后在长江流域各地区多有标本记录。**传入方式**：20 世纪初分别传入中国台湾和广东省南部，之后扩散至华东、华南地区。进入台湾的双穗雀稗可能为自日本随农业活动无意传入。不排除自华南及台湾地区多次传入的可能。**传播途径**：主要以根茎、匍匐茎等营养繁殖体随农业活动、水流等扩散。曾作为牧草随人为引种栽培而传播，目前对该种的引种记录较少。颖果可通过水流传播。**繁殖方式**：主要以根茎和匍匐茎繁殖，部分以种子繁殖。**入侵特点**：① 繁殖性 生长迅速，匍匐茎蔓延迅速，在生长旺季其匍匐茎每周可伸长 15～20 cm（Noda & Obayashi, 1971），并于节处生根和发芽，从匍匐茎的节上发芽的速率比从根状茎上快，短时间内即可形成密集的种群。该种的种子存在败育现象，结实率低，发芽率低。营养繁殖能力极强，于茎上萌发的新芽在每年的5—9月生长极快，可产生大量分枝；一株根茎一般具30～40个节，多的可达70～80个，每个节上有1～3个芽，都可长成新枝（王修慧 等，2011）。② 传播性　该种具发达的根状茎与匍匐茎，极易因农业活动而断裂，随之在大范围内扩散，尤其是在田间的分布，严重时常覆盖大片的水稻田。③ 适应性　该种为C4植物，对遮荫敏感，短日照条件下可延迟开花，叶片与节间亦变小。适生于潮湿的生境，耐水淹，同时也可耐一定程度的干旱。耐盐性不强，只偶尔于海边有分布。其生长繁殖对外界温度范围要求较宽，一年中大部分时间都可进行，自茎节处发芽的平均最高、最佳与最低温度分别为40 ℃、30～35 ℃和10 ℃（Huang et al., 1987）。双穗雀稗地上部分不耐寒，但可以地下茎上的芽越冬，待温度适宜时出芽。**可能扩散的区域**：黄河以南各省区的低海拔湿润的区域。

【**危害及防控**】　**危害**：该种曾作为优良牧草引种栽培，但在局部地区为造成作物减产的有害植物，尤其是水稻田及湿润秋熟旱作物地的主要杂草之一，还是叶蝉、飞虱的越冬寄主。一些草坪、高尔夫球场等地也常被双穗雀稗入侵，影响景观，增加维护成本。该种在全世界热带亚热带的稻作区是影响水稻生长的重要杂草，包括美洲与非洲的热带、亚热带地区，法国、葡萄牙等地亦是如此，尤其对东南亚地区稻作区有危害。1962年，该种对马来西亚农业造成了严重危害，1991年印度凯奥拉德奥国家公园的布尔湿地被该种覆盖，危害严重（Middleton et al., 1991）。在中国，该种主要入侵长江流域及其以南地区的稻田与湿地，尤其是华东地区。据报道，双穗雀稗在鄱阳湖区的水稻田中的发生频率为70.69%～86.21%，发生密度为每平方米0.12～0.29株，严重影响水稻的产量（王修慧 等，2011）。**防控**：目前该种的防治主要是针对稻田而言，防控措施包括人工控草、耕前除草和苗期除草。对于田埂及田边的双穗雀稗，须及时除草，并将其移出田外晒干烧毁，同时加强对田面的平整力度。对双穗雀稗发生较多的区域可使用除草剂防除，但目前能够有效防除稻田双穗雀稗的除草剂种类很少，其中氰氟草酯、噁唑酰草胺的防除效果良好，同时对稻苗的安全性也较高，但成本较高。一般在栽插水稻分蘖中后期、直播水稻分蘖中期，待田间双穗雀稗普遍萌发出苗后喷施（王修慧 等，2011）。同时也须防止除草剂对稻苗造成药害，并警惕双穗雀稗对除草剂产生抗性。

【凭证标本】 四川省宜宾市喜捷镇岷江边，海拔 565 m，28.768 6°N，104.481 4°E，2016 年 10 月 30 日，刘正宇、张军等 RQHZ05152（CSH）；广东省梅州市平远县大柘镇，海拔 172 m，24.568 6°N，115.886 1°E，2014 年 9 月 8 日，曾宪锋、邱贺媛 RQHN05997（CSH）；广西壮族自治区来宾市武宣县二塘镇，海拔 89 m，23.679 7°N，109.679 2°E，2016 年 8 月 4 日，韦春强、李象钦 RQXN08562（CSH）；湖南省岳阳市仙游县枫亭村，海拔 18 m，25.266 4°N，118.866 9°E，2014 年 10 月 18 日，曾宪锋 RQHN06450（CSH）；福建省福州市平潭县环岛东路，海拔 15 m，25.509 4°N，119.805 3°E，2015 年 9 月 27 日，曾宪锋 RQHN07457（CSH）。

【相似种】 海雀稗（*Paspalum vaginatum* Swartz）与双穗雀稗极为相近，两者之间常常相互混淆。区别在于海雀稗第二颖光滑无毛，小穗披针状长圆形，强烈压扁；双穗雀稗第二颖背面具短毛，小穗倒卵状长圆形，平凸。海雀稗的生境与双穗雀稗亦有明显不同，前者喜盐，常生于海岸附近以及内陆的盐沼中。海雀稗广布于全世界热带及亚热带地区，在中国分布于海南、台湾、香港、云南。双穗雀稗本身也存在相当大的变异，这可能与该种具不同倍性的染色体型有关，其形态变异主要体现在小穗第一颖的变化上，即退化、微小或长达小穗之半。此外，双穗雀稗的一种突变型 'Flexi-green' 已在澳大利亚注册为草坪草的品种。

双穗雀稗（*Paspalum distichum* Linnaeus）

1、2. 生境；3. 植株，示花序；4. 植株，示匍匐茎；5. 总状花序；6. 小穗；7. 叶鞘

参考文献

耿以礼，1957. 中国主要禾本植物属种检索表［M］. 北京：科学出版社：123.

耿以礼，1959. 中国主要植物图说·禾本科［M］. 北京：科学出版社：688-689.

黄辉宁，李思路，朱志辉，等，2005. 珠海市外来入侵植物调查［J］. 广东园林，6：24-27.

王修慧，陆永良，廖冬如，等，2011. 稻田双穗雀稗生物学特性、发生危害及防控［J］. 江西农业学报，23（10）：121-124.

Aguiar F C, Ferreira M T, Albuquerque A, et al, 2005. Invasibility patterns of knotgrass (*Paspalum distichum*) in Portuguese riparian habitats［J］. Weed Technology, 19(3): 509-516.

de Koning R, Sosef M S M, 1985. The Malesian species of *Paspalum* L.(Gramineae)[J]. Blumea, 30(2): 279-318.

Echarte A M, Clausen A M, Sala C A, 1992. Números cromosómicos y variabilidad morfológica de *Paspalum distichum* (Poaceae) en la Provincia de Buenos Aires (Argentina)[J]. Darwiniana, 31(1-4): 185-197.

Forbes F B, Hemsley W B, 1904. An Enumeration of all the Plants known from China Proper, "Formosa", Hainan, Corea, the Luchu Archipelago, and the Island of Hongkong, together with their Distribution and Synonymy—Part XVIII[J]. The journal of the Linnean Society of London, Botany, 36(253): 297-376.

Guédès M, 1976. The case for *Paspalum distichum* and against futile name changes[J]. Taxon, 25: 512-513.

Gould F W, Soderstrom T R, 1974. Chromosome numbers of some Ceylon grasses[J]. Canadian Journal of Botany, 52(5): 1075-1090.

Huang W Z, Hsiao A I, Jordan L, 1987. Effects of temperature, light and certain growth regulating substances on sprouting, rooting and growth of single-node rhizome and shoot segments of *Paspalum distichum* L.[J]. Weed research, UK, 27(1): 57-67.

Middleton B A, Van der Valk A G, Mason D H, et al, 1991. Vegetation dynamics and seed banks of a monsoonal wetland overgrown with *Paspalum distichum* L. in northern India[J]. Aquatic Botany, 40(3): 239-259.

Noda K, Obayashi H, 1971. Ecology and control of knotgrass (*Paspalum distichum*)[J]. Weed research, Japan, 11: 35-39.

Ohwi J, 1942. Gramina Japonica III[J]. Acta phytotaxonomica et geobotanica, 11: 27-56.

Quarin C L, Burson B L, 1991. Cytology of sexual and apomictic *Paspalum* species[J]. Cytologia, 56: 223-228.

USDA-ARS, 2018. National Genetic Resources Program, "*Paspalum distichum* L." in Germplasm Resources Information Network [EB/OL]. [2019-09-08]. https://npgsweb.ars-grin.gov/gringlobal/taxonomydetail.aspx?26845.

4. 丝毛雀稗 *Paspalum urvillei* Steudel, Syn. Pl. Glumac. 1: 24. 1853.

【别名】 吴氏雀稗、小花毛花雀稗

【特征描述】 多年生草本，不具匍匐根状茎。秆丛生，直立，高 50～150 cm。叶鞘密生糙毛，鞘口具长柔毛；叶舌膜质，长 3～5 mm；叶片线形或狭披针形，无毛或基部生毛。总状花序长 8～15 cm，10～20 枚组成长 20～40 cm 的大型总状圆锥花序。小穗长 2～3 mm，卵形，背腹压扁，稍带紫色，2～4 行互生于穗轴之一侧，小穗边缘密生丝状柔毛；第一颖常缺如，稀存在；第二颖等长于小穗，与第一外稃同型，具 3 脉，侧脉位于边缘；第二外稃椭圆形，背部隆起，成熟后变硬，革质，平滑。胚大，长为颖果的 1/2，种脐点状。染色体：2*n*=40（Burton, 1940）、60（Nielsen, 1939）。物候期：花果期可从春季持续至秋季，5—10 月为盛花期。

【原产地及分布现状】 原产于南美洲（Chen & Phillips, 2006），曾作为牧草在世界范围内引种栽培。标本记录显示，该种于 19 世纪中叶之后被引入美国南部，1936 年作为牧草被引入加勒比地区。现该种广泛分布于全世界热带与亚热带地区，法国、西班牙、葡萄牙也有分布，并在大洋洲和非洲东部的岛屿、美国南部等地构成入侵。国内分布：福建、广东、广西、贵州、湖南、江西、台湾、香港、云南、浙江。

【生境】 喜温暖湿润、长日照的条件，常见于开阔的干扰生境，生于路边荒地、草地、林缘以及园林绿化中。

【传入与扩散】 文献记载：1971 年在中国台湾有文献记载，指出该种作为牧草比毛花雀稗适口性更差，更加粗糙（Hsu, 1971）。丝毛雀稗的中文名则出自《中国植物志》第十卷第一分册，志书中记载在台湾有引种。2011 年丝毛雀稗在温州地区被作为中国外来入侵种报道（胡仁勇 等，2011）。标本信息：Dumont d'Urville s.n.（Holotype: P）。该标本采自巴西。1962 年在台湾基隆采到该种标本（TAI021102），1991 年在福建省将乐县有标本记录（陇西山考察队 2709）（PE），2003 年在湖南省祁东县亦有采集（李际东 322）（PE）。之后的标本记录绝大多数来自华南地区，且多数于 2010 年之后采集。**传入方式**：据标本记录，该种应于 1962 年之前被当作牧草引入台湾。而据赖志强记载，该种于 1962 年从越南宜安引入后在广西畜牧所试种，70 年代末对其进行深入研究以来，丝毛雀稗在广西各地生长良好，并于 80 年代在长江流域以南各省区大面积推广种植（赖志强，1991）。因此该种可能于 20 世纪 60 年代前后多次引入中国，传入地分别为台湾和广西，之后扩散至华南其他地区。**传播途径**：最初的传播主要是通过人为的引种栽培。近年来由于其牧草的地位被其他更优良的草种取代，且不具有观赏性，因此未见有引种栽培。其颖果可通过风、动物等传播，土壤运输、苗木交易或农业活动等人类活动可使其进行远距离传播。**繁殖方式**：种子繁殖、根茎繁殖。**入侵特点**：① **繁殖性** 该种为 C_4 植物，光合作用率高，春季返青早，竞争力强。植株高大，分蘖性强，一般每蔸可分蘖 15～40 株，生长条件适宜时分蘖高达 137 株（赖志强，1991）。有性生殖，高度自交，风媒传粉。种子库持久存在，可持续至少 9 个月。种子休眠性强，但经过放牧家畜粪便中排出的种子其发芽率达 20%～30%（赖志强，1991），苗期生长缓慢。② **传播性** 具有一定的自播能力。颖果小而轻，可达每千克 970 000 粒，因此其颖果容易混入干草与粮食中，随农业活动与贸易无意传播，还可随风和家畜传播。③ **适应性** 喜潮湿且排水不良的土壤，但在排水良好的土壤中也可生长，耐酸性强，适生于多种土壤类型。其生长需要相对较高的年降水量。不耐荫，其生长需要充足的阳光。极耐水湿，水浸 1 个月仍能存活，同时也具有一定的耐旱性。稍耐寒，在气温-8～-6 ℃时仍可安全越冬，根茎的再生能力强。**可能扩散的区域**：长江以南各省区低海拔地区。

【危害及防控】 **危害**：该种植株高大，竞争力强，一旦出苗可形成密集种群，威胁本土物种的生长。其颖果易受雀稗麦角菌（*Claviceps paspali*）感染而具毒性，威胁牲畜健康。该种在诸多热带岛屿如夏威夷群岛、斐济群岛、非洲东部的毛里求斯岛以及美国佐治亚州等地已造成危害，排挤当地物种的生长，对许多珍稀或濒危的本土物种构成威胁（Diamond & Boyd, 2004; Wood, 2011）。该种在中国主要入侵华南地区和台湾，有向北扩散的趋势，对农作物、园林绿化以及湿地、河岸栖息地构成危害，影响作物产量，破坏园林景观，增加维护成本。另外，须警惕该种对东南及华南沿海岛屿的自然生态系统造成危害。**防控**：人工拔除须挖除其所有的根状茎。由于其耐刈割，因此可运用割草与化学防治相结合的方法。该种对灭草烟和草甘膦等除草剂敏感，施用的防治效果良好。在不同的作物中须选择各自适合的除草剂进行防治。

【凭证标本】 浙江省温州市文成县溪口村，海拔 45 m，27.738 2°N，120.114 8°E，2014 年 10 月 16 日，严靖、李惠茹、王樟华、闫小玲 RQHD01482（CSH）；江西省九江市永修县，海拔 19 m，29.025 9°N，115.810 5°E，2016 年 9 月 23 日，严靖、王樟华 RQHD10011（CSH）；贵州省黔东南苗族侗族自治州榕江县红头坡脚，海拔 248 m，25.921 3°N，108.502 7°E，2016 年 7 月 20 日，马海英、彭丽双、刘斌辉、蔡秋宇 RQXN05364（CSH）；香港南生围，海拔 3 m，22.455 8°N，114.043 8°E，2015 年 7 月 27 日，王瑞江、薛彬娥、朱双双 RQHN00986（CSH）；云南省昆明市昆明植物所，海拔 1 930 m，25.137 5°N，102.743 2°E，2015 年 7 月 6 日，李振宇、向小果，201507051（CSH）。

【相似种】 粗秆雀稗（*Paspalum virgatum* Linnaeus）与丝毛雀稗形态相近，前者小穗倒卵形，边缘及顶端被微柔毛，而丝毛雀稗则小穗卵形，边缘密生长柔毛。粗秆雀稗原产于美国南部至巴西，在中国仅台湾北部有分布。丝毛雀稗与其相似种之间常存在杂交现象，形成许多种间杂种，如粗秆雀稗、毛花雀稗、裂颖雀稗（*Paspalum fimbriatum* Kunth）等（Burson & Bennett, 1972）。其中裂颖雀稗小穗无毛，第二颖与第一外稃边缘具宽翅，与其他种类区别明显，该种原产于热带美洲，归化于台湾。此外，开穗雀稗（*Paspalum paniculatum* Linnaeus）也归化于台湾，湖南、云南、浙江等少数地区有引种栽培。该种原产于非洲、澳大利亚、新几内亚、太平洋岛屿和南美洲（Chen & Phillips, 2006），其小穗圆形、被短柔毛，总状花序达 20 枚以上。

丝毛雀稗（*Paspalum urvillei* Steudel）

1. 生境；2. 植株；3、4. 总状花序；5. 小穗；
6. 分枝的腋间具长柔毛；7. 小穗排列方式；8. 叶片；9. 叶鞘

相似种：开穗雀稗（*Paspalum paniculatum* Linnaeus）

参考文献

胡仁勇，丁炳扬，陈贤兴，等，2011. 温州地区外来入侵植物的种类组成及区系特点［J］. 温州大学学报（自然科学版），32（3）：18-25.

赖志强，1991. 优良牧草小花毛花雀稗的研究［J］. 中国草地，5：42-45.

Burson B L, Bennett H W, 1972. Cytogenetics of *Paspalum urvillei* × *P. juergensii* and *P. urvillei* × *P. vaginatum* Hybrids[J]. Crop science, 12(1): 105-108.

Burton G W, 1940. A cytological study of some species in the genus *Paspalum*[J]. Journal of Agricultural Research, 60: 193-198.

Chen S L, Phillips S M, 2006. *Paspalum*[M]// Wu Z Y, Raven P H, Hong D Y. Flora of China: Vol. 22. Beijing: Science Press & St. Louis: Missouri Botanical Garden Press: 526-530.

Diamond Jr A R, Boyd R S, 2004. Distribution, Habitat Characteristics, and Population Trends of the Rare Southeastern Endemic *Rudbeckia auriculata* (Perdue) Kral (Asteraceae)[J]. Castanea, 69(4): 249-264.

Hsu C C, 1971. A guide to the Taiwan grasses, with keys to subfamilies, tribes, genera and species[J]. Taiwania, 16(2): 199-341.

Nielsen E L, 1939. Grass studies. III. Additional somatic chromosome complements[J]. American Journal of Botany, 26(6): 366-372.

Wood K R, 2011. Rediscovery, conservation status and taxonomic assessment of *Melicope degeneri* (Rutaceae), Kaua'i, Hawai'i[J]. Endangered Species Research, 14(1): 61-68.

12. 狼尾草属 *Pennisetum* Richard

一年生或多年生草本，秆质坚硬。叶片线形，扁平或内卷。圆锥花序紧缩呈穗状圆柱形；小穗披针形，单生或2～3枚簇生，含1～2小花，小穗围以总苞状的刚毛；刚毛光滑、粗糙或生长柔毛而呈羽毛状，随同小穗一起脱落，其下有或无总梗；颖不等长，第一颖质薄而微小，第二颖草质，长于第一颖，等长或短于同质之第一外稃；第一小花雄性或中性，第一外稃与小穗等长或稍短；第二小花两性，第二外稃厚纸质或革质，平滑，等长或较短于第一外稃，边缘薄而扁平，包卷同质之内稃，但顶端常游离；鳞被2，折叠，通常3脉；雄蕊3，花药顶端有毫毛或无；花柱基部多少联合，很少分离。颖果长圆形或椭圆形，背腹压扁；种脐点状，胚长为果实的1/2以上。

本属约80种，广泛分布于世界热带和亚热带地区，少数种类可达温寒地带，非洲为本属分布中心。中国有 12 种，其中 4 种为中国特有种，引入 5 种，其中外来入侵 3 种。

　　狼尾草属内各种之间具有高度的变异性，且常存在种间杂交，因此不断地有新种或新变种产生。其多年生种中多有孤雌生殖的现象存在，其中多为优良牧草，且谷粒可食。近年来作为牧草国内引进了多种狼尾草属植物及其杂交种和品种。狼尾草属在形态上与蒺藜草属植物有诸多的相似特征，系统发育结果强烈支持狼尾草属和蒺藜草属的统一，因此有学者认为狼尾草属应并入蒺藜草属（Chemisquy et al., 2010）。

参考文献

Chemisquy M A, Giussani L M, Scataglini M A, et al, 2010. Phylogenetic studies favour the unification of *Pennisetum*, *Cenchrus* and *Odontelytrum* (Poaceae): a combined nuclear, plastid and morphological analysis, and nomenclatural combinations in *Cenchrus*[J]. Annals of botany, 106(1): 107–130.

分种检索表

1 秆匍匐；花序包藏于叶鞘中，仅柱头与花药外露 ··
　　································ 1. 铺地狼尾草 *Pennisetum clandestinum* Hochstetter ex Chiovenda
1 秆直立；花序露出叶鞘之外 ··· 2
2 小穗长 3～4 mm；花药顶端无毫毛 ···
　　························· 2. 牧地狼尾草 *Pennisetum polystachion* (Linnaeus) Schultes
2 小穗长 5～8 mm；花药顶端具毫毛 ··············· 3. 象草 *Pennisetum purpureum* Schumacher

1. 铺地狼尾草 *Pennisetum clandestinum* Hochstetter ex Chiovenda, Annuario Reale Ist. Bot. Roma. 8: 41. 1903.

【别名】 东非狼尾草、隐花狼尾草、克育草

【特征描述】 多年生草本，根茎发达，具有长匍匐茎，匍匐茎节间短小，可产生大量

不定根。叶鞘多重叠，稍松弛，长于节间，边缘一侧有长纤毛；叶片长 4～5 cm，宽 2～2.5 mm，被微毛。花序由 2～4 个小穗构成，包藏于上部叶鞘中，仅柱头、花药伸出鞘外；小穗基部之刚毛短于小穗，刚毛粗糙或具柔毛；小穗长可达 15 mm，线状披针形；第一颖膜质，顶端圆钝，包围小穗基部；第二颖三角形，与小穗等长，具 13 脉；第一外稃与小穗等长；第二外稃软骨质，但不坚硬；鳞被缺；花柱细长，外露。颖果棕黑色，被包于叶鞘内。**染色体**：$2n=4x=36$（Hrishi, 1953）。**物候期**：花果期长，在云南及华南地区 3 月份即开花，全年均可开花结果，盛花期为 8—9 月，10—12 月果实成熟。

【原产地及分布现状】 原产于非洲东部地区，该种作为牧草和草坪草被大量引种至全世界热带、亚热带地区的高地，在有些地区已成为具有入侵性的难以根除的有害植物（Chen & Phillips, 2006）。该种于 1925 年前后传入美国加州，但尚未扩散至其他地区，1936 年被引入新西兰，进而传播至澳大利亚。**国内分布**：广东、广西、海南、湖南、台湾、香港、云南。

【生境】 喜温暖、湿润的气候条件，喜光照充足的生长环境，常生于路边荒地、海边、林缘、农田以及园林绿地。

【传入与扩散】 **文献记载**：1971 年在中国台湾有文献记载，当时已在台湾中部地区归化，且生长迅速（Hsu, 1971）。《中国植物志》中也记载该种在台湾中部可大量再生繁殖。2008 年，解焱（2008）首次将其作为外来入侵生物报道，指出该种已在云南造成入侵。**标本信息**：Schimper G.W. 2084（Type: S）。该标本采自非洲埃塞俄比亚。1963 年在中国台湾南投采到该种标本（Chia Huang No. 7）（TAI），中国大陆地区无该种历史标本记录。**传入方式**：台湾于 1958 年从菲律宾引进该种的两个品系，编号分别为 A56 和 A57，在草皮、牧草和水土保持方面均有利用（李镠，1991），随后该种在台湾中部地区归化。1984 年，由云南省肉牛和牧草研究中心从澳大利亚引进该种的栽培品种'威提特'（'Whittet'）。该品种是引入的铺地狼尾草品种中最成功和最易繁殖的品种，也是目前分布最广、面积最大的狼尾草品种（匡崇义 等，2001）。20 世纪 80 年代，当时的江苏省农业科学院土肥所也引种了铺地狼尾草。因此，该种的不同品种被当作草坪草从不同的种源地先后引入至中国台湾、云南以及南京等地。**传播途径**：主要随人为引种栽培而传播，自播性弱。其根茎及颖果可混于土壤中而随农业活动传播，其颖果也可随牲畜（如牛、羊等）传播。匡崇义等（2004）发现牛粪中有大量该种的颖果，并认为这是该种繁殖扩展较快的主要原因。**繁殖方式**：以根状茎或匍匐茎进行营养繁殖为主，有时也可种子繁殖。**入侵特点**：① 繁殖性　光合速率高，生物量和叶面积增加迅速，在光照充足、温度适宜的地方，其匍匐茎每天伸长可超过 2.54 cm。根状茎及根系粗壮发达，在松土中入土深达 3 m。匍匐茎的茎节膨大，着地可生根长枝，营养繁殖能力强。在一些种群中常存在雄性不育的现象，因此结实率低。种子千粒重为 2.0～2.5 g，发芽率 70%～85%（匡崇义 等，2004）。据报道，在澳大利亚其种子产量可达 200～400 kg/hm^2（20 000～40 000 kg/km^2）（Ross, 1999），在昆明小哨村的研究表明，经严重践踏和放牧影响的东非狼尾草种子产量达 440 kg/hm^2（44 000 kg/km^2）（匡崇义 等，2004）。② 传播性　由于对该种不断的引种栽培活动，其传播扩散的风险较大。该种通过匍匐茎的生长与传播的能力强，践踏能使其茎节接触地面生长不定根与侧芽，有利于该种的扩展蔓延和开花结籽，但该种自身的大范围扩散能力有限。③ 适应性　该种为 C$_4$ 植物，能够在很宽的温度范围内进行光合作用，当气温达到 20 ℃ 以上时，生长速度加快。种子适宜的发芽温度为 19～29 ℃，抗逆性较强，耐践踏，耐酸性土壤，亦耐中度的盐分胁迫，耐贫瘠、耐旱、耐湿。水培研究发现，该种适应的酸性环境 pH 低至 4.0，当 pH 降低至 3.0 时，植株的生长才会进一步降低（Sidari et al., 2004）。另外，NaCl 浓度高达 200 mmol/L 时其生长才受到抑制（Muscolo et al., 2003）。该种有一定的耐荫性，耐高温，最宜生长温度范围为 16～25 ℃，不耐长时间霜冻。**可能扩散的区域**：中国热带至暖温带地区。

【危害及防控】　**危害**：该种竞争力强，繁殖扩展快，在阳光充足的地方极易形成优势种或单优群落，破坏生态平衡，入侵绿地或农田后，难以被有效控制。该种通过发达的根茎系统易排挤原生物种，Holm 等认为该种是世界上危害最严重的 100 种杂草之一，其在 8 个国家被列为恶性杂草（Holm et al., 1977）。该种在西非（特别是喀麦隆）、南部非洲、夏威夷、南美洲热带地区的高地、印度的高原地区以及邻近的喜马拉雅地区均被视为有害杂草。该种在中国主要入侵云南与台湾地区。有学者认为该种可以替代破坏

草 ［*Ageratina adenophora* (Sprengel) R. M. King & H. Robinson ］（董仲生 等，2006），还可替代婆婆针（*Bidens bipinnata* Linnaeus），在水生生境中与空心莲子草 ［*Alternanthera philoxeroides* (Martius) Grisebach ］竞争（董仲生 等，2005），可见其竞争力之强。**防控**：控制引种栽培范围，控制其在山坡绿化地带的使用。规范栽培措施，勤修剪，勿使其向自然生境中扩散蔓延。一些常用的除草剂如草甘膦对该种具有良好的防治效果。

【凭证标本】 云南省丽江市丽江高山植物园玉峰寺路旁，海拔 2 694 m，27.000 1°N，100.199 8°E，2019 年 11 月 8 日，严靖 RQHD03829（CSH）。

【相似种】 铺地狼尾草因其花序包藏于上部叶鞘中而与其他种有明显区别。遗传上与其最相近的为羽绒狼尾草（*Pennisetum villosum* R. Brown ex Fresenius），但在形态上后者具有几乎完全外露的花序。羽绒狼尾草原产于热带非洲，近年来该种及其品种在中国各地公园中常有引种栽培，供观赏之用。铺地狼尾草在营养生长阶段与雀稗属植物形态相似，如双穗雀稗（*Paspalum distichum* Linnaeus），但双穗雀稗具有明显的膜状叶舌，可以此区分。

铺地狼尾草（*Pennisetum clandestinum* Hochstetter ex Chiovenda）

1、2. 生境；3、4. 植株；5. 花序

相似种：羽绒狼尾草
（*Pennisetum villosum* R.
Brown ex Fresenius）

参考文献

董仲生，杨国荣，申光华，2005. 东非狼尾草的特征特性及应用 [J] . 草业科学，22（1）：36–40.

董仲生，杨国荣，俞浩，2006. 东非狼尾草替代紫茎泽兰的建议 [J] . 中国草地学报，28（4）：118–120.

匡崇义，奎嘉祥，薛世明，等，2001. 东非狼尾草的引种应用研究 [J] . 四川草原，2：9–12.

匡崇义，徐驰，薛世明，等，2004. 亚热带牧用草地中威提特东非狼尾草的种子繁殖研究 [J] . 四川草原，10：8–10.

李镠，1991. 草坪草种及种植 [J] . 台湾杂草学会会刊，12（1）：67–72.

解焱，2008. 生物入侵与中国生态安全 [M] . 石家庄：河北科学技术出版社：327.

Chen S L, Phillips S M, 2006. *Pennisetum*[M]// Wu Z Y, Raven P H, Hong D Y. Flora of China: Vol. 22. Beijing: Science Press & St. Louis: Missouri Botanical Garden Press: 548–552.

Holm L G, Plucknett D L, Pancho J V, et al, 1977. The World's Worst Weeds, Distribution and Biology[M]. Honolulu, Hawaii, USA: University Press of Hawaii.

Hrishi N J, 1953. Studies on the cytogenetics of six species of *Pennisetums* and their comparative morphology and anatomy[J]. Genetica, 26(1): 280–356.

Hsu C C, 1971. A guide to the Taiwan grasses, with keys to subfamilies, tribes, genera and species[J]. Taiwania, 16(2): 199–341.

Muscolo A, Sidari M, Panuccio M R, 2003. Tolerance of kikuyu grass to long term salt stress is associated with induction of antioxidant defences[J]. Plant growth regulation, 41(1): 57–62.

Ross B A, 1999. *Pennisetum clandestinum* in Australia[M]// Loch D S, Ferguson J E. Forage seed production, Tropical and subtropical species: Vol. 2. Wallingford, UK: CABI Publishing: 387–394.

Sidari M, Panuccio M R, Muscolo A, 2004. Influence of acidity on growth and biochemistry of *Pennisetum clandestinum*[J]. Biologia Plantarum, 48(1): 133–136.

2. **牧地狼尾草 *Pennisetum polystachion*** (Linnaeus) Schultes, Mant. 2: 146. 1824. —— *Panicum polystachion* Linnaeus, Syst. Nat., ed. 10, 2: 870. 1759. —— *Pennisetum setosum* (Swartz) Richard, Syn. Pl. 1: 72. 1805.

【别名】 多穗狼尾草、多枝狼尾草

【特征描述】 一年生或多年生草本，根茎短小。秆直立丛生，高 50～150 cm。叶鞘疏松，有硬毛，边缘具纤毛，老后常宿存基部；叶舌为一圈长约 1 mm 的纤毛；叶片线形，宽 3～15 mm，多少有毛。圆锥花序圆柱状，露出叶鞘之外，长 10～25 cm，宽 8～10 mm，黄色或紫色，花药顶端无毫毛，成熟时小穗丛常反曲；小穗基部的刚毛不等长，外圈者较细短，内圈者有羽状绢毛，刚毛长可达 1 cm；小穗长 3～4 mm，卵状披针形，多少被短毛；第一颖退化；第二颖略与小穗等长，具 5 脉；第一外稃先端 3 丝裂，近等长于小穗；第一内稃之二脊及先端有毛；第二外稃稍软骨质，短于小穗。颖果长圆形，长约 3 mm。**染色体**：x=9，$2n$=18、36、45、54，其中的二倍体为有性繁殖的类型，其他类型则以无融合生殖为主，其中四倍体很常见，五倍体与六倍体较少见（Renno et al., 1995; Schmelzer & Renno, 1999）。这导致其形态与生态习性存在较大的变异。Techio 等发现在非洲和巴西，该种多年生的类型 *Pennisetum setosum* 的染色体只存在 $2n$=54 这一类型（Techio et al., 2002），而在玻利维亚则存在 $2n$=45 的类型（Norrmann et al., 1994）。有学者曾建议将该类型作为亚种对待，即 *P. polystachion* subsp. *setosum*（Brunken, 1979）。**物候期**：花果期长，华南地区全年均可开花结果，盛花期为夏季。其初级分蘖的节间伸长为其生殖生长的起始阶段，18 天后形成旗叶，2 天后形成圆锥花序，28 天后小穗成熟（Fernandez, 1980），一年只结实一次。

【原产地及分布现状】 原产于热带非洲地区，即从塞内加尔向东南直至莫桑比克的大部分区域，该种在印度可能为外来引入种（Brunken, 1979）。由于该种存在着诸多变异，有学者认为多年生的类型（*Pennisetum setosum*）的原产地可能还包括南美洲，但狭义的牧地狼尾草（一年生）（*Pennisetum polystachion sensu stricto*）则仅原产于非洲（USDA–ARS, 2018）。现该种广泛分布于世界热带地区，亚热带地区也有少量分布。**国内分布**：澳门、福建、广东、广西、海南、台湾、香港、云南。其中分布于中国内陆地区的主要为一年生类型，分布于台湾的为多年生类型。

【生境】 喜温暖湿润、光照充足的环境，常生于路边荒地、山坡草地、林缘、农田、种植园以及园林绿地，沿海地区也可生长。

【传入与扩散】 **文献记载**：1971 年在中国台湾有文献记载，称其为高大的禾草，当时在台湾为禾本科植物的新记录种（Hsu, 1971）。《中国植物志》第十卷第一分册（1990）记载该种在台湾及海南已引种且归化，常见于当地山坡草地。2004 年，徐海根和强胜（2004）首次将其作为外来入侵植物报道，指出该种已在云南造成入侵。**标本信息**：Herb. Linn. No. 80.4（Lectotype: LINN）。该标本采自印度，van der Zon 于 1992 年将其指定为后选模式（van der Zon, 1992）。1960 年在台湾嘉义采到该种标本（TAI167793），标本描述其为栽培状态；至 1970 年先后又在台南、高雄、台北等地采集到该种野外标本。国内其他地区的牧地狼尾草标本较少，主要为采自广东、海南与福建的标本，其中 1978 年在海南崖县（今海南三亚）（符国瑗 1420A）（IBSC）、2004 年在深圳（李沛琼 012731）（SZG）有标本记录。**传入方式**：作为牧草于 1960 年或之前引入中国台湾，随后在台湾地区归化。由标本记录可知，该种在 1978 年之前于海南亦有引种并归化。1980 年，当时的广东省农业科学院畜牧研究所牧草选种室从海南引种了该种，并进行了 6 年的试种观察（广东省农科院畜牧所牧草选种室，1986），1985 年又从广州引种至茂名市化州市（吴治远，1987）。**传播途径**：主要随人为引种栽培、农业活动或无意携带而远距离传播。有一定的自播性，其颖果可随气流、水流或附于动物皮毛而传播。**繁殖方式**：种子繁殖为主，有时也可以根茎繁殖。**入侵特点**：① 繁殖性 在菲律宾发现单个植株可以产生多达 65 个分蘖，每个分蘖有 8 个圆锥花序，可产生 330 000 粒种子。在泰国的实验表明，其花序中可育种子的比例在 1 月上旬为 62.4%，到 4 月中旬则只有 3.4%，种子储存 2～4 个月后发芽率最高（>90%）（Kiatsoonthorn, 1991）。种子的萌发具有光敏性，光照下的萌发率（59%）远大于黑暗中的萌发率（24%），且光照条件下成熟种子收获后 1 天即可萌发，其萌发的最适温度为 35 ℃（Ismail et al., 1994）。种子寿命较短，缺乏休眠特性。② 传播性 种子千粒重为 0.5 g（吴治远，1987），颖果具羽毛状刚毛，易随风传播。其种子随粮食或其他商品贸易而无意传播的风险较高。该种在美国入境商品中曾被多次截获，美国农业部于 1989 年将其列入了"联邦有害杂草"（Federal Noxious Weed）名单进行监控。③ 适应性 耐贫瘠，能很好地适应低肥力的土壤。有一定的耐荫性，在泰国，在只有 40%的光照条件下仍可正常生长，但在 10% 的光照下其生长则受到严重抑制（Kobayashi et al., 2003）。耐中度的盐分胁迫，耐高温，不耐长时间霜冻。**可能扩散的区域**：中国热带至南亚热带地区。

【危害及防控】 **危害**：该种生长旺盛，能迅速侵入耕地和荒地，成为东南亚以及太平洋岛屿等地的恶性杂草。该种在光照充足的地方极易形成单优群落，破坏生态平衡，在旱季易引起火灾。该种在澳大利亚被认为是对高地植被具有严重威胁的入侵植物，对澳大利亚北部的旱地作物造成了严重危害（Cowie & Werner, 1993）。因此，在澳大利亚北部地区该种被列为 B 类和 C 类有害杂草。该种在中国主要入侵广东、云南与台湾，影响本土植被的生长，降低生物多样性。**防控**：控制引种栽培范围，控制其使用于荒山、荒坡绿化。加强对于该种的检验检疫，防止其通过商品贸易等途径扩散。在其幼苗阶段，一些常用的除草剂如草甘膦、灭草烟、草铵膦等具有良好的防治效果，但百草枯的防治效果较差；而在已建立的种群中使用灭草烟、甲磺隆等效果较好（Faiz, 1999）。

【凭证标本】 广东省揭阳市揭东县白塔镇，海拔 69 m，23.623 6°N，116.176 9°E，2014 年 11 月 19 日，曾宪锋 RQHN06680（CSH）；海南省儋州市中和镇，海拔 14 m，19.783 9°N，109.347 2°E，2015 年 12 月 19 日，曾宪锋 RQHN03552（CSH）；福建省莆田市黄石镇，海拔 4 m，25.406 7°N，119.086 6°E，2010 年 12 月 6 日，曾宪锋，ZXF10387（CZH）。

【相似种】 狼尾草［*Pennisetum alopecuroides* (Linnaeus) Sprengel］与牧地狼尾草相似，其总苞状的刚毛粗糙，不具柔毛，刚毛不呈羽毛状，牧地狼尾草的总苞状的刚毛则呈羽毛状，质地柔软。狼尾草为中国原产，东北、华北、华东、华中及西南各省区均有分布，是中国分布最广的狼尾草属植物，与牧地狼尾草的分布区域有所重合。狼尾草属植物的圆锥花序大多紧缩呈穗状圆柱形，因而形态上相近，其中一些种类可互相杂交并产生一些可供观赏或作牧草用的杂交品种，如热带 4 号王草（'Reyan No. 4'）为 *Pennisetum purpureum* × *P. typhoideum* 杂交选育而成。

牧地狼尾草 [*Pennisetum polystachion* (Linnaeus) Schultes]
1. 生境；2. 植株；3. 穗状花序；4. 花序特写；5. 叶片与叶鞘

相似种：狼尾草 [*Pennisetum alopecuroides* (Linnaeus) Sprengel]

参考文献

广东省农科院畜牧所牧草选种室，1986.“多穗狼尾草”[J].广东农业科学，6：43.

吴治远，1987.多穗狼尾草的无性繁殖 [J].饲料研究，2：15.

徐海根，强胜，2004.中国外来入侵物种编目 [M].北京：中国环境科学出版社：245-246.

Brunken J N, 1979. Morphometric variation and the classification of *Pennisetum* section *Brevivalvula* (Gramineae) in tropical Africa[J]. Botanical Journal of the Linnean Society, 79(1): 51–64.

Cowie I D, Werner P A, 1993. Alien plant species invasive in Kakadu National Park, tropical northern Australia[J]. Biological Conservation, 63(2): 127–135.

Faiz M A A, 1999. Effects of herbicides on seed germination and control of *Pennisetum polystachion* (L.) Schult[J]. Journal of Rubber Research, 2(2): 120–130.

Fernandez D B, 1980. Some aspects in the biology of *Pennisetum polystachyon* (L.) Schult[J]. Philippine Journal of Weed Science, 7: 1–10.

Hsu C C, 1971. A guide to the Taiwan grasses, with keys to subfamilies, tribes, genera and species[J]. Taiwania, 16(2): 199–341.

Ismail B S, Shukri M S, Juraimi A S, 1994. Studies on the germination of mission grass (*Pennisetum polystachion* (L.) Schultes) seeds[J]. Plant Protection Quarterly, 9(4): 122–125.

Kiatsoonthorn V, 1991. Germination patterns of *Pennisetum polystachion* seeds according to different collection periods and seed production in Thailand[C]// Numata M. 13th Asian-Pacific Weed Science Society Conference (No. 1). Taipei: Asian-Pacific Weed Science Society: 175–183.

Kobayashi Y, Ito M, Suwanarak K, 2003. Evaluation of smothering effect of four legume covers on *Pennisetum polystachion* ssp. *setosum* (Swartz) Brunken[J]. Weed Biology and Management, 3(4): 222–227.

Norrmann G A, Quarin C L, Killeen T J, 1994. Chromosome numbers in Bolivian grasses (Gramineae)[J]. Annals of the Missouri Botanical Garden, 81(4): 768–774.

Renno J F, Schmelzer G H, De Jong J H, 1995. Variation and geographical distribution of ploidy levels in *Pennisetum* section *Brevivalvula* (Poaceae) in Burkina Faso, Benin and southern Niger[J]. Plant Systematics and Evolution, 198(1–2): 89–100.

Schmelzer G H, Renno J F, 1999. Genotypic variation in progeny of the agamic grass complex *Pennisetum* section *Brevivalvula* in West Africa[J]. Plant Systematics and Evolution, 215(1–4): 71–83.

Techio V H, Davide L C, Pereira A V, et al, 2002. Cytotaxonomy of some species and of interspecific hybrids of *Pennisetum* (Poaceae, Poales)[J]. Genetics and Molecular Biology, 25(2): 203–209.

USDA–ARS, 2018. National Genetic Resources Program, "*Pennisetum polystachion* (Linnaeus) Schultes" in Germplasm Resources Information Network [EB/OL]. [2019–09–09]. http://www.tn-grin.nat.tn/gringlobal/taxonomydetail.aspx?id=27207.

van der Zon A P M, 1992. *Graminées du Cameroun*[C]. Wageningen, Netherlands: Wageningen Agricultural University, 2: 334–335.

3. 象草 *Pennisetum purpureum* Schumacher, Beskr. Guin. Pl. 44. 1827.

【别名】 紫狼尾草

【特征描述】 多年生丛生大型草本，有时具地下茎。秆粗壮直立，高2～4m，在花序基部密生柔毛。叶鞘光滑或具疣毛；叶舌短小，具长1.5～5mm的纤毛；叶片线形，质地较硬，长20～50cm，宽1～2cm，腹面疏生刺毛，背面无毛，边缘粗糙。圆锥花序圆柱状，长10～30cm，宽1～3cm；主轴密生柔毛，直立或稍弯曲；刚毛金黄色、淡褐色或紫色，长1～2cm，刚毛基部生柔毛而呈羽毛状；小穗通常单生，披针形，长5～8mm，近无柄，如2～3簇生，则两侧小穗具长约2mm的短柄，成熟时与主轴成直角，呈近篦齿状排列。颖片薄膜质，第一颖长约 0.5 mm 或退化，先端钝或不等 2 裂，脉不明显；第二颖披针形，长约为小穗的 1/3，顶端尖或钝，具 1 脉或无脉；第一小花中性或雄性，第一外稃长约为小穗的 4/5；第二外稃与小穗等长；雄蕊 3，花药顶端具毫毛；花柱基部联合。颖果椭圆形，长 3～5 mm。**染色体**：2n=28（Burton, 1942）、27（Gould & Soderstrom, 1970）、56（Gadella & Kliphuis, 1964）；此外还有 2n=14、21、36、42、54 等诸多报道（Kaur et al., 2014），其中 2n=28 是最常见的类型。**物候期**：花果期长，抽穗开花因不同生物型而异，一般为 9 月之后开始抽穗，盛花期为 9—11 月，也有 11 月至次年 3 月间抽穗开花的。

【原产地及分布现状】 原产于非洲（耿以礼，1959），主要分布于热带非洲和撒哈拉以南的地区，该种作为饲料作物被广泛引种至全世界热带和亚热带地区，西班牙、葡萄牙和塞浦路斯也有分布。该种于 1913 年引入美国，1971 年在佛罗里达州建立自然种群，20 世纪 50 年代左右引入西印度群岛与中南美洲地区。象草的品种 'Merkeron' 于 1955 年被引种至波多黎各。1962 年澳大利亚又引入了品种 'Capricorn'（Centre for Agriculture and Bioscience International, 2018）。印度、缅甸、中国等地亦有引种栽培。**国内分布**：分布于澳门、重庆、福建、广东、广西、贵州、海南、四川、台湾、香港、云南等地区。此外，该种及其品种作为牧草或观赏植物在其他地区也有引种栽培，如北京植物园、南京中山植物园、上海辰山植物园等地。

【生境】 喜温暖湿润的气候，喜排水良好的肥沃土壤，常生于河岸、湿地、路边荒地、山坡草地、林缘、农田和种植园。

【传入与扩散】 **文献记载**：1944 年出版的《台湾农家便览（改订增补）》（第 6 版）（台湾总督府农业试验所，1944）记载了该种，1963 年在台湾亦有文献记载（Hsu, 1963）；在中国大陆地区有关该种较早的记载见于 1954 年出版的《重要牧草栽培》（孙醒东，1954），《中国主要植物图说·禾本科》（耿以礼，1959）也有记载，均为引种栽培作为牧草。《四川植物志》第五卷第二分册（四川植物志编辑委员会，1988）记载重庆于 1949 年之前引入该种，至 20 世纪 80 年代该种在重庆郊区已逸为野生。严岳鸿等（2004）首次将其作为外来入侵植物报道，指出该种在深圳具有轻度危害性。**标本信息**：Thonning 355（Type: C）。该标本采自非洲加纳。1931 年在广州番禺区采到该种标本（Fung Hom 43）（IBSC），当时已有逸生，1944 年在重庆有标本记录（李曙轩 s.n.）（N），1961 年在台湾垦丁亦有采集（C. Hsu s.n.）（TAI），之后的标本记录主要集中在中国西南以及华南地区，其他地区标本较少且均为栽培状态。**传入方式**：据记载，该种于 20 世纪 30 年代之前从印度、缅甸等地作为牧草引入广州种植（中国饲用植物志编辑委员会，1987），最迟于 20 世纪 40 年代初就已引入台湾栽培，随后逸生。之后中国南方各省以及北京、南京等地均有试种。1987 年，广西畜牧研究所从美国引入了象草品种 'Mott'，并进行了长达 10 年的试验研究（赖志强 等，1998），因此传入中国的象草具有多种来源。**传播途径**：主要随人为引种栽培、农业活动或无意携带而远距离传播。其颖果可随气流、水流或附于动物皮毛而传播。**繁殖方式**：种子繁殖，也可以茎段、根茎等进行营养繁殖。**入侵特点**：① 繁殖性　该种为 C_4 植物，光合作用强，具发达的根系，生长迅速，分蘖多。可异花授粉，也可进行无融合生殖。种子产量不稳定，一般结实率较低，种子成熟不一致，易散落。不同的生态型或在不同的生境中其种子产量差异较大。种子的发芽率也较低，实生苗生长慢，因此在农业生产中常采用营养繁殖的方式。② 传播性　其传播性主要与人为的引种栽培相关，象草及其品种已被多次引入至不同的地区，扩散风险高。③ 适应性　耐贫瘠，可适应不同的土壤类型，从黏土到沙质土壤均可生长，土壤酸碱度的 pH 耐受范围为 4.5～8.2。耐水湿，耐干旱，其根茎系统可忍受较长时期的干旱。在全光照条件下生长良好，有一定的耐荫性，但在遮蔽严密的树冠下无法生长。耐高温，不耐长期霜冻，最佳生长温度为 25～40 ℃，低于 15 ℃则生长受到抑制。**可能扩散的区域**：中国热带至南亚热带地区，海拔 2 000 m 以下的地区均可生长。

【危害及防控】　**危害**：该种生长旺盛，能迅速侵入耕地、草原和荒地，且植株高大，一旦种群建立可形成致密的高大草丛，常成为农田、牧场、经济林以及种植园的恶性杂草。入侵自然生态系统，形成单优群落，排挤原生植被，破坏生态平衡；有时可堵塞水道，在旱季易引起火灾。象草被认为是世界上最成功的入侵禾草之一，是对农业及环境具有严重危害的入侵种（Randall, 2012），澳大利亚的全球风险评估体系对该种的评级为极危险（Extreme）。该种在中国主要入侵华南、西南地区以及台湾，影响本土植被的生长，降低生物多样性，同时也对农田、经济林、种植园等造成危害。**防控**：控制引种栽培范围，控制其使用于荒山、荒坡绿化，加强栽培管理，防止其逸生。物理防治须彻底清除其根茎，对于大面积的种群则需结合化学防治的方法进行防治。

【**凭证标本**】 广西壮族自治区贵港市桂平市大洋镇，海拔 87 m，23.023 6°N，109.995 3°E，2015 年 12 月 17 日，韦春强、李象钦 RQXN07907（CSH）；海南省海口市龙华区金牛岭，海拔 20 m，20.012 2°N，110.315 3°E，2015 年 8 月 5 日，王发国、李仕裕、李西贝阳、王永淇 RQHN03122（CSH）；福建省龙岩市上杭县古田镇，海拔 329 m，25.095 8°N，117.026 9°E，2015 年 8 月 31 日，曾宪锋、邱贺媛 RQHN07306（CSH）；澳门石排湾郊野公园，海拔 74 m，22.130 3°N，113.558 9°E，2015 年 4 月 25 日，王发国 RQHN02759（CSH）；广东省梅州市平远县大柘镇，海拔 376 m，24.542 8°N，115.838 6°E，2014 年 9 月 7 日，曾宪锋、邱贺媛 RQHN05933（CSH）。

【**相似种**】 御谷［*Pennisetum glaucum* (Linnaeus) R. Brown］与象草相似。御谷为一年生草本，植株较象草矮小，刚毛明显短于小穗，象草的刚毛则长于小穗，可以此区别。御谷原产于热带非洲，中国各地均有栽培，且培育出多个品种，在华北与东北的部分地区归化。象草在世界各地被广泛栽培，因此有众多的生物型或栽培型，并培育有一系列的商业品种，其中有些品种在中国也有引种栽培，如在美国培育的'Mott'和'TiftN$_{51}$'（1985 年江苏省土壤肥料研究所从美国引进）。象草还可与其他种类杂交而产生一些可供观赏或作牧草用的品种，如热带 4 号王草（'Reyan No. 4'）为 *Pennisetum purpureum* × *P. typhoideum* 杂交选育而成，于 1984 年中国热带农科院从哥伦比亚引进；'杂交狼尾草'为御谷的品种'Tift 23A'和象草的品种'TiftN$_{51}$'之间的杂交一代（王文强 等，2018）。

象草（*Pennisetum purpureum* Schumacher）

1.生境；2、3.植株；4、5.穗状花序；6.小穗特写

参考文献

耿以礼，1959. 中国主要植物图说·禾本科［M］. 北京：科学出版社：714.

赖志强，黄敏瑞，周解，等，1998. 热带亚热带优质高产牧草矮象草的试验研究［J］. 中国草地，6：26-30.

四川植物志编辑委员会，1988. 四川植物志：第五卷（第二分册）［M］. 成都：四川科学技术出版社：295.

孙醒东，1954. 重要牧草栽培［M］. 北京：科学出版社：附录 II.

台湾总督府农业试验所，1944. 台湾农家便览（改订增补）［M］.6 版 . 台北：台湾农友会：796.

王文强，周汉林，唐军，2018. 狼尾草属牧草研究及利用进展［J］. 热带农业科学，38（6）：49-55.

严岳鸿，邢福武，黄向旭，等，2004. 深圳的外来植物［J］. 广西植物，24（3）：232-238.

中国饲用植物志编辑委员会，1987. 中国饲用植物志（第 5 卷）［M］. 北京：农业出版社：140-144.

Burton G W, 1942. A cytological study of some species in the tribe Paniceae[J]. American Journal of Botany, 29(5): 355-360.

Centre for Agriculture and Bioscience International, 2018. Invasive Species Compendium [EB/OL]. [2019-06-19]. https://www.cabi.org/isc/datasheet/39771.

Gadella T W J, Kliphuis E, 1964. Chromosome numbers of some flowering plants collected in Surinam (Botanical Museum and Herbarium, Utrecht)[J]. Acta botanica neerlandica, 13(3): 432-433.

Gould F W, Soderstrom T R, 1970. Chromosome numbers of some Mexican and Colombian grasses[J]. Canadian Journal of Botany, 48(9): 1633-1639.

Hsu C C, 1963. The Paniceae (Gramineae) of "Formosa"[J]. Taiwania, 9(1): 33-57.

Kaur H, Mubarik N, Kumari S, et al, 2014. Meiotic Studies in Some Species of *Pennisetum* Pers. (Poaceae) from the Western Himalayas[J]. Cytologia, 79(2): 247-259.

Randall R P, 2012. A Global Compendium of Weeds[M]. 3rd ed. Perth, Western Australia: Department of Agriculture and Food Western Australia: 2546-2547.

13. 高粱属 *Sorghum* Moench

一年生或多年生高大草本，秆多粗壮而直立。叶片线形、宽线形至线状披针形。圆锥花序直立、开展或紧缩，由多数含 1～5 节的总状花序组成；小穗孪生，1 无柄，1 有柄，总状花序轴的节间与小穗柄纤细，其边缘常具纤毛，但无纵沟。无柄小穗两性，有柄小穗雄性或中性。无柄小穗第一颖背部凸起或扁平，成熟时变硬而具光泽，具有狭窄内卷的边缘，向顶端则渐内折；第二颖舟形，有脊。第一外稃透明膜质；第二外稃长圆形或线形，顶端2裂，从裂齿间伸出芒，或全缘无芒。

本属约有30种，分布于旧大陆热带和亚热带地区，包括重要的农作物和饲料作物，中国有11种，其中5种为外来植物，分别是黑高粱（*Sorghum × almum* Parodi）、高粱［*Sorghum bicolor* (Linnaeus) Moench］、苇状高粱［*Sorghum arundinaceum* (Desvaux) Stapf］、石茅［*Sorghum halepense* (Linnaeus) Persoon］和苏丹草［*Sorghum sudanense* (Piper) Stapf］，其中石茅在中国部分地区造成了入侵。

石茅 *Sorghum halepense* (Linnaeus) Persoon, Syn. Pl. 1: 101. 1805.

【别名】 假高粱

【特征描述】 多年生草本，根茎发达。秆高50～150 cm，基部径4～6 mm，不分枝或自基部分枝。叶鞘无毛，或基部节上微有柔毛；叶舌硬膜质，顶端近截平，无毛；叶片线形至线状披针形，长25～70 cm，宽0.5～1 cm，无毛，边缘通常具微细小刺齿；圆锥花序长20～40 cm，宽5～10 cm，分枝细弱，斜升，1至数枚在主轴上轮生或一侧着生，基部腋间具灰白色柔毛，每一总状花序具2～5节，节间易折断，与小穗柄均具柔毛或近无毛；无柄小穗椭圆形或卵状椭圆形，具柔毛，成熟后灰黄色或淡棕黄色；颖薄革质，第一颖具5～7脉，顶端两侧具脊，延伸成3小齿；第二颖上部具脊，略呈舟形；第一外稃披针形，透明膜质，具2脉；第二外稃顶端多少2裂或几不裂，有芒或无芒而具小尖头；鳞被2枚，宽倒卵形，顶端微凹；雄蕊3枚；花柱2枚，仅基部联合，柱头帚状。有柄小穗雄性，较无柄小穗狭窄，颜色较深，质地较薄。**染色体**：$2n=40$（Price et al., 2005）。**物候期**：花果期为夏秋季。

【原产地及分布现状】 原产于地中海地区，现在全世界广布，是温带地区广泛分布的恶性杂草（Chen & Phillips, 2006）。**国内分布**：安徽、澳门、北京、重庆、福建、广东、广西、海南、河北、河南、黑龙江、湖北、湖南、江苏、江西、辽宁、陕西、山东、山西、上海、四川、台湾、天津、香港、云南、浙江。

【生境】　喜疏松肥沃的土壤，常生于排水良好的山坡、路边荒地、田间、果园、河岸、沟渠、山谷、湖岸湿地处。

【传入与扩散】　**文献记载**：1904 年石茅在广州和海南有分布记载（Forbes & Hemsley, 1904），1912 年在香港亦有记载（Dunn & Tutcher, 1912）。1944 年版的《台湾农家便览（改订增补）》（第 6 版）（台湾总督府农业试验所，1944）记载石茅在台湾作为饲料栽培；1953 年胡先骕（1953）在《经济植物学》一书中记载石茅作为牧草在广东和海南进行栽培；1956 年《广州植物志》记载亚剌伯高粱（石茅）是广州耕地上的有害杂草（侯宽昭，1956）。郭水良和李扬汉（1995）将石茅作为浙江、上海、苏州的外来杂草进行报道。李振宇和解焱（2002）报道石茅在中国多个省份造成入侵。**标本信息**：Herb. Linn. No. 1212.7（Lectotype: LINN）。该标本采自非洲西部，1985 年由 Meikle 指定为后选模式（Meikle, 1985）。1911 年在香港扫杆埔采到该种标本（Herb. Hongkong No. 9516）（IBSC），具体采集人不详。**传入方式**：20 世纪初该种自美国被引入香港栽培，同一时期曾自日本引入中国台湾南部栽培，并在香港和广东北部发现归化，其种子常混在进口作物种子中引进和扩散（李振宇和解焱，2002）。目前，石茅主要通过进口粮食传入中国，每千克进口粮食中，石茅的籽实可高达数十粒，以美国、阿根廷、澳大利亚和加拿大的小麦检出率最高，其次是美国、阿根廷的大豆和玉米（王建书和李扬汉，1995）。**传播途径**：种子传播是石茅远距离传播的主要方式，其籽实可通过风、雨水径流、河道灌溉及人畜活动等方式传播（黄娴 等，2008）。石茅的籽实也可以混杂在作物种子、饲料、土壤或者运输车辆中进行更长距离的传播。混有石茅籽实的原粮在装卸、转运和加工过程中，由于震动散落或存留于地脚粮或未倒净粮食的麻袋中进而传播。该种随进口粮食的传播则主要集中在进口港区、车站台、铁路和公路装卸沿线、粮库附近、面粉加工厂、牧场以及生活区，此外还发现将石茅作为牧草试验种植和将含有石茅籽实的废弃物倾倒进而造成其传播扩散的情况（王建书和李扬汉，1995）。**繁殖方式**：石茅可通过种子进行有性繁殖，也可通过根状茎进行无性繁殖。**入侵特点**：① 繁殖性　石茅的籽实成熟后在土壤中的寿命可达 2 年以上，且根状茎发达，根茎各节除长有须根外，均有腋芽（张瑞平和詹逢吉，2000）。石茅地下根茎分蘖能力强，单株根系在一个生长季节可以长出 5 000 多个节（McWhorter, 1971），每节可长出一株植株，根状茎繁殖可以使石茅迅速形成优势种群（黄娴 等，2008）。石茅单株可产种子约 28 000粒（方世凯 等，2009），在干燥室温下可存活 7 年（雷军成和徐海根，2011）。石茅的种子在中国东南沿海有短暂的休眠过渡期，夏季成熟的种子，当年秋天发芽率可达到80% 以上，无须 5～7 个月的跨年度休眠（郑雪浩 等，2008）。② 传播性　石茅成熟时种子易脱落，极易通过风、雨水径流或河道灌溉长距离或者短距离传播。随着国际粮食贸易以及国内粮食调运的不断增加，石茅的种子极易混入其他粮食中从而远距离传播。③ 适应性　石茅的适应性很强，不仅在旱地、水田中可以生长，在港口、公路、铁路附近也能正常生长。喜光，不耐荫，耐水湿，对土壤条件要求不严格。将石茅的地下茎置于混凝土地面暴晒 3～5 天后种植仍能成活（梁凯远，1990）。有研究显示，其根茎浸泡于水中 100 小时以上或在-5 ℃的冰箱中放置 2 周后仍能萌发（蒋自珍，1999）。**可能扩散的区域**：郭琼霞等（2012）基于 GIS 技术和 BP（back propagation）神经网络模型对石茅的适生性气候分布进行了预测，结果表明石茅的适生及潜在适生的区域主要集中在中国东部和中部地区。

【危害及防控】　危害：自 19 世纪中期以来，石茅作为牧草引入后快速蔓延使其在亚热带地区成为恶性杂草，并被列为当时全球十大恶性杂草之一（Holm et al., 1977）。2003 年原国家环境保护总局和中国科学院将其列入中国第一批外来入侵物种名单（环保总局和中国科学院，2003），也是中国禁止输入的检疫性有害生物。由于石茅的入侵，阿根廷大豆每年损失高达 3 亿美元（Colbert, 1979），澳大利亚已经立法禁止出售被石茅种子污染的作物种子（Genn, 1987）。此外，石茅为多种作物病虫害提供中间宿主或转主寄主（雷军成和徐海根 等，2011）。石茅的根、地下茎分泌物和腐烂的叶子都能抑制作物种子的萌发和幼苗生长，其嫩芽含有较高的氰化物，牲畜误食后会引起中毒甚至死亡（黄胜光 等，2011）。石茅易与高粱属作物杂交，使产量降低，品质变劣（吴海荣 等，2004）。该种在中国的华南至华北地区均已造成入侵，尤其是华东和华中地区。**防控**：要预防石茅的入侵，应该从种源上来控制，加强口岸检疫，检查从受感染地区运来的农作物中是否混有石茅的种子，掌握进口农作物运输流向，在港口接洽、沿途运输、储藏等环节严加管理，采用完整包装装运、单独堆垛入仓、及时清扫下脚料等管理方式做好防范工作（封立平 等，2001）。采取作物轮作、多次翻耕、竞争性作物种植等综合措施可以实现对石茅的持续控制。夏季休耕和定期浅耕可以防止石茅根茎的生长，但是严重入侵的地区必须重复多次才能根除（Timmins & Bruns, 1951）。对于小面积 1～2 年生的石茅实生苗，因其根系尚不发达，可用人工挖除，挖出的根茎和植株要集中晒干烧毁，防止其传播，挖除后要定期复查（张瑞平和詹逢吉，2000）。此外，在不同的农田中，可以通过不同的除草剂进行选择性控制。Andújar 等（2013）模拟计算了使用除草剂防治石茅产生的经济效益，当石茅的面积比例小于 6.5% 时，不使用除草剂是最节约成本的办法，产量损失也小；当石茅的面积比例在 18.7%～40.8% 之间时，不同防治策略的净经济效益差异不大；当石茅面积比例高于 40.8% 时，使用除草剂的经济效益最高。

【凭证标本】 海南省儋州市东城镇，海拔 40 m，19.671 9°N，109.476 8°E，2015 年 12 月 18 日，曾宪锋 RQHN03536（CSH）；广东省广州市白云区钟落潭镇马沥村，海拔 15 m，23.469 4°N，113.494 2°E，2014 年 9 月 22 日，王瑞江 RQHN00363（CSH）；重庆市南川区三泉镇三泉村，29.132 6°N，107.202 9°E，2014 年 9 月 29 日，刘正宇、张军等 RQHZ06312（CSH）。

【相似种】 苏丹草［*Sorghum sudanense* (Piper) Stapf］与石茅形态相似。该种原产于非洲，是由 *Sorghum × drummondii*（在非洲，栽培高粱 *Sorghum bicolor* 与其野生祖先 *Sorghum arundinaceum* 杂交的一系列杂草的统称）杂交选育出的一个栽培种，现全世界多个国家将其作为牧草广泛栽培。苏丹草与石茅的主要形态区别是前者无根状茎，叶舌顶端具毛，无柄小穗长椭圆状披针形至长椭圆形，后者则根状茎发达，叶舌顶端近截平，无毛，无柄小穗椭圆形。1944 年《台湾农家便览（改订增补）》（第 6 版）（台湾总督府农业试验所，1944）记载苏丹草在中国台湾作为饲料栽培，中国中南、西南各省区也有引种，多作青饲料栽培，已归化（Chen & Phillips, 2006）。近年来，苏丹草被报道在中国一些省份造成入侵，但据调查苏丹草在中国主要作为牧草栽培，主要是依靠种子繁殖，无根状茎，并未发生大规模扩散，未来发展趋势有待进一步的观察。

石茅 [*Sorghum halepense* (Linnaeus) Persoon]

1、2.生境；3.圆锥状花序；4.小穗；5.成熟果序；6.根状茎

相似种：苏丹草 [*Sorghum sudanense* (Piper) Stapf]

参考文献

方世凯，冯健敏，梁正，2009. 假高粱的发生和防除 [J] . 杂草科学，3：6-8.

封立平，刘香梅，赖永梅，2001. 青岛口岸进境大豆携带危险性杂草的风险分析 [J] . 植物保护，27（5）：45-47.

郭琼霞，黄娴，黄振，2012. 基于 GIS 技术和 BP 神经网络的我国假高粱适生性气候区划 [J] . 福建农林大学学报（自然科学版），41（2）：193-196.

郭水良，李扬汉，1995. 我国东南地区外来杂草研究初报 [J] . 杂草科学，2：4-8.

侯宽昭，1956. 广州植物志 [M] . 北京：科学出版社：847.

胡先骕，1953. 经济植物学 [M] . 上海：中华书局：109.

环保总局，中国科学院 . 关于发布中国第一批外来入侵物种名单的通知：环发 [2003] 11 号 [A / OL] .（2003-01-10）[2020-09-27] .http: // www.mee.gov.cn / gkml / zj / wj / 200910 / t 20091022-172155. htm.

黄胜光，蔡荣金，钟学伸，等，2001. 防城港假高粱发生情况和扑灭措施 [J] . 植物保护，27（5）：51-52.

黄娴，虞赟，沈建国，等，2008. 假高粱入侵中国的风险分析 [J] . 江西农业学报，20（9）：92-94.

蒋自珍，1999. 假高粱在乐清的疫情分布及生物学特性研究 [J] . 温州农业科技，4：40-41.

雷军成，徐海根，2011. 外来入侵植物假高粱在我国的潜在分布区分析 [J] . 植物保护，37（3）：87-92.

李振宇，解焱，2002. 中国外来入侵种 [M] . 北京：中国林业出版社：183.

梁凯远，1990. 浅谈假高粱的危害性 [J] . 植物检疫，4（3）：189.

台湾总督府农业试验所，1944. 台湾农家便览（改订增补）[M] .6 版 . 台北：台湾农友会：797.

王建书，李扬汉，1995. 假高粱的生物学特性、传播及其防治和利用 [J] . 杂草科学，1：14-16.

吴海荣，强胜，段惠，等，2004. 假高粱的特征特性及控制 [J] . 杂草科学，1：54-56.

张瑞平，詹逢吉，2000. 假高粱的生物学特性及防除方法 [J] . 杂草科学，3：11+14.

郑雪浩，蒋自珍，章丽华，等 .2008. 假高粱种籽休眠期新探 [J] . 植物检疫，22（3）：150-152.

Andújar D, Ribeiro A, Fernández-Quintanilla C, et al, 2013. Herbicide savings and economic benefits of several strategies to control Sorghum halepense in maize crops[J]. Crop protection, 50: 17-23.

Chen S L, Phillips S M, 2006. *Sorghum*[M]// Wu Z Y, Raven P H, Hong D Y. Flora of China: Vol. 22. Beijing: Science Press & St. Louis: Missouri Botanical Garden Press: 601.

Colbert B, 1979. Johnsongrass, a major weed in soybeans[J]. Hacienda, 74(3): 21−35.

Dunn S T, Tutcher W J, 1912. Flora of Kwangtung and Hongkong (China)[M]. London: Majesty's Stationery Office: 324.

Forbes F B, Hemsley W B, 1904. An Enumeration of all the Plants known from China Proper, "Formosa", Hainan, Corea, the Luchu Archipelago, and the Island of Hongkong, together with their Distribution and Synonymy. —Part XVIII[J]. The journal of the Linnean Society of London, Botany, 36(253): 297−376.

Genn D J, 1987. Legislation to control weed spread[J]. Queensland Agricultural Journal, 113(6): 365−367.

Holm L G, Plucknett D L, Pancho J V, et al, 1977. The World's Worst Weeds: Distribution and Biology[M]. Honolulu, Hawaii, USA: University Press of Hawaii.

McWhorter C G, 1971. Growth and development of johnsongrass ecotypes[J]. Weed Science, 19(2): 141−147.

Meikle R D, 1985. Flora of Cyprus: Vol. 2[M]. Kew: Royal Botanic Gardens.

Price H J, Dillon S L, Hodnett G, et al, 2005. Genome evolution in the genus *Sorghum* (Poaceae)[J]. Annals of Botany, 95(1): 219−227.

Timmons F, Bruns V, 1951. Frequency and depth of shootcutting in eradication of certain creeping perennial weeds[J]. Agronomy Journal, 43: 371−375.

14. 米草属 *Spartina* Schreber

多年生直立草本，茎粗壮，常具有地下茎。叶片质硬；2 至多个穗形总状花序着生于主轴上；小穗无柄，含 1 小花，显著两侧压扁，覆瓦状排列于穗轴的一侧；小穗轴不延伸在小花之外。颖片狭长，有 1 脉，对折成脊，顶端尖或有 1 短芒，第一颖常较短，第二颖有时具 3 脉且比外稃长；外稃质硬，主脉对折成脊，侧脉不明显；内稃有 2 脉，对折成脊，无鳞被；雄蕊 3，柱头 2。

本属有 17 种，主要分布于美洲东西海岸、欧洲和非洲的大西洋沿岸，特别是温带和亚热带地区，适应于海岸的盐碱性环境。中国共引进了 4 种米草属植物，分别是互花米草（*Spartina alterniflora* Loiseleur）、大米草（*Spartina anglica* C. E. Hubbard）、狐米草 [*Spartina patens* (Aiton) Muhlenberg] 和大绳草 [*Spartina cynosuriodes* (Linnaeus) Roth]，其中互花米草和大米草为外来入侵种。大绳草尚未在实验地种植，狐米草仅在苏北、天津的部分区域有少量种植，这两种米草没有对本土生态系统造成入侵威胁（左平 等，2009）。

参考文献

左平，刘长安，赵书河，等，2009. 米草属植物在中国海岸带的分布现状 [J]. 海洋学报（中文版），31（5）：101-111.

> **分种检索表**

1 小穗无毛，几乎不重叠，长约 10 mm ·············· 1. 互花米草 *Spartina alterniflora* Loiseleur
1 小穗具短柔毛，紧密重叠，长约 14～18 mm ·········· 2. 大米草 *Spartina anglica* C. E. Hubbard

1. 互花米草 *Spartina alterniflora* Loiseleur, Fl. Gall. 719. 1807.

【别名】 **米草**

【特征描述】 多年生草本，株高 1～2（～3）m。根状茎肉质、柔软。秆粗壮，成团状簇生，直立，直径约 1 cm。多数的叶鞘长于节间，光滑；叶舌长约 1 mm；叶片线形至披针形，扁平，长 10～90 cm，宽 1～2 cm，边缘光滑或稍粗糙，先端长渐尖。花序总状分枝排列，长 10～20 cm，宽 5～20 cm，纤细，直立或少开展；小穗轴平滑，几乎不重叠，末端有长 3 cm 的硬毛，小穗长约 10 mm，无毛或近无毛。第一颖片线形，长为小穗的 1/2～2/3，顶端急尖；第二颖片卵形至披针形，等长于小穗，无毛或脊上具毛。外稃披针形、长圆形至狭卵形，无毛；内稃比外稃稍长。花药长 5～6 mm。**染色体**：$2n=62$（Marchant, 1968）。**物候期**：花果期 6—9 月。

【原产地及分布现状】 原产于美国东南部海岸（Sun & Sylvia, 2006），在美国西部、欧洲海岸、新西兰和中国沿海等多地归化。**国内分布**：福建、广东、广西、河北、江苏、辽宁、山东、上海、台湾、天津、香港、浙江。

【生境】 生于海岸滩涂湿地，特别是高潮滩下部和中潮滩上部。

【传入与扩散】 **文献记载**：互花米草最初被海岸研究人员作为固淤、防治海水天然侵蚀的物种栽培。美国西海岸于 1911 年左右首次出现互花米草，直到 20 世纪 40 年代，这种植物开花后才被准确地鉴定出来（Scheffer, 1945）。1986 年广东省台山县海宴（现为台山市海宴镇）西区生产办报道台山县海涂引种互花米草成功（广东省台山县海宴西区生产办，1986）。李振宇和解焱（2002）报道互花米草在中国的上海（崇明岛）、浙江、福建、广东、香港等地入侵。**标本信息**：Anon. s. n.（Type: AV）。该标本于 1803 年采自法国。2004 年石福臣在天津市采集的互花米草标本是中国较早的标本（T04-053）（NKU）。**传入方式**：为了促淤、护滩、保堤，1979 年南京大学仲崇信教授等将互花米草从美国引入中国，最初在南京大学植物园试种成功；1980 年又将其引种至福建罗源县进行了试种，1982 年扩大种植到江苏、广东、浙江和山东等地（仲维畅，2006；闫茂华 等，2006）。自 1979 年互花米草从美国引入中国后，种植于广大的河口与沿海滩涂，并在海岸带快速地蔓延，面积达 34 451 hm²（3 445 100 km²），其中江苏省面积最大，占全国海岸带米草总面积的 54%，其次是浙江省、上海市、福建省（左平 等，2009），对中国的滩涂湿地多样性造成威胁。**传播途径**：互花米草在中国的快速传播主要与早期人为引种有关，由于人工栽植，仅经过 1～2 年的时滞，互花米草种群数量就开始迅速增长（王卿 等，2006）。在潮汐的作用下，互花米草植株及根状茎被冲刷、拍落，与种子一并随潮水漂流、传播蔓延（Daehler & Strong, 1994），该种在潮间带具有较强的定居与扩张能力。**繁殖方式**：有性繁殖与无性繁殖均可进行。其繁殖体包括种子、根状茎、断落的植株（Daehler & Strong, 1994）。**入侵特点**：① 繁殖性 互花米草的花为两性风媒花，雌性先熟，其柱头在花粉囊裂开之前伸出，以接受早熟花的花粉，有利于异花授粉。其异花授粉率显著高于自花授粉率，异花授粉的结实率与种子的活力也较高（Somers & Grant, 1981; Bertness & Shumway, 1992）。自花授粉产生的种子无萌发能力（Daehler & Strong, 1994）。其有性繁殖有利于开拓新的生境，但是对维持已经建立的种群意义不大。种群局部的扩张主要依赖于无性繁殖（Metcalfe et al., 1986）。互花米草的根状茎具有较强的繁殖能力，根茎繁殖是种群建立、更新与扩张的重要途径。互花米草根状茎的扩展速度较快，在华盛顿州的滩涂上，该种根状茎的横向延伸速度每年达 0.5～1.7 m（Simenstad & Thom, 1995）。不同生态型互花米草混播可能产生入侵力更强的新生态型，使种群数量增长迅速，分布面积爆发式扩张（邓自发 等，2006）。② 传播性 在中国互花米草扩张中，早期人为影响超过了自然过程。后期扩散主要是依靠根状茎和成熟种子随风浪、海潮四处漂流，利于其远距离传播。③ 适应性 互花米草具有较高的遗传多样性与较强的适应能力，可以快速适应新生境（王卿 等，2006）。互花米草对淹水具有较强的耐受能力，可以耐受每天 12 小时的浸泡（王卿 等，2006）。此外，该种具有高度发达的通气组织，能为根部提供足够的氧气，并可提高根围土壤的溶氧量（Mendelssohn & Postek, 1982），有利于邻近互花米草植株的生长。在缺氧条件下，其无氧呼吸会旺盛，乙醇脱氢酶（ADH）活性大幅度升高（Mendelssohn et al., 1981）。此外，该种耐盐能力较强，在不同的纬度下对滩涂环境均有比较强的适应性，对温度的适应范围也相当广，分布的跨度相对较大，从赤道附近到高纬度地区均可生存（王卿 等，2006）。**可能扩散的区域：**中国东部及南部沿海地区。

【危害及防控】 危害：互花米草入侵会导致原生植物种群面积大量减少与本土种群数量的降低。对华盛顿州威拉帕（Willapa）海湾和旧金山海湾的互花米草的研究表明，互花米草强烈排斥大叶藻（*Zostera marina* Linnaeus）、盐角草（*Salicornia virginica* Linnaeus）等原生植物（Callaway & Josselyn, 1992；Simenstad & Thom, 1995）。在 Willapa 国家野生生物保护区，互花米草的入侵已使水鸟越冬和繁殖的关键生境减少了 16%～20%（Foss, 1992）。在中国上海崇明东滩，互花米草侵占了海三棱藨草和芦苇的生境，使得一些以其为食物来源或者避难所的鱼类、鸟类、昆虫的种群数量减少，破坏了滩涂的生态系统。2003 年 1 月，原国家环境保护总局公布了中国第一批外来入侵物种名单，互花米草作为唯一的滩涂植物名列其中（环保总局和中国科学院，2003）。防控：① 物理防治 常用的方法包括人工拔除幼苗、织物覆盖、连续刈割以及围堤等措施。对于刚定居的互花米草，人工拔除幼苗是一种有效的方法，但必须重复拔除才能将其完全除掉，而对于已经建成的种群，人工拔除法效果不好；对于小面积的互花米草斑块，可用织物连续覆盖 1～2 个生长季抑制其生长，对于较大的互花米草斑块，可用机械连续刈割，从互花米草返青到秋季死亡期间对其进行多次刈割（王卿 等，2006）。此外，对互花米草可能入侵的地点进行预测，尽早核查是否出现了繁殖体，这样就能够在其扩散之前用较低的成本将其除去。利用物理控制技术治理互花米草，主要是限制互花米草的呼吸作用或光合作用，一般不会造成环境污染，但必须综合考虑河口海岸区域潮间带的环境因子与互花米草生育期、控制技术的频度及强度等因素，如此才能有效发挥其防治作用（李贺鹏和张利权，2007；Hedge et al., 2003）。② 化学方法 一般是通过施用除草剂进行灭除，但通常会造成一定的化学残留，容易对其他动植物及其他生态系统造成危害（王洁 等，2017）。③ 生物防治 可用于控制互花米草的潜在生物有玉黍螺（Littoraria irrorata）、麦角菌（Ciavieps purpurea）和稻飞虱（Prokelisia marginata）。生物防治方法虽可降低互花米草密度，有利于滩涂生态系统的恢复，但不能完全清除互花米草，存活的互花米草仍可以通过种子传播入侵新的区域。④ 生物替代 目前研究较多的是用无瓣海桑（Sonneratia apetala Buchanan-Hamilton）和海桑［Sonneratia caseolaris (Linnaeus) Engler］等物种对互花米草进行生物替代。但有报道指出无瓣海桑已经造成了入侵，在控制互花米草的同时还应加强对无瓣海桑的生态风险评估，避免造成新的物种入侵（左平 等，2009）。

【凭证标本】 浙江省台州市临海市大跳村附近，海拔 6 m，28.787 3°N，121.662 1°E，2014 年 10 月 10 日，严靖、闫小玲、王樟华、李惠茹 RQHD01361（CSH）；浙江省嘉兴市平湖市杨家浜海塘，海拔 12 m，30.655 1°N，121.198 9°E，2014 年 11 月 6 日，严靖、闫小玲、王樟华、李惠茹 RQHD01519（CSH）；广东省珠海市淇澳红树林湿地保护区，海拔 1 m，22.426 2°N，113.623 7°E，2014 年 10 月 20 日，王瑞江 RQHN00636（CSH）。

【相似种】 Shea 等（1975）根据植株秆高将互花米草分为高秆和矮秆两个生态型，高秆型互花米草的株高通常在 1 m 以上，矮秆型的株高不超过 0.4 m，两者染色体数相同，也不存在明显的遗传差异，但分布不同，高秆型分布在滩涂的前沿，矮秆型生活在高程较大的滩涂。Valiela 等（1978）的研究表明，通过长期添加营养，矮秆型可以长高，但仍然达不到高秆型互花米草的高度。王卿等（2006）研究发现，高秆型和矮秆型可能是因为环境差异导致的表型差异，高秆和矮秆两个生态型是否真正存在需要进一步研究。相对于互花米草，米草属的另外两种植物大绳草［*Spartina cynosuroides* (Linnaeus) Roth］和狐米草［*Spartina patens* (Aiton) Muhlenberg］也是 1979 年随互花米草一起引入中国的，但耐盐性较差，不能生长在受周期性潮水淹没的潮间带，多生长在土壤含盐度较低的高滩，即潮上带，植株本身含盐量低，一般被开发作为牧草。目前大绳草未在海滩种植，狐米草于 1997 年开始在江苏省射阳县盐场引种，随后在江苏省其他沿海区域及天津进行了引种栽培实验，面积较小，没有对本土物种构成威胁（左平 等，2009）。

互花米草（*Spartina alterniflora* Loiseleur）

1、2. 不同生境；
3. 花序，示雌花；
4. 花序，示雄花；5. 雄花特写；
6. 雌花特写；7. 植株茎段与叶鞘

参考文献

邓自发，安树青，智颖飙，等，2006.外来种互花米草入侵模式与爆发机制［J］.生态学报，26（8）：2678-2686.

环保总局，中国科学院.关于发布中国第一批外来入侵物种名单的通知：环发［2003］11号［A/OL］.（2003-01-10）［2020-09-27］.http://www.mee.gov.cn/gkml/zj/wj/200910/t20091022-172155.htm.

李贺鹏，张利权，2007.外来植物互花米草的物理控制实验研究［J］.华东师范大学学报（自然科学版），6：44-55.

李振宇，解焱，2002.中国外来入侵种［M］.北京：中国林业出版社：184.

广东省台山县海宴西区生产办，1986.台山县海涂引种互花米草成功［J］.农业区划，5：30.

王洁，顾燕飞，尤海平，2017.互花米草治理措施及利用现状研究进展［J］.基因组学与应用生物学，36（8）：3152-3156.

王卿，安树青，马志军，等，2006.入侵植物互花米草：生物学、生态学及管理［J］.植物分类学报，44（5）：559-588.

闫茂华，薛华杰，陆长梅，等，2006.中国米草生态工程的功与过［J］.生物学杂志，23（5）：5-8.

仲维畅，2006.大米草和互花米草种植功效的利弊［J］.科技导报，10：72-78.

左平，刘长安，赵书河，等，2009.米草属植物在中国海岸带的分布现状［J］.海洋学报（中文版），31（5）：101-111.

Bertness M D, Shumway S W, 1992. Consumer driven pollen limitation of seed production in marsh grasses[J]. American Journal of Botany, 79(3): 288–293.

Callaway J C, Josselyn M N, 1992. The introduction and spread of smooth cordgrass (*Spartina alterniflora*) in South San Francisco Bay[J]. Estuaries, 15(2): 218–226.

Daehler C C, Strong D R, 1994. Variable reproductive output among clones of *Spartina alterniflora* (Poaceae) invading San Francisco Bay, California: the influence of herbivory, pollination, and establishment site[J]. American Journal of Botany, 81(3): 307–313.

Foss S, 1992. Spartina: threat to Washington's saltwater habitat[M]. Olympia: Washington State Department of Agriculture, Pesticide Management Division: 1–8.

Hedge P, Kriwoken L, Patten K, 2003. A review of Spartina management in Washington State, US[J]. Journal of aquatic plant management, 41: 82–90.

Marchant C J, 1968. Evolution in *Spartina* (Gramineae): II. Chromosomes, basic relationships and the problem of *S. × townsendii* agg[J]. The journal of the Linnean Society of London, Botany, 60(383): 381–409.

Mendelssohn I A, McKee K L, Patrick W H, 1981. Oxygen deficiency in *Spartina alterniflora* roots:

metabolic adaptation to anoxia[J]. Science, 214(4519): 439–441.

Mendelssohn I A, Postek M T, 1982. Elemental analysis of deposits on the roots of *Spartina alterniflora* Loisel[J]. American Journal of Botany, 69(6): 904–912.

Metcalfe W S, Ellison A M, Bertness M D, 1986. Survivorship and spatial development of *Spartina alterniflora* Loisel.(Gramineae) seedlings in a New England salt marsh[J]. Annals of Botany, 58(2): 249–258.

Scheffer T H, 1945. The introduction of *Spartina alterniflora* to Washington with oyster culture[J]. Leaflets of Western Botany, 4: 163–164.

Shea M L, Warren R S, Niering W A, 1975. Biochemical and transplantation studies of the growth form of *Spartina alterniflora* on Connecticut salt marshes[J]. Ecology, 56(2): 461–466.

Simenstad C, Thom R, 1995. *Spartina alterniflora*(smooth cordgrass) as an invasive halophyte in Pacific northwest estuaries[J]. Hortus Northwest: A Pacific Northwest Native Plant Directory & Journal, 6: 9–13, 38–40.

Somers G F, Grant D, 1981. Influence of seed source upon phenology of flowering of *Spartina alterniflora* Loisel. and the likelihood of cross pollination[J]. American Journal of Botany, 68(1): 6–9.

Sun B X ,Sylvia M P, 2006. *Spartina*[M]// Wu Z Y, Raven P H, Hong D Y. Flora of China: Vol. 22. Beijing & St. Louis: China Science Press & Missouri Botanical Garden Press: 493–494.

Valiela I, Teal J M, Deuser W G, 1978. The nature of growth forms in the salt marsh grass *Spartina alterniflora*[J]. The American Naturalist, 112(985): 461–470.

2. 大米草 *Spartina anglica* C. E. Hubbard, Bot. J. Linn. Soc. 76(4): 364. 1978.

【特征描述】 多年生草本，株高 0.1～1.2 m，高度随生长环境条件而异。秆直立，分蘖多而密聚成丛，无毛。叶鞘大多长于节间，无毛，基部叶鞘常撕裂成纤维状而宿存；叶舌长约 1 mm，具长约 1.5 mm 的白色纤毛；叶片长约 20 cm，宽 8～10 mm，中脉不显著，新鲜时扁平，干后内卷，先端渐尖，基部圆形，无毛。穗状花序长 7～11 cm，劲直而靠近主轴，先端常延伸成芒刺状；穗轴具 3 棱，无毛，2～6 枚总状着生于主轴上。小穗单生，长卵状披针形，疏生短柔毛，紧密重叠，长 14～18 mm，无柄，成熟时整个脱落。颖片和外稃顶端钝，沿主脉有粗毛，背部质硬，边缘近膜质，第一颖片长约为小穗的 1/2，具 1 脉；第二颖片与小穗等长。外稃草纸，稍长于第一颖片，具 1 脉，但短于第二颖片；内稃膜质，具 2 脉，几等长于第二颖片。颖果圆柱形，长约 1 cm。**染色体**：

$2n$=120、122、124（Marchant, 1963）, $2n$=120～127（Marchant, 1968）, $2n$=116（方宗熙等, 1982）。**物候期**：花果期 8—10 月。

【**原产地及分布现状**】 原产于英国，主要分布于欧洲 48°N～57.5°N 地带、澳大利亚 35°S～46°S 地区及新西兰（Sun & Sylvia, 2006）。**国内分布**：福建、河北、江苏、辽宁、山东、天津、浙江。

【**生境**】 生于海岸滩涂湿地。

【**传入与扩散**】 **文献记载**：为了保护海滩、提高海滩生态系统的生产力，1963 年中国开始从英国引入大米草。1973 年，南京大学生物系对试种大米草的经验教训进行了总结（南京大学生物系大米草科研组, 1973）。1999 年，徐慈根首次报道大米草在福建东部海滩造成入侵，给当地的水产养殖业造成了很大的破坏（徐慈根, 1999），随后大米草被报道在我国沿海多省市造成了入侵（徐海根和强胜, 2004；2011）。**标本信息**：C. E. Hubbard S.17868A（Type: K）。该标本由 Hubbard 采自英国。1963 年 9 月 7 日，仲崇信采集于中国的标本是中国较早的大米草标本（N019118116），采集地不详，可能是江苏省。**传入方式**：为了保护海滩、提高海滩生态系统的生产力，1963 年南京大学仲崇信教授将大米草的草苗和种子从英国引入中国，并开始进行育苗和驯化抗逆试验，江苏省新洋港南侧是中国最早的试种地（陈才俊, 1994）。1966 年开始大米草被分批移栽至中国沿海海滩，建立海滩草场，随后面积迅速扩大，江苏省是中国最早种植大米草的省份。1980 年底大米草种植和蔓延总面积达 30.5 万亩（约 203.3 km^2）（陈宏友, 1990），同时在浙江温岭促淤工程造出中国第一块大米草新陆——团结塘。截至 1981 年底，全国共有大米草 50 余万亩（逾 333.3 km^2）（仲崇信, 1983）。**传播途径**：主要随人为引种栽培而传播；大米草种子能随风浪、海潮四处漂流，可以远距离传播（张东和陈小勇, 2005）。**繁殖方式**：有性繁殖和无性繁殖均可。**入侵特点**：① 繁殖性 大米草是 C$_4$ 植物，光合效率高，生长速度快，繁殖扩散能力强。大米草具有发达的地下茎，无性繁殖能力强。大米草种子量较大，1 株大米草可以产生上百粒种子，且种子具有很强的生存能力（张东和陈小勇，2005）。② 传播性　大米草的根茎和种子极易随海潮、风浪四处传播，传播能力较强。③ 适应性　大米草具有发达的通气系统，耐淹、耐盐、耐碱。该种生态幅较宽，不仅能在盐度很高的滩涂上生长，也可在河口、内陆水域生长，分布水域的盐度范围可达 0～0.35%。大米草对温度的适应范围很广，从东北到两广的海岸线均可生长。**可能扩散的区域**：大米草自引种以来，在中国海岸线成功建立了种群，并成为中国海岸带湿地植被的优势群落之一。大米草在 1990 年以前间断分布在 21.45°N～40.58°N 的区域，即由广东省电白县至辽宁省盘山县的海岸带范围内；20 世纪 90 年代以后，中国引种的大米草出现了严重的自然衰退，面积急剧缩小，有报道称仅江苏射阳、启东以及浙江温岭仍有少量分布，并有加速衰退的趋势（李红丽 等，2007）。

【危害及防控】　**危害**：2011 年世界自然保护联盟（International Union for Conservation of Nature, IUCN）将大米草列为"世界上最严重的 100 种外来入侵物种"之一。大米草在英国的入侵能力比较强，能占领其亲本不能生长的光滩（Thompson, 1991），同时原生种欧洲米草和外来种互花米草的分布区日益缩小。21 世纪以来中国东部、南部沿海陆续报道了大米草带来的经济、生态环境方面的不利后果。大米草繁殖能力强，根系发达，定居中国滩涂后，过度的繁殖致使沿海其他原生植物种群分布面积大量减少，种群数量明显降低。**防控**：1997 年在美国首都华盛顿召开了第二届米草研讨会，会议的中心议题是讨论如何控制和利用这一全球性恶性杂草（刘建 等，2005）。采用拔除、挖掘、割除等物理防治方法可以遏制大米草的生长（丁建发，2010），但是要结合大米草的生育期和治理的频度。此措施在短时间内效果明显，对环境影响比较小，但大多费时费力，成本较高。米草败育灵能够导致大米草的败育，可以有效地控制其通过种子传播的方式蔓延，对环境及水生生物没有不利影响（刘建 等，2005）。中国尝试使用了 21 世纪初研制出的大米草除草剂 BC-08，30 天内可杀死大米草的地上部分及全部须根，60 天后地下茎全部腐烂，对大米草有明显防除作用，且对大部分水生生物安全无害（刘健 等，2005）。针对大米草的生物防治效果不佳，目前还没有找到合适的大米草的"天敌"生物。

【**凭证标本**】 天津市滨海新区闸东路，海拔 10 m，38.981 9°N，117.716 3°E，2014 年 8 月 30 日，苗雪鹏 14083001（CSH）。

【**相似种**】 1860—1870 年，美国的互花米草与欧洲的海岸米草［*Spartina maritima* (Curtis) Fernald］自然杂交，产生了不育种唐氏米草（*Spartina × townsendii* H. Groves & J. Groves）（仲崇信，1983）。1890 年左右，该不育种经过染色体加倍产生了可育的大米草（Sun & Sylvia, 2006; 仲崇信，1983）。1968 年 Hubbard 首次将其命名为 *Spartina anglica* C. E. Hubbard（Hubbard, 1984）。左平等（2009）基于遥感图像、实地调查等方式研究了大米草在中国海岸带的分布状况，结果表明大米草仅在辽宁、河北、山东、江苏、广东等省有少量分布，面积不足 16 hm^2（1 hm^2=0.01 km^2），退化严重，且大米草种群在中国海岸带出现了自然衰退。主要表现为种群破碎化、植株矮化、生长发育受抑制、生物量减少和有性繁殖基本丧失。但大米草种群在中国海岸带的自然衰退机制尚不清楚（李红丽 等，2007）。其实自 1980 年后大米草就基本处于自然繁殖和综合开发利用阶段，人工种植很少，之后大米草出现局部退化，面积下降（陈宏友，1990）。研究表明，大米草种群的衰退与中国海岸带土壤营养中氮元素营养的限制有一定的相关性（李红丽 等，2007）。

大米草（*Spartina anglica* C. E. Hubbard）

1. 生境；2. 大型总状花序；3. 穗状花序；4. 果序；5. 颖果

参考文献

陈才俊，1994. 江苏滩涂大米草促淤护岸效果［J］. 海洋通报，13（2）: 55-61.

陈宏友，1990. 苏北潮间带米草资源及其利用［J］. 自然资源，6: 56-63.

丁建发，2010. 宁德沿海地区大米草的防治与利用［J］. 宁德师专学报（自然科学版），22（3）: 255-257+274.

方宗熙，侯家龙，周汝伦，等，1982. 两种大米草的染色体数目［J］. 山东海洋学院学报，12（1）: 65-68.

李红丽，智颖飙，赵磊，等，2007. 大米草（*Spartina anglica*）自然衰退种群对 N、P 添加的生态响应［J］. 生态学报，27（7）: 2725-2732.

刘建，杜文琴，马丽娜，等，2005. 大米草人工败育技术研究［J］. 海洋环境科学，24（4）: 45-47.

南京大学生物系大米草科研组，1973. 大米草［J］. 农业科技通讯，8: 20-21.

徐慈根，1999. 动植物入侵者: 外来物种［J］. 生物学教学，24（5）: 41-42.

徐海根，强胜，2004. 中国外来入侵物种编目［M］. 北京: 中国环境科学出版社: 56-57.

徐海根，强胜，2011. 中国外来入侵生物［M］. 北京: 科学出版社: 160-161.

张东，陈小勇，2005. 应全面评估大米草在我国沿海地区扩展繁殖带来的利弊［J］. 上海建设科技，1: 35-37.

仲崇信，1983. 大米草的引种和利用［J］. 自然资源，1: 43-50.

左平，刘长安，赵书河，等，2009. 米草属植物在中国海岸带的分布现状［J］. 海洋学报（中文版），31（5）: 101-111.

Hubbard C E, 1984. Grasses. A guide to their structure, identification, uses, and distribution in the British Isles[M]. 3rd ed. New York: Viking Penguin, Inc.

Marchant C J, 1963. Corrected chromosome numbers for *Spartina× townsendii* and its parent species[J]. Nature, 199(4896): 929.

Marchant C J, 1968. Evolution in *Spartina* (Gramineae): II. Chromosomes, basic relationships and the problem of *S. × townsendii* agg[J]. Botanical Journal of the Linnean Society, 60(383): 381-409.

Sun B X ,Sylvia M P, 2006. *Spartina*[M]// Wu Z Y, Raven P H, Hong D Y. Flora of China: Vol. 22. Beijing & St. Louis: China Science Press & Missouri Botanical Garden Press: 493-494.

Thompson J D, 1991. The biology of an invasive plant[J]. Bioscience, 41(6): 393-401.

天南星科 | Araceae

多年生草本植物，具块茎或伸长的根茎；稀为攀援灌木或附生藤本。叶通常基生，如茎生则为互生，二列或螺旋状排列，叶柄基部或一部分鞘状。肉穗花序，外面有佛焰苞包围。花两性或单性；单性时雌雄同株（同花序）或异株。雌雄同序者雌花居于花序的下部，雄花居于雌花群之上。种子1至多数，圆形、椭圆形、肾形或长圆形，外种皮肉质，有的上部流苏状；内种皮光滑，有窝孔，具疣或肋状条纹，种脐扁平或隆起，短或长。胚乳厚，肉质，贫乏或不存在。

约110属3 500余种，除极地和干旱的沙漠地区之外几乎全球广布，但主要分布于热带和亚热带地区。分子系统学证据表明，菖蒲属（*Acorus*）应从天南星科中排除而成立菖蒲科（Acoraceae），浮萍科（Lemnaceae）应合并入天南星科（Cabrera et al.，2008）。中国有26属181种，大多数种类分布于华南与西南地区，东北与西北地区的种类较为贫乏，其中1属1种为危害严重的外来入侵种。此外，中国还引种了破土芋属（*Biarum*）、鞭藤芋属（*Cercestis*）、龙木芋属（*Dracunculus*）、水石芋属（*Furtadoa*）、沼芋属（*Lysichiton*）、绿菲芋属（*Nephthytis*）、白鹤芋属（*Spathiphyllum*）、合果芋属（*Syngonium*）和雪铁芋属（*Zamioculcas*），水族馆及水族饲养爱好者引种了水榕芋属（*Anubias*）、藏蕊落檐属（*Aridarum*）、展苞落檐属（*Bucephalandra*）和瓶苞芋属（*Lagenandra*）（刘冰 等，2015）。

另有原产于南美洲的千年芋［*Xanthosoma sagittifolium* (Linnaeus) Schott］和原产于热带美洲的紫柄千年芋（*Xanthosoma violaceum* Schott）在中国台湾逸生并归化（Huang，2000）。陈运造（2006）将千年芋列为台湾苗栗地区的外来入侵植物，但该植物也是重要的粮食作物，在中国尚未造成入侵危害。千年芋在一些国家和地区已成为外来入侵种或杂草，如在美国佛罗里达州被列为入侵种（Florida Exotic Pest Plant Council，2017），在波多黎各及其邻近岛屿栽培逃逸后，成为外来杂草（Liogier & Martorell, 1999），因此也需对其进行严格管理，防止其逸生后发展成为入侵种。此外，原产于热带美洲的合果芋（*Syngonium podophyllum* Schott）在中国各地也被作为观赏植物广泛栽培，有少量的逸生，但并未形成稳定种群。

大藻属 *Pistia* Linnaeus

水生草本，漂浮。茎上节间十分短缩。叶螺旋状排列，淡绿色，两面密被细毛；初为圆形或倒卵形，后为倒卵状楔形、倒卵状长圆形或近线状长圆形；叶脉纵向，背面强度隆起；叶鞘托叶状，几从叶的基部与叶分离，极薄，干膜质。芽自叶基背部的侧面萌发。花序柄短；佛焰苞极小，内面光滑，外面被毛。花单性同序，下部雌花序具单花，上部雄花序有花 2～8 朵，无附属器；雄花排列为轮状，雄花序之下有一扩大的绿色盘状物；无花被，雄花有雄蕊 2 枚，轮生，雄蕊彼此完全合生成柱；雌花单一，胚珠多数，4～6 列密集着生于和肉穗花序轴平行的胎座上。浆果小，种子多数或少数。

本属仅 1 种，广泛分布于热带和亚热带地区。中国有引种，已成为危害严重的外来入侵种。

大藻 *Pistia stratiotes* Linnaeus, Sp. Pl. 2: 963. 1753.

【别名】 大萍、水白菜、猪姆莲、天浮萍、水浮萍、水荷莲、肥猪草

【特征描述】 多年生水生漂浮草本，须状根长而悬垂，羽状，密集。茎缩短，悬浮于水面，具匍匐枝。叶簇生成莲座状，叶片常因发育阶段不同而形异：倒三角形、倒卵形、扇形，以至倒卵状长楔形，长 1.3～10 cm，宽 1.5～6 cm，先端截头状或浑圆，基部厚，两面被短绒毛，基部尤为浓密；7～15 条叶脉扇状伸展，背面明显隆起成折皱状。佛焰苞白色；雄花 2～8 朵生于上部，雌花 1 朵生于下部，花柱纤细。子房 1 室，具多数胚

珠，种子圆柱形，表面具皱纹。**染色体**：$2n=28$（Thomopson，2000）。**物候期**：花果期5—11 月。

【**原产地及分布现状**】 原产于南美洲的巴西、玻利维亚和巴拉圭的潘塔纳尔地区（Chapman et al.，2017）。大薸广泛分布于世界热带与亚热带地区，在澳大利亚的北领地于 1887 年就有野生种群被发现，此前从未有该种的引种记录，因此有人认为澳大利亚也是其原产地之一（Parsons & Cuthbertson，2001）。1865 年，大薸首次在南非有记录，现已在非洲南部广泛分布（Hill，2003），2012 年其在北非的摩洛哥出现。大薸最迟于 1925 年即在东南亚的菲律宾有分布（Merrill，1925）。在欧洲，该种的首次记录为 1973 年的荷兰，1980 年在奥地利和德国也有发现，之后欧洲其他国家也有记录，但均未形成稳定种群，直到 2008 年，该种在德国埃尔夫特河（Erft River）的温暖区域成功建群；到了 2016 年，大薸已经在沿欧洲隆河（Rhone）流域的一条运河中分布了约 17 km 远（Chapman et al.，2017）。目前大薸已经是全球广布种。**国内分布**：安徽、澳门、重庆、福建、广东、广西、贵州、海南、河南、湖北、湖南、江西、江苏、山东、上海、四川、台湾、西藏、香港、云南、浙江。各地常将其作为水生观赏植物栽培于水缸中。

【**生境**】 喜相对平静、流动缓慢的水域，常见于池塘、河道、沟渠、稻田和湖泊中。

【**传入与扩散**】 **文献记载**：《本草纲目》中有"大萍"的记载，以至于许多文献都认为大薸在明末就已进入中国，而实际上《本草纲目》中的"大萍"指的是蘋科（Marsileaceae）或其他"五月有花白色"的植物，绝非大薸。Forbes 和 Hemsley 于 1903 年即已记载了大薸在广州黄埔的分布，并引证了当时采集的标本（Hance 6065）（Forbes & Hemsley，1903）。郭水良和李扬汉（1995）首次将其作为外来杂草报道。**标本信息**："Kodda-pail" in Rheede, Hort. Malab., 11: 63, t. 32, 1692（Lectotype）。Bogner（in Leroy, Fl. Madagascar 31: 67. 1975）曾经将一份林奈的标本（LINN 1072.1）指定为该种的后选模式，但 Nicolson（in Dassanayake & Fosberg, Rev. Handb. Fl. Ceylon, 1982）认为林奈

不是依据此标本而是依据 Rheede 的一幅绘图（Hort. Malab., 11: 63, t. 32, 1692）描述该种的，故应将其作为该种的后选模式（Suresh et al., 1983）。中国早期的大藻标本记录是 1913 年在香港九龙采到的标本（Anonymous 649，PE01436553）。1917 年在广州也采到了该种标本（C.O. Levine s.n., PE01604177），之后 1926 年在福建漳州和云南勐养，1935 年在广西南宁，1945 年在海南均有标本记录。中国台湾较早的标本记录则是于 1919 年采自屏东县牡丹乡的标本（TAI026924）。**传入方式**：该种可能是于 20 世纪初作为观赏植物从广东沿海引入，也有文献认为其在 1901 年作为观赏花卉从日本引进台湾（丁炳扬和胡仁勇，2011），并存在多次引入的可能。20 世纪 50 年代，该种作为猪饲料在一定范围内推广，之后大量逸生。**传播途径**：随人工引种栽培后不慎或故意遗弃而传播扩散，在自然生境中其植株可随水流漂浮传播，种子和小的植株还能黏附在渔具、船只等载体上传播。**繁殖方式**：主要通过分株进行营养繁殖，也可种子繁殖。**入侵特点**：① **繁殖性** 植株的分株速度快，分株量大，单一植株 60 天就能产生 660 个新的植株（艾山江·阿布都拉 等，2007）。在中国的大藻种群中没有观察到种子产生，但在美国佛罗里达州，种子繁殖是影响大藻种群动态的重要因素。其植株密度可达每平方米 267 株，其中 40% 的植株都能结果，每平方米可产生种子 726 粒，而在底泥沉积物中，每平方米可达 4 196 粒，80% 的种子有活力；其种子具休眠性，能够逃避霜冻和干旱的威胁，在条件适宜的时候萌发，使种群得以维持（Dray & Center, 1989）。② **传播性** 分株极易与母体分离，从而随水流漂浮或随其他载体如船只、渔具等传播，其种子也可在水中漂浮数天而随着水流传播，最终沉入水底的泥土中。③ **适应性** 喜高温多雨的环境，在富营养化的水环境中生长良好，最适 pH 在 6～10 之间，有研究发现该种在 pH 为 7 的水体中生长最佳（Pieterse et al., 1981）。该种不耐寒，生长的最适温度是 22～35 ℃，低于 10 ℃时不能正常生长繁殖，低于 5 ℃时难以保持生存能力，但其种子可在 −5 ℃的条件下存活数周，而萌发温度则需在 20 ℃以上，种子可在水底黑暗的条件下萌发（Pieterse et al., 1981）。大藻对 NaCl 非常敏感，NaCl 浓度高于 10 mmol/L 时，大藻会黄化并最终死亡（艾山江·阿布都拉 等，2007）。但在印度的研究表明，大藻可忍受 200 mmol/L 浓度的 NaCl 溶液（Upadhyay & Panda, 2005）。**可能扩散的区域**：长江、黄河流域及华南各省区。

【危害及防控】 **危害**: 大藻通常在自然水体或潮湿地生长繁殖,能够在较短时间内形成大量植株,遮蔽水体,增加水中硝酸盐、铵和磷的含量,破坏水体环境 (Neuenschwander et al., 2009),降低沉水植物多样性 (Hussner, 2014),影响鱼类和其他水生生物的生长,影响水田作物的产量。该种生长快速,形成密集种群,减少水中的含氧量,使水中鱼类等缺氧死亡,影响养殖业。其在河面大量繁殖也会堵塞河道,影响航运和排灌体系,破坏水生生态系统,同时也会破坏水质,增加蚊虫及病菌的滋生,影响人类健康。大藻是世界热带和亚热带地区的主要水生杂草之一,甚至在欧洲的一些区域也造成了入侵,其控制费用昂贵。在中国,该种主要入侵长江流域及其以南地区的淡水水域,其入侵范围还在不断地扩大,向北已经分布到河南的南部。2010年,大藻被列入了由原国家环境保护部和中国科学院发布的《中国第二批外来入侵物种名单》之中。**防控**: 禁止引种后随意丢弃到水体中。其主要的控制措施为人工打捞,或排干水源,使其缺水而干死;为防止其重新定植,须彻底清除其植株并妥善处理。化学控制可使用草甘膦,但水体中一般不提倡使用化学药剂。生物防治中目前发现有 *Neohydronomus*, *Pistiacola* 和 *Argentinorhynchus* 等 3 个属中的 11 种象鼻虫类为大藻的专食性昆虫 (Chapman et al., 2017),其中 *Neohydronomus affinis* Hustache 已经被投放于澳大利亚、美国和东南亚地区进行生物防治,其防治效果良好且方法已经趋于成熟 (Harley et al., 1990)。

【凭证标本】 广西玉林市沙田镇,海拔 67 m, 22.387 1°N, 110.063 3°E, 2014 年 9 月 24 日,韦春强 YL38 (IBK);湖北省武汉市汉阳区汉江,海拔 30 m, 30.578 8°N, 114.216 3°E, 2014 年 8 月 31 日,李振宇、范晓虹、于胜祥 RQHZ10603 (CSH);江西省宜春市袁州区,海拔 102.2 m, 27.808 5°N, 114.361 3°E, 2016 年 10 月 22 日,严靖、王樟华 RQHD03389 (CSH);香港大浦滘,海拔 142 m, 22.430 5°N, 114.181 1°E, 2015 年 7 月 28 日,王瑞江、薛彬娥、朱双双 RQHN01002 (CSH);广东省广州市南沙区群结村,海拔 2 m, 22.698 3°N, 113.511 4°E, 2014 年 10 月 17 日,王瑞江 RQHN00629 (CSH);四川省乐山市大佛景区,海拔 670 m, 29.545 8°N, 103.773 6°E, 2016 年 10 月 30 日,刘正宇、张军等 RQHZ05109 (CSH);浙江省台州市玉环县(现玉环市)毛家村,海拔

9 m, 28.284 4°N, 121.272 6°E, 2014 年 10 月 12 日, 严靖、闫小玲、王樟华、李惠茹 RQHD01377（CSH）; 福建省南平市建宁县县城, 海拔 137 m, 26.798 6°N, 117.809 4°E, 2015 年 10 月 14 日, 曾宪锋 RQHN07515（CSH）。

【相似种】 大薸属只有大薸 1 个种, 但该种的形态特征和生理特性随着生境的不同而变化很大, 主要体现在生物量、生产力分配、细胞液的酸碱度、叶绿素和游离氨基酸的含量以及植株的总氮、总磷和粗蛋白含量等方面（Rao & Reddy, 1984）。其植株大小、叶片的形态、颜色和伸展度等也存在很大的变异, 以至于该种曾经被划分成多个种或变种, 而事实上这些都是大薸在不同环境下的不同生态型而已（Suresh et al., 1983）。

大藻（*Pistia stratiotes* Linnaeus）

1. 生境；2、3. 植株；4. 栽培群体；5. 须根；6. 匍匐枝；7. 叶片；8. 花序；9. 雌花；10. 雄花

参考文献

艾山江·阿布都拉，古力孜拉·沙帕尔汉，吾甫尔·吉米提，2007. 水浮莲（*Pistia stratiotes* L.）在极端环境中的生存能力检测 [J] . 新疆大学学报（自然科学版），24（3）：335-338.

陈运造，2006. 苗栗地区重要外来入侵植物图志 [M] . 苗栗："台湾行政院农业委员会"苗栗区农业改良场：22.

丁炳扬，胡仁勇，2011. 温州外来入侵植物及其研究 [M] . 杭州：浙江科学技术出版社 .

郭水良，李扬汉，1995. 我国东南地区外来杂草研究初报 [J] . 杂草科学，2：4-8.

刘冰，叶建飞，刘夙，等，2015. 中国被子植物科属概览：依据 APG Ⅲ 系统 [J] . 生物多样性，23（2）：225-231.

Cabrera L I, Salazar G A, Chase M W, et al, 2008. Phylogenetic relationships of aroids and duckweeds (Araceae) inferred from coding and noncoding plastid DNA[J]. American Journal of Botany, 95(9): 1153–1165.

Chapman D, Coetzee J, Hill M, 2017. *Pistia stratiotes* L.[J]. Bulletin OEPP/EPPO Bulletin, 47(3): 537–543.

Dray F A, Center T D, 1989. Seed production by *Pistia stratiotes* L. (water lettuce) in the United States[J]. Aquatic Botany, 33(1): 155–160.

Florida Exotic Pest Plant Council, 2017. List of Invasive Plant Species[EB/OL].[2019–10–08]. https://www.invasive.org/species/list.cfm?id=74.

Forbes F B, Hemsley W B, 1903. An enumeration of all the plants known from China Proper, "Formosa", Hainan, Corea, the Luchu Archipelago, and the Island of Hongkong, together with their distribution and synonymy—Part XVI[J]. The journal of the Linnean Society of London, Botany, 36(251): 175.

Harley K L S, Kassulke R C, Sands D P A, et al, 1990. Biological control of water lettuce, *Pistia stratiotes* (Araceae) by *Neohydronomus affinis* (Coleoptera: Curculionidae)[J]. Entomophaga, 35(3): 363–374.

Hill M P, 2003. The impact and control of alien aquatic vegetation in South African aquatic ecosystems[J]. African Journal of Aquatic Science, 28(1): 19–24.

Huang T C, 2000. Araceae[M]// Tseng-Chieng. Flora of Taiwan: Vol. 5. 2nd ed. Taipei: Editorial Committee of the Flora of Taiwan: 693–694.

Hussner A, 2014. Long-term macrophyte mapping documents a continuously shift from native to non-native aquatic plant dominance in the thermally abnormal River Erft (North Rhine-Wesphalia, Germany)[J]. Limnologica, 48: 39–45.

Liogier H A, Martorell L F, 1999. Flora of Puerto Rico and adjacent islands: a systematic synopsis[M]. 2nd ed. La Editorial: Universidad de Puerto Rico: 250.

Merrill E D, 1925. An Enumeration of Philippine Flowering Plants: Vol.1[M]. Manila (PH), Philippine: Bureau of Printing: 1–463.

Neuenschwander P, Julien M H, Center T D, et al, 2009. *Pistia stratiotes* L. (Araceae)[M]// Muniappan R, Reddy G V P, Raman A. Biologica control of Tropical Weeds Using Arthropods. London: Cambridge University Press: 332–352.

Parsons W T, Cuthbertson E G, 2001. Noxious Weeds of Australia[M]. Collingwood, Australia: CSIRO Publishing: 1–698.

Pieterse A H, de Lange L, Verhagen L, 1981. A study on certain aspects of seed germination and growth of *Pistia stratiotes* L. [J]. Acta Botanica Neerlandica, 30(1/2): 47–57.

Rao P N, Reddy A S, 1984. Studies on the population biology of water lettuce: *Pistia stratiotes* L. [J]. Hydrobiologia, 119(1): 15–19.

Suresh C R, Sivadasan M, Manilal K S, 1983. A commentary on Rheede's Aroids[J]. Taxon, 32(1): 126–132.

Thompson S A, 2000. Araceae[M]// Flora of America Editorial Committee. Flora of North America: North of Mexico: Vol. 22. New York and Oxford: Oxford University Press: 128–142.

Upadhyay R K, Panda S K, 2005. Salt tolerance of two aquatic macrophytes, *Pistia stratiotes* and *Salvinia molesta*[J]. Biologia Plantarum, 49(1): 157–159.

莎草科 | Cyperaceae

多年生草本，较少为一年生；多数具根状茎少有兼具块茎；大多数秆三棱形。叶基生和秆生，一般具闭合的叶鞘和狭长的叶片，或有时仅有鞘而无叶片。花序为穗状花序、总状花序、圆锥花序、头状花序或长侧枝聚伞花序；小穗单生、簇生或排列成穗状或头状，具2至多数花，或退化至仅具1花；花两性或单性，雌雄同株，少有雌雄异株，着生于鳞片（颖片）腋间，鳞片覆瓦状螺旋排列或二列，无花被或花被退化成下位鳞片或下位刚毛，有时雌花为先出叶所形成的果囊所包裹；雄蕊3枚，少有1～2枚，花丝线形，花药底着；子房1室，具1枚胚珠，花柱单一，柱头2～3枚。果实为小坚果，三棱形，双凸状，平凸状，或球形。

以往分类学家大多认为莎草科和禾本科关系密切。1934年哈钦松将莎草科与禾本科分属两个目，莎草目包括莎草科，之后的形态学和细胞学资料也支持这个观点。禾本科和莎草科的小穗仅在外形上相似，禾本科的花顶生，侧膜胎座，胚偏生胚乳的一侧；莎草科的花侧生，胚珠为基生胎座，由古老的特立中央胎座衍生，胚位于胚乳的中央。而染色体和花粉形态表明莎草科和灯心草科关系密切，主要表现在：在种子植物中，只有莎草科和灯心草科的种类，其染色体具有分散的着丝点。

莎草科分成藨草亚科和苔草亚科，根据分子系统学证据，该科内各属之间的关系变化较大，主要体现为一些属的合并与拆分。本科在全世界有100余属约5400余种，分布极广。中国有33属860多种，广布于全国各地，多生于潮湿处或沼泽中，其中外来入侵2属4种。此外引种了球莎属（*Ficinia*）植物。

分属检索表

1　小穗轴连续，基部无关节，因而小穗不脱落；鳞片从基部向顶端逐渐脱落；柱头 3 枚；小坚果三棱形 ·································· 1. 莎草属 *Cyperus* Linnaeus

1　小穗轴基部上面具关节，于最下面 2 枚空鳞片以上脱落；鳞片宿存于小穗轴上，后期与小穗轴一齐脱落；柱头 2 枚；小坚果扁双凸状 ··············· 2. 水蜈蚣属 *Kyllinga* Rottbøll

1. 莎草属 *Cyperus* Linnaeus

一年生或多年生草本，秆直立，丛生或散生，粗壮或细弱，仅于基部生叶，叶具鞘。长侧枝聚伞花序简单或复出，或有时短缩成头状，基部具叶状苞片数枚；小穗几个至多数，以穗状、指状、头状排列于辐射枝上端，小穗轴宿存，通常具翅；鳞片二列，极少为螺旋状排列，从基部向顶端逐渐脱落，最下面 1～2 枚鳞片为空，其余均具一朵两性花，有时最上面 1～3 朵花不结实；雄蕊 3 枚，少数 1～2 枚；花柱基部不增大，柱头 3 枚，极少 2 枚，成熟时脱落。小坚果三棱形。

本属约 600 余种，分布于世界温带、亚热带及热带地区。有学者认为莎草属宜取广义概念，合并翅鳞莎属（*Courtoisina*）、砖子苗属（*Mariscus*）、湖瓜草属（*Lipocarpha*）、水蜈蚣属（*Kyllinga*）、断节莎属（*Torulinium*）、扁莎属（*Pycreus*）和水莎草属（*Juncellus*）（Larridon et al., 2013）。

中国有 63 种，其中 3 种为外来入侵种。另有密穗莎草（*Cyperus eragrostis* Lamarck）已在美国、南欧、澳大利亚以及日本等地归化（Walker, 1976; Takematsu & Ichizen, 1997; Shimizu, 2003），该种原产于美洲和太平洋东部的岛屿（Dai et al., 2010），目前在中国台湾东部和南部也有归化（Chen & Wu, 2007），尚未造成入侵，但也需注意监测其种群动态。

此外，香附子（*Cyperus rotundus* Linnaeus）作为恶性杂草严重危害了旱地作物及园林绿化，因此有诸多文献将其作为中国外来入侵植物报道，而实际上中国是该种的原产地之一，其原产地包括旧大陆的热带和亚热带区域，自然也包括中国的热带亚热带地区，后归化于澳大利亚、美洲大陆和斐济群岛、夏威夷群岛等太平洋岛屿（USDA-ARS，2019）。早在西晋，香附子的别名"雀头香"在虞溥的《江表传》中被提到。《江表传》云："魏文帝遣使于吴求雀头香（即香附子）"。南北朝时期陶弘景的《名医别录》中将香附子作为药用植物记载。由此可知香附子在中国古已有之，为本土植物，在此予以澄清。

参考文献

Chen S H, Wu M J, 2007. Notes on four newly naturalized plants in Taiwan[J]. Taiwania, 52(1): 59–69.

Dai L K, Tucker G C, Simpson D A, 2010. Cyperus[M]// Wu Z Y, Raven P H, Hong D Y. Flora of China: Vol. 23. Beijing: Science Press & St. Louis: Missouri Botanical Garden Press: 219–241.

Larridon I, Bauters K, Reynders M, et al, 2013. Towards a new classification of the giant paraphyletic genus Cyperus (Cyperaceae): phylogenetic relationships and generic delimitation in C_4 Cyperus[J]. Botanical Journal of the Linnean Society, 172: 106–126.

Shimizu T, 2003. Naturalized plants of Japan[M]. Tokyo: Heibonsha Ltd., Publisher: 337.

Takematsu T, Ichizen N, 1997. Weeds of the world: Vol. 3　Monocotyledoneae[M]. Tokyo: Zenkoku Noson Kyoiku Kyokai: 1057.

USDA-ARS, 2019. National Genetic Resources Program, "Cyperus rotundus Linnaeus" in Germplasm Resources Information Network [EB/OL].[2020-06-12]. https://npgsweb.ars-grin.gov/gringlobal/taxonomydetail.aspx?id=316644.

Walker E H, 1976. Flora of Okinawa and the southern Ryukyu Islands[M]. Washington D C: Smithsonian Institution Press: 1159.

分种检索表

1 秆平滑，无倒刺 ··· 2

1 秆微糙，具倒刺；总苞片 3～8 片 ·············· 3. 苏里南莎草 Cyperus surinamensis Rottbøll

2 总苞片少于 10 枚，不等长，小穗于轴上水平叉开呈两列，小坚果长 1～1.2 mm ··········

·· 1. 黄香附 Cyperus esculentus Linnaeus

2 总苞片 14～20 枚，近等长，小穗密集着生于顶端，小坚果长 0.5～0.6 mm ·················
··································· 2. 风车草 *Cyperus involucratus* Rottbøll

1. 黄香附 *Cyperus esculentus* Linnaeus, Sp. Pl. 1: 45. 1753.

【别名】 假香附、油莎草、黄土香、油沙豆、三棱草

【特征描述】 多年生旱生草本，植株高可达 1 m，秆直立，粗壮，光滑，无倒刺。块茎长 1.5～2 cm，宽 1 cm，有节，节间干后有皱纹，表皮黄褐色，由叶片包裹而成。叶互生于基部，线形，表面光滑柔软，叶鞘淡褐色，宽 4～6 mm。伞形花序生于秆的顶端，由不等长的叶状苞片包围，苞片少于 10 枚；小穗多数，黄褐色，长 1～3 cm，于轴上水平叉开呈两列，在伞幅上呈两列，每穗具 8～30 朵花；花两性，鳞片重叠，卵形，黄褐色。小坚果矩圆形，长 1.2～2 mm，宽为长度的一半，灰褐色。**染色体**：2n=96（Mulligan & Junkins, 1976）、108（Hicks, 1929）。**物候期**：花果期 7—11 月。在云南 3—6月萌发出苗，7—9 月生长最盛，11 月后地上部分干枯死亡（郭怡卿和赵国晶，1992）。

【原产地及分布现状】 黄香附的确切起源地尚不清楚，有的认为该种原产于非洲和热带亚洲地区（Villasenor & Espinosa-Garcia, 2004），其最早的栽培区域为亚热带的埃及和热带的东印度（周多俊和廖馥荪，1964）；有的则认为其原产于全世界的热带与亚热带地区，包括非洲、欧洲南部、美洲、东南亚、西亚和中亚等广大地区，归化于中国、澳大利亚、新西兰、夏威夷和欧洲的乌克兰（USDA–ARS, 2019），日本也有分布。现黄香附广泛分布于世界热带至暖温带地区，向北可达阿拉斯加。**国内分布**：分布于广东、广西、海南、湖南、山东、四川、台湾、云南等地区。北方多个省区如北京、黑龙江、辽宁、陕西、新疆等地均有栽培，偶有逸生。

【生境】 喜低湿及浇灌条件好的土壤条件，常生于河滩、荒地、耕地、农田及撂荒地中。

【传入与扩散】 **文献记载**：周多俊和廖馥荪（1964）较早记载该种，并介绍了该种在中国的引种历史和栽培试验情况。郭怡卿和赵国晶（1992）报道黄香附在云南是危害多种旱地作物的恶性杂草之一。2007 年该种被报道已在台湾归化（Chen & Wu, 2007）。**标本信息**："*Cyperus rotundus esculentus angustifolius*" in Morison, P1. hist. univ. 3: 236, sect. 8, t. 11, no. 8［"10"］. 1699（Lectotype）。模式材料采自意大利，该后选模式为一幅绘图，由 Tucker 于 1994 年指定（Tucker, 1994）。中国早期的标本由邓玉诚于 1964 年采自辽宁沈阳中国科学院林业土壤研究所植物园（邓玉诚 749，IFP16307003a0002），为栽培状态。1979 年在北京植物园也采到该种标本（BJM143409）。**传入方式**：该种作为油料作物在世界多地均有引种栽培。1960 年，中国科学院植物研究所北京植物园从保加利亚引入该种的块茎，试种后扩展至内蒙古、新疆、河北、辽宁以及南方一些省份（周多俊和廖馥荪，1964），随后全国多地均有引种栽培。其块茎被称为"油莎豆"，当时素有"地下核桃"和"地下板栗"之称，含油量高。1970 年左右从广东、广西引进绿肥及其他苗木时，该种随之传入云南（郭怡卿和赵国晶，1992），1972 年从河北引入少量黄香附块茎至陕西咸阳试种（西北植物所，1973）。**传播途径**：随人为引种栽培进行长距离传播，其块茎可随土壤运输、农业生产、园林绿化活动等途径传播扩散。此外种子也是该种传播的重要途径。**繁殖方式**：主要以根茎、地下鳞茎和块茎进行无性繁殖，也可种子繁殖。**入侵特点**：① 繁殖性 根茎从植株基部长出，顶端膨大形成纺锤形的单生块茎，块茎成熟后与根茎断开，于次年萌发形成新的植株。通常情况下块茎先于种子萌发，繁殖力极强，在一个生长季节内，每个植株可结 300 多个块茎，块茎在全年均可萌发，一个块茎可萌发形成 20～36 个植株（郭怡卿和赵国晶，1992）。土壤中的水分含量可以在一定程度上影响其繁殖方式，潮湿的条件有利于块茎生产（无性繁殖），而干燥的条件则有利于有性繁殖（Li et al., 2001）。② 传播性 栽培范围较广，随人为引种而传播扩散的风险大。其块茎数量大，且常混于土壤中而难以清除，极易随土壤转移而传播。③ 适应性 喜光，不耐荫；耐旱、耐涝、耐高温、耐贫瘠、耐盐碱。不耐寒，块茎在年均温度 16 ℃以下地区的冬季死亡率高，在−6.5 ℃时块茎的死亡率可达 50%（Stoller & Wax, 1973），但其植株在低热地区及南部地区的冬季也可生长。其块茎发芽所需的基础温度为 11.4 ℃，在气温为 12～38 ℃的范围内，其块茎的出芽率随着温度的升高而增加，当低于 10 ℃或高于 42 ℃时几乎不发芽（Li et al., 2000）。**可能扩散的区域**：长江流域及其以南各省区。

【危害及防控】 **危害**：黄香附被列为世界十大恶性杂草之一，在世界热带地区的多个国家造成了入侵，其大量的块茎与其他植物竞争资源，可快速形成致密种群，影响作物的生长，如夏威夷、秘鲁、南非和斯威士兰的甘蔗，安哥拉、南非共和国、坦桑尼亚和美国的玉米，莫桑比克、津巴布韦和美国的棉花，加拿大和美国的大豆，加拿大、南非和美国的马铃薯，肯尼亚的咖啡，安哥拉和坦桑尼亚的谷类作物，美国的花生和甜菜等（Holm et al., 1977）。在瑞士，由于土地利用的变化，黄香附的种群在近 20 年中迅速增加（Bohren & Wirth, 2013）。该种在日本也被视为环境杂草，其分布范围在不断扩大，且比起干燥的生境，该种更易入侵潮湿的生境（Li et al., 2001）。在中国云南主要危害果树、橡胶、甘蔗、玉米、蔬菜、花生等多种经济作物和粮食作物，多分布于年平均气温 14 ℃以上的昆明以南的大部分地区，在年均温 12 ℃以下的地区一般不发生或不造成危害（郭怡卿和赵国晶，1992）；在广东、广西南部和海南也造成了入侵危害。该种繁殖力强，危害严重，防除困难；在中国北方地区则危害不大。**防控**：加强栽培管理，防止种子和块茎随农作物或带土苗木传播。对于小面积发生的，可在开花结果前彻底将其块茎挖除并晒干。黄香附不耐荫，可通过适当加大本土植物的种植密度对其进行遮荫，或采用行间种植短期豆类作物或绿肥的少耕覆盖，限制其生长和繁殖。连续 2 年以上免耕覆盖可达到完全控制其种群的目的（郭怡卿和赵国晶，1992）。在耕地中可进行水旱轮作，翻耕时清除其块茎，减少侵染源。可使用土壤处理剂如硫代氨基甲酸酯类、酰胺类和氮杂环类等，在作物种植前进行土壤处理。

【凭证标本】 黑龙江省牡丹江市林口县五林镇五星村，海拔 269 m，44.701 9°N，129.802 1°E，2015 年 8 月 15 日，侯元同、郭成勇和商永泉 253（QFNU）；广西壮族自治区百色市乐业县甘田镇，海拔 1 002 m，24.608 1°N，106.477 5°E，2016 年 1 月 24 日，唐赛春、潘玉梅 RQXN08212（CSH）。

【相似种】 黄香附易与香附子（*Cyperus rotundus* Linnaeus）混淆，区别在于香附子秆细弱，鳞片中间绿色，两侧紫红色或红棕色。黄香附是广布种，由于其分布地的环境差异，该种种内存在广泛的变异，主要体现在花序的大小和形态上。早期曾有学者划分出了4个变种：var. *esculentus*，var. *leptostachyus*，var. *macrostachyus* 和 var. *heermannii*，并对各自的形态和分布进行了描述，其中原变种分布于非洲和欧洲南部，var. *leptostachyus* 在新、旧大陆均常见，另两者则可能起源于美洲（Schippers et al., 1995）。目前上述 4 个变种均已作为黄香附的异名处理。

黄香附（*Cyperus esculentus* Linnaeus）
1. 生境及植株；2. 块茎

相似种：香附子（*Cyperus rotundus* Linnaeus）

参考文献

郭怡卿，赵国晶，1992. 旱地恶性杂草：黄香附和紫香附 [J]. 云南农业科技，4：16-17.

西北植物所，1973. 油莎草引种试验初报 [J]. 陕西农业科技，2：34-36.

周多俊，廖馥荪，1964. 油莎草的引种栽培及其在园林绿化中的应用 [J]. 园艺学报，3（1）：83-94.

Bohren C, Wirth J, 2013. Erdmandelgras (*Cyperus esculentus* L.): The current situation in Switzerland[J]. Agraforschung Schweiz, 4(11): 460–470.

Chen S H, Wu M J, 2007. Notes on four newly naturalized plants in Taiwan[J]. Taiwania, 52(1): 59–69.

Hicks G C, 1929. Cytological studies in *Cyperus*, *Eleocharis*, *Dulichium*, and *Eriophorum*[J]. Botanical Gazette, 88(2): 132–149.

Holm L G, Plucknett D L, Pancho J V, et al, 1977. The World's Worst Weeds, Distribution and Biology[M]. Honolulu, Hawaii, USA: University Press of Hawaii: 1–610.

Li B, Shibuya T, Yogo Y, et al, 2000. Effects of temperature on bud-sprouting and early growth of *Cyperus esculentus* in the dark[J]. Journal of Plant Research, 113(1): 19–27.

Li B, Shibuya T, Yogo Y, et al, 2001. Interclonal differences, plasticity and trade-offs of life history traits of *Cyperus esculentus* in relation to water availability[J]. Plant Species Biology, 16(3): 193–207.

Mulligan G A, Junkins B E, 1976. The biology of Canadian weeds. 17. *Cyperus esculentus* L. [J]. Canadian Journal of Plant Science, 56(2): 339–350.

Schippers P, Ter Borg S J, Bos J J, 1995. A revision of the infraspecific taxonomy of *Cyperus esculentus* (yellow nutsedge) with an experimentally evaluated character set[J]. Systematic Botany, 20(4): 461–481.

Stoller E W, Wax L M, 1973. Yellow nutsedge shoot emergence and tuber longevity[J]. Weed Science, 21(1): 76–81.

Tucker G C, 1994. Revision of the Mexican species of *Cyperus* (Cyperaceae)[J]. Systematic Botany Monographs, 43: 1–213.

USDA–ARS, 2019. National Genetic Resources Program, "*Cyperus esculentus* Linnaeus" in Germplasm Resources Information Network [EB/OL].[2020–06–15]. https://npgsweb.ars-grin.gov/gringlobal/taxonomydetail.aspx?id=12901.

Villasenor J L, Espinosa-Garcia F J, 2004. The alien flowering plants of Mexico[J]. Diversity and Distributions, 10(2): 113–123.

2. **风车草** *Cyperus involucratus* Rottbøll, Descr. Pl. Rar. 22. 1772. —— *Cyperus flabelliformis* Rottbøll, Descr. Icon. Rar. 42, pl. 12, f. 2. 1773. —— *Cyperus alternifolius* subsp. *flabelliformis* Kükenthal, Pflanzenr. IV. 20 (Heft 101): 193. 1936.

【别名】 伞草、伞叶莎草、轮伞形、车轮草、莎草

【特征描述】 多年生草本,根状茎短,粗大,须根坚硬。秆稍粗壮,钝三棱形,基部包裹无叶片的鞘。总苞片叶状,14～20 枚,近等长,呈螺旋状排列在茎秆的顶部,向四面开展如伞状。聚伞花序;小穗密集于第二次辐射枝上端,椭圆形或长圆状披针形,压扁状,具 6～26 朵花;小穗轴不具翅;鳞片呈紧密的覆瓦状排列,膜质,苍白色,具锈色斑点,或为黄褐色,具 3～5 条脉。小坚果倒卵形、扁三棱形,褐色,长 0.5～0.6 mm,长为鳞片的 1/3。**染色体**:2n=32(Dai et al., 2010)。**物候期**:花果期 5—12 月。

【原产地及分布现状】 原产于非洲东部和亚洲西南部(阿拉伯半岛)(Dai et al., 2010),作为观赏植物被广泛栽培,归化于全世界热带和亚热带地区,在欧洲的马德拉群岛、亚速尔群岛和加纳利群岛也有归化(Verloove, 2014)。**国内分布**:主要分布于澳门、重庆、福建南部、广东、广西、贵州、海南、湖南南部、江西南部、四川、台湾、香港、云南等地区。长江以北地区常见栽培于水边,北方寒冷地区则多为盆栽。

【生境】 喜温暖潮湿的生境,常生于湿地、湖边、河流沿岸、沼泽地以及干扰生境中。

【传入与扩散】 **文献记载**:日本植物学家正宗严敬(Genkei Masamune)于 1954 年将该种收录于《台湾维管植物名录》(*A List of Vascular Plant of Taiwan*)(Masamune, 1954)。1978 年该种又被收录于《台湾植物志》(Koyama, 1978)。在中国内陆地区,该种较早的文献记载见《广州植物志》(侯宽昭,1956),1961 年在《中国植物志》中也有收录。2008 年,该种被列为海南省外来入侵杂草(范志伟 等,2008),之后曾宪锋等(2009)也将其列为粤东地区外来入侵植物。**标本信息**:The illustration in

Rottbøll, Descr. & Icon., Tab. XII, fig. 2, 1773（Lectotype）。据记载，该种的模式标本采自阿拉伯半岛（Forskåhl s.n.），存放于丹麦哥本哈根大学植物标本馆（C），但实际上已无法获得，因此 Kukkonen（1990）将一幅绘图指定为其后选模式。中国早期的风车草标本记录是 Levine 于 1916 年在广东省采到的标本（SYS00016870），1923 年在福建也有标本记录（钟心煊 1640，AU002410），之后陈焕镛于 1927 年分别在香港（陈焕镛 6683，IBSC0697592）和广东（W.Y. Chun 6097，IBSC0697597）采到该种标本。**传入方式**：1901 年，日本植物学家田代安定（Tashiro Yasusada）将该种作为观赏植物从日本引入台湾种植（Chen & Hu, 1976），此后一直未发现其野生种群，直到 2000 年才确认该种在台湾归化（Koyama et al., 2000）。20 世纪初风车草在华南地区也有栽培，并逐渐归化。**传播途径**：主要随人工引种后逃逸到自然生境中，种子和根茎也可随带土苗木传播。**繁殖方式**：种子繁殖或以根茎和带顶芽的茎段进行无性繁殖。**入侵特点**：① 繁殖性 种子量较大，种子通常于春夏时节萌发，在土壤温度为 20～25 ℃时，10～20 天便可发芽。其根茎的萌芽能力强，在短时间内即可形成繁密的株丛，并不断横向扩散，最终形成密集种群。此外，其带顶芽的茎段也可繁殖，在适宜的条件下其插入土中的茎段在 20 天左右即可成活。② 传播性 该种常作为观赏植物或可用于污水治理的植物而被广泛引种栽培，在温暖地带极易在人工引种后逃逸，其种子和根茎可通过土壤运输、园林工程等人类活动以及水流等载体传播，传播性强。③ 适应性 适应性较强，对土壤要求不严格，偏好保水强且肥沃的土壤。耐水湿，在沼泽地及长期积水的湿地生长良好。该种生长适宜温度为 15～25 ℃，稍耐寒，不耐霜冻，低于 5 ℃时即不能正常生长。耐荫，不耐强光。**可能扩散的区域**：长江流域各地区。

【**危害及防控**】 **危害**：风车草属于高大的多年生草本，与本地植物竞争养分与空间，排挤本地植物，影响生物多样性，尤其会危害湿地生物多样性。在西班牙的加那利群岛等处发现该种在干涸的河床与溪谷中具有非常强的入侵性（Verloove, 2014）。该种在中国主要入侵华南和西南地区，影响本土水生植物的生长，长江流域偶有逸生，危害不明显，但仍需注意监测其动态。**防控**：禁止随意引种，禁止种植后随意丢弃至自然生境中。对其栽培区域进行规范化管理，当发现有风车草植株归化时，应密切注意其发展动态，必要时进行清除。

【凭证标本】 广西来宾市武宣县二塘镇，73.3 m，23.685 3°N，109.673 0°E，2016 年 8 月 4 日，唐赛春、潘玉梅 RQXN08300（CSH, IBK）；重庆市沙坪坝区海石公园水厂，海拔 486 m，29.660 0°N，106.417 1°E，2015 年 9 月 7 日，刘正宇、张军等 RQHZ06166（CSH）；福建省龙岩市上杭县古田镇，海拔 368 m，25.095 2°N，117.031 5°E，2015 年 8 月 31 日，曾宪锋、邱贺媛 RQHN07319（CSH）；广东省揭阳市惠来县县城河流两侧，海拔 14 m，23.024 4°N，116.282 2°E，2014 年 10 月 21 日，曾宪锋 RQHN06752（CSH）。

【相似种】 风车草与野生风车草（*Cyperus alternifolius* Linnaeus）极为相似，并且长期以来都相互混淆，中间具有许多过渡类型，它们共同构成了风车草复合群，关于它们之间种的界限、鉴别特征、分布特点以及分类地位等均存在争议。目前的研究强调了小坚果的形态特征在种间分类中的重要性，指出风车草与野生风车草的区别在于：风车草的小坚果倒卵形，长 0.4～0.8 mm，长稍大于宽（不到鳞片长度的一半），花序以下的茎略带毛或被疏毛，干燥时有脊状条纹，很少光滑，并呈或多或少的圆柱状；野生风车草的小坚果椭圆形，长 1.1～1.4 mm，长明显大于宽（超过鳞片长度的一半），花序以下的茎光滑无毛，干燥时呈或多或少的圆柱状或有棱（Verloove，2014）。野生风车草原产于非洲东部（马达加斯加），归化于日本和台湾（Chen et al., 2008）。

风车草（*Cyperus involucratus* Rottbøll）
1、2. 生境；3. 植株；4、5. 大型聚伞花序；6、7. 小穗特写；8. 果序

参考文献

范志伟，沈奕德，刘丽珍，2008. 海南外来入侵杂草名录［J］. 热带作物学报，29（6）：781-792.

侯宽昭，1956. 广州植物志［M］. 北京：科学出版社：739.

唐进，汪发缵，戴伦凯，等，1961. 莎草科［M］// 唐进，汪发缵. 中国植物志：第十一卷. 北京：科学出版社：148.

曾宪锋，林晓单，邱贺媛，等，2009. 粤东地区外来入侵植物的调查研究［J］. 福建林业科技，36（2）：174-179.

Chen S H, Weng S H, Wu M J, 2008. The umbrella sedge in Taiwan[J]. Taiwania, 53(3): 311-315.

Chen T S, Hu T W, 1976. A list of exotic ornamental plants in Taiwan[M]. Taipei: Chuan Liu Publishers: 514.

Dai L K, Tucker G C, Simpson D A, 2010. *Cyperus*[M]// Wu Z Y, Raven P H, Hong D Y. Flora of China: Vol. 23. Beijing: Science Press & St. Louis: Missouri Botanical Garden Press: 223.

Koyama T, 1978. *Cyperus*[M]// Li H L, Liu T S, Huang T C, et al. Flora of Taiwan: Vol. 5. Taipei: Epoch Publishing Co., Ltd.: 270-271.

Koyama T, Kuoh C S, Leong W C, 2000. *Cyperus*[M]// Tseng-Chieng. Flora of Taiwan: Vol. 5. 2nd ed. Taipei: Editorial Committee of the Flora of Taiwan: 239.

Kukkonen I, 1990. On the nomenclatural problems of *Cyperus alternifolius*[J]. Annales Botanici Fennici, 27(1): 59-66.

Masamune G, 1954. A List of Vascular Plants of Taiwan[M]. Kanazawa: Hokurikunoshoku Butzunokai Press: 138-143.

Verloove F, 2014. A conspectus of *Cyperus* s.l. (Cyperaceae) in Europe (incl. Azores, Madeira and Canary Islands), with emphasis on non-native naturalized species[J]. Webbia, 69(2): 179-223.

3. 苏里南莎草 *Cyperus surinamensis* Rottbøll, Descr. Pl. Rar. 20. 1772.

【别名】 刺杆莎草

【特征描述】 一年生或多年生草本，秆丛生，深绿色，高 35～80 cm，三棱形，微糙，具倒刺。叶短于秆，扁平或中间凹陷而呈"V"形，叶宽 5～8 mm。总苞片 3～8 枚，水平至斜升 30°角，扁平或中间凹陷而呈"V"形。球形头状花序，一级辐射枝 4～12

条，微糙，具倒刺，常具次级辐射枝，小穗状花序（6～）15～40（～65）个，卵形或披针状卵形，紧缩，颖 10～50 枚，浅黄色、浅棕色或淡红褐色，披针形，雄蕊 1 枚。小坚果具柄，棕色至红棕色，长椭圆状，长 0.7～0.9 mm。**物候期**：花果期 5—9 月，在热带地区全年均可开花结果。

【**原产地及分布现状**】 原产于美洲热带至暖温带地区，广泛分布于美国南部、墨西哥、西印度群岛至阿根廷（Tucker, 1994; Chen et al., 2009），归化于印度（Viji et al., 2013）、印度尼西亚（Dai et al., 2010）和中国南部。该种于 19 世纪在希腊有采集，但尚不清楚是否有野生种群，如今在欧洲可能尚有分布，只是没有引起注意（Verloove, 2014）。**国内分布**：澳门、福建、广东、广西、海南、江西、台湾。

【**生境**】 喜光照充足的潮湿生境，常生于浅水处和干扰生境，如水塘边、河边、湿地、沟壑及沿海地区。

【**传入与扩散**】 **文献记载**：苏里南莎草在中国最早的记载见于陈世辉等（Chen et al., 2009）的报道，为台湾新归化植物。郑思东等（2016）在《广州城市湿地常见草本植物速查手册》中也记录了该种。**标本信息**：Rolander s.n.（Type: C）。模式标本采自苏里南，保存于丹麦哥本哈根大学植物标本馆（C）。中国台湾最早的标本于 2001 年 7 月 14 日采自苗栗县铜锣乡（Lin 315，TAIF），中国大陆最早的标本记录是李振宇等于 2009 年 4 月 16 日在广东省东莞市麻涌镇采的标本（李振宇、傅连中、范晓虹、王定国 11658，PE02067252）。**传入方式**：该种未见引种栽培记录，可能于 21 世纪前后无意传入，首次传入地为中国台湾，并于台湾北部地区归化，随后在中国华南地区亦有归化。**传播途径**：种子和根茎可随农作物、园艺活动、土壤运输等人类活动无意传播。以其小坚果为食的迁徙鸟类也可携带其种子进行长距离的传播（Viji et al., 2013）。**繁殖方式**：种子繁殖或以根茎进行无性繁殖。**入侵特点**：① 繁殖性 种子量大，自然条件下发芽率高。其根茎的萌芽能力强，生长迅速，在短时间内即可形成繁密的株丛，并不断横向扩散。② 传播性 种子小而轻，易于随风扩散，更易通过土壤运输、园林工程等人类活动以及水流等载体传播，其根茎亦可传播，传播性强。③ 适应性　对土壤要求不严格，偏好光照充足而保水性强的土壤。不耐荫，耐水湿，在沼泽地及长期积水的湿地生长良好，同时也耐一定程度的干旱，在旱地上也可快速生长。耐热性强，不耐寒，低于 5 ℃时即不能正常生长。**可能扩散的区域**：长江流域以南各地区。

【危害及防控】　危害：苏里南莎草广泛分布于美洲热带至亚热带地区，被认为具有杂草性质，在受干扰的生境中生长良好，常在路边、湿地等处形成密集种群。在中国，目前暂未见苏里南莎草的危害报道，但该种在台湾归化不久即表现出较强的杂草特性（Chen et al., 2009），且在华南地区各省均已形成稳定种群，与本地物种竞争养分与生长空间，破坏当地生物多样性。目前其分布区正逐渐扩大，具有较强的适应性，存在较大的入侵风险。**防控**：禁止引种栽培。对于新归化的种群，应密切监测其发展动态，必要时采取措施及时清除。

【凭证标本】　澳门氹仔机场北安海边，海拔 16 m，22.167 3°N，113.572 3°E，2015 年 5 月 21 日，王发国 RQHN02770（IBSC）；广东省梅州市平远县大柘镇，海拔 213 m，24.568 3°N，115.886 4°E，2014 年 9 月 08 日，曾宪锋、邱贺媛 RQHN05995（CSH）；江西省赣州市章贡区火车站驾校附近，海拔 141 m，24.815 6°N，114.962 5°E，2015 年 10 月 22 日，曾宪锋 RQHN07577（CSH）；福建省漳州市龙海市锦江南岸，海拔 12 m，24.448 3°N，117.825 0°E，2015 年 9 月 17 日，曾宪锋、邱贺媛 RQHN07398（CSH）；海南省三亚市凤凰镇高尔夫球场旁边，海拔 6 m，18.299 2°N，109.399 4°E，2015 年 12 月 22 日，曾宪锋 RQHN03665（CSH）。

【相似种】　苏里南莎草与密穗莎草（*Cyperus eragrostis* Lamarck）相似，区别在于密穗莎草秆光滑，小穗椭圆形，花排列不紧密，果卵形到宽椭圆形；苏里南莎草的秆和花序的辐射枝上均具倒刺，这是该种区别于其他种最明显的特征。密穗莎草原产于美洲和太平洋东部的岛屿，目前在中国台湾的东部和南部均有归化。

苏里南莎草（*Cyperus surinamensis* Rottbøll）

1. 生境；2. 植株；3. 秆特写，示小刺；4. 根茎；5. 聚伞花序；6、7. 小穗特写

参考文献

郑思东，黄冠，徐国民，2016. 广州城市湿地常见草本植物速查手册［M］. 广州：暨南大学
　　出版社 .

Chen S H, Weng S H, Wu M J, 2009. *Cyperus surinamensis* Rottb., a newly naturalized sedge
　　species in Taiwan[J]. Taiwania, 54(4): 399–402.

Dai L K, Tucker G C, Simpson D A, 2010. *Cyperus*[M]// Wu Z Y, Raven P H, Hong D Y. Flora of
　　China: Vol. 23. Beijing: Science Press & St. Louis: Missouri Botanical Garden Press: 225.

Tucker G C, 1994. Revision of the Mexican species of *Cyperus* (Cyperaceae)[J]. Systematic Botany
　　Monographs, 43: 1–213.

Verloove F, 2014. A conspectus of *Cyperus* s.l. (Cyperaceae) in Europe (incl. Azores, Madeira and
　　Canary Islands), with emphasis on non-native naturalized species[J]. Webbia, 69(2): 179–223.

Viji A R, Tandyekkal D, Pandurangan A G, 2013. *Cyperus surinamensis* Rottbøll, 1772 (Cyperaceae): a
　　new record for India[J]. Taprobanica, 5(1): 67–70.

2. 水蜈蚣属 *Kyllinga* Rottbøll

　　多年生草本，稀为一年生草本，具匍匐根状茎或无。秆丛生或散生，通常稍细，基部具叶。苞片叶状，展开；穗状花序 1～3 个，头状，无总花梗，具多数密集的小穗；小穗小，扁平，通常具 1～2 朵两性花，极少多至 5 朵花；小穗轴基部上面具关节，于最下面 2 枚空鳞片以上脱落；鳞片二列，宿存于小穗轴上，后期与小穗轴一齐脱落。最上面 1 枚鳞片内无花，极少具雄花；无下位刚毛或鳞片状花被；雄蕊 1～3 个；柱头 2 枚。小坚果扁双凸状，棱向小穗轴。

　　本属约 75 种，广泛分布于全世界热带至温带地区，多生长于水边或潮湿处。中国有 7 种 2 变种，其中外来入侵 1 种。该属植物和莎草属（*Cyperus*）相似，有学者认为莎草属宜取广义概念，从而合并水蜈蚣属（*Kyllinga*）（Larridon et al., 2013）。

水蜈蚣 *Kyllinga polyphylla* Willdenow ex Kunth, Enum. Pl. 2: 134. 1837. —— *Cyperus aromaticus* (Ridley) Mattfeld & Kükenthal, Pflanzenr. IV. 20 (Heft 101): 581. 1936. —— *Kyllinga aromatica* Ridley, Trans. Linn. Soc. London Bot. 2: 146. 1884. —— *Kyllinga erecta* var. *polyphylla* (Kunth) Hooper, Kew Bull. 26: 580. 1972.

【别名】 多叶水蜈蚣、香根水蜈蚣

【特征描述】 多年生草本，根状茎匍匐，粗而长，节间短，被棕色或紫色鳞片。茎多数，散生，从根状茎的每个节上抽出，茎高 25～90 cm，三棱形，光滑，基部鳞茎状，被长鞘；鞘圆柱状，略带紫色，边缘干膜质，鞘口斜截形，顶端具短尖，顶部 1～2 个鞘顶端具有叶片；叶片长 3～15 cm，宽 2～6 mm，平展，前端边缘具细锯齿；苞片 5～8 枚，叶状，长达 15 cm，平展或略有反折；穗状花序 1～3 个，半球形至近球形，长 6～12 mm，宽 6～8 mm，具有极多数密生的小穗；小穗狭椭圆状卵形，长约 3 mm，具有 1～2 朵花；鳞片草质，长 3～4 mm，卵状披针形，具锈褐色条纹，顶端具短尖，具 5～7 条脉，中脉多少具刺；雄蕊 3 枚，花药线形，药隔突出；花柱长，柱头 2 枚，短于花柱。小坚果长圆形或倒卵状长圆形，平凸状，长约为鳞片的 1/2，初期黄白色，成熟时黑色，密生微突起细点，顶端具短尖。**染色体**：$2n=36$（Mtotomwema, 1981）。**物候期**：花果期 7—10 月。

【原产地及分布现状】 原产于印度洋群岛、马达加斯加和非洲大陆的热带地区，归化于热带美洲、亚洲、澳大利亚和太平洋岛屿（Dai et al., 2010）。**国内分布**：福建、广东、贵州、四川、台湾、香港、浙江。

【生境】 喜阳光充足的潮湿生境，常生于河边、湿地、路旁、草地、潮湿的沙地和种植园等处。

【传入与扩散】 **文献记载**：钟明哲等于 2008 年首次报道水蜈蚣在台湾北部归化，作者同时指出该种最初被收录于 2000 年出版的《台湾水生植物》(第一卷)中，书中的鉴定名称为 "*Kyllinga* sp." (Jung et al., 2008)。2010 年出版的 *Flora of China* 中亦有收录，当时其分布信息仅包括台湾和香港 (Dai et al., 2010)，2012 年水蜈蚣作为海南新记录植物被报道 (杨虎彪 等，2012)。**标本信息**: *du Petit Thouars s.n. in Willd. Herb.* 144 (Type：B-W)。模式标本采自非洲的毛里求斯。该种在中国最早的标本记录于 2000 年 11 月采自台湾的壮围乡 (C. C. Lin 49，TAIF)，2007 年在台北也有标本记录 (T. C. Hsu 1059，TAI)。中国大陆地区较早的标本于 2006 年采自贵州省三都县良寨 (刘群 54，QNUN0011194)。**传入方式**: 该种未见引种栽培记录，可能于 21 世纪前后无意传入，首次传入地为中国台湾，并于台湾北部地区归化，随后在中国的长江流域及其以南部分地区归化。**传播途径**: 其种子和根状茎可随农作物、绿化苗木或土壤运输等途径传播。**繁殖方式**: 以根茎进行无性繁殖为主，也可种子繁殖。**入侵特点**: ① 繁殖性　无性繁殖能力强，其根状茎的每个节均可产生新植株。生长迅速，一个生长季内即可形成密集种群，覆盖大面积的区域。② 传播性　由于该种在园林绿化用地、种植园及农田附近有较多分布，因此其根状茎和种子极易随带土苗木或农作物等传播，具有较强的扩散能力。③ 适应性　适应性较强，对土壤条件要求不严格；喜光照，不耐荫；耐水湿，耐高温，也可耐短时间的低温，在长江流域生长良好；耐盐碱，在近海的盐碱湿地中亦有较大面积的分布。**可能扩散的区域**: 热带至亚热带地区。

【危害及防控】 **危害**: 该种生长迅速，易形成单优种群，具有很强的竞争性和入侵性，尤其在牧场、草原、草坪以及农田等处生长旺盛，形成致密的种群，排挤本地植物，与经济植物竞争资源，影响当地生物多样性和经济植物的生长，在过度放牧的牧场其入侵程度尤其严重。在澳大利亚北部较湿润的地区，该种被认为是牧场中危害严重的杂草；该种常生于河边、湿地、路旁和种植园等处，对当地的水道和天然湿地生态系统构成威胁 (University of Queensland, 2016)。在可能入侵美国本土的外来杂草风险评估中，水蜈蚣的入侵潜力排在第 12 位 (Parker et al., 2007)。该种在中国主要入侵长江流域以南的部分地区。水蜈蚣在海南被发现时即已分布范围较广、种群密度较大 (杨虎彪 等，2012)，在上海的情况也类似，影响本地植物多样性，破坏草坪及其他绿化景观，并且其扩散速度快，分布区仍在不断地扩大。**防控**：该种常见于湿地，不宜采用化学防除的方法。该种不耐荫，可种植较大型的本土草本植物进行替代控制。对于小面积发生的，可在开花结果前将其彻底挖除并晒干，并注意妥善处理其根茎。

【凭证标本】 浙江省丽水市缙云县白马水库，海拔 208 m，28.758 4°N，119.987 9°E，2013 年 7 月 1 日，寿海洋、王樟华 SHY00881（CSH）；福建省福州市闽侯县江中村，海拔 7 m，25.971 4°N，119.332 5°E，2016 年 11 月 1 日，苏享修 CSH14125（CSH）；广东省深圳市国家兰科中心，海拔 49 m，22.599 8°N，114.179 0°E，2020 年 4 月 15 日，严靖、许昕妍、曹馨悦 RQHD03814（CSH）。

【相似种】 短叶水蜈蚣（*Kyllinga brevifolia* Rottbøll）与水蜈蚣相似，二者均喜生于潮湿的生境，区别在于短叶水蜈蚣植株较矮，高 20～30 cm，根状茎细，总苞片 3～4 枚；而后者植株较高，为 25～90 cm，根状茎粗壮，总苞片（5～）7～8 枚。短叶水蜈蚣为本土植物，广泛分布于中国南北各地。

水蜈蚣（*Kyllinga polyphylla* Willdenow ex Kunth）

1. 生境；2. 花序及总苞片；3. 球形穗状花序；4. 根茎

相似种：短叶水蜈蚣
（*Kyllinga brevifolia*
Rottbøll）

参考文献

杨虎彪，王清隆，虞道耿，等，2012. 海南莎草科植物 1 新记录种 [J]. 热带作物学报，33（4）：715-716.

Dai L K, Tucker G C, Simpson D A, 2010. *Cyperus*[M]// Wu Z Y, Raven P H, Hong D Y. Flora of China: Vol. 23. Beijing: Science Press & St. Louis: Missouri Botanical Garden Press: 232.

Jung M J, Hsu T C, Chung S W, 2008. Notes on two newly naturalized plants in Taiwan[J]. Taiwania, 53(2): 230–235.

Larridon I, Bauters K, Reynders M, et al, 2013. Towards a new classification of the giant paraphyletic genus *Cyperus* (Cyperaceae): phylogenetic relationships and generic delimitation in C$_4$ *Cyperus*[J]. Botanical Journal of the Linnean Society, 172: 106–126.

Mtotomwema K, 1981. Chromosome number reports on the Cyperaceae[J]// Löve A. IOPB Chromosome number reports LXX. Taxon, 30: 72 – 73.

Parker C, Caton B P, Fowler L, 2007. Ranking nonindigenous weed species by their potential to invade the United States[J]. Weed Science, 55(4): 386 – 397.

University of Queensland, 2016. Weeds of Australia, Biosecurity Queensland edition. Queensland, Australia[EB/OL]. [2019 – 07 – 08]. https://keyserver.lucidcentral.org/weeds/data/03080008 – 030 1 – 4c05 – 8c0e – 0c0f040b0803/media/Html/lolium_perenne.htm.

竹芋科｜**Marantaceae**

多年生草本，有根茎或块茎。叶通常大，具羽状平行脉，通常 2 列，具柄，柄有叶枕和叶鞘。花两性，不对称，常成对生于苞片中，组成顶生的穗状、总状或疏散的圆锥花序，或花序单独由根茎抽出；萼片 3 枚，分离；花冠管短或长，裂片 3 枚；退化雄蕊 2～4 枚，发育雄蕊 1 枚，花瓣状，花药 1 室，生于一侧；子房下位，1～3 室；每室有胚珠 1 颗，花柱偏斜、弯曲、变宽，柱头 3 裂。果为蒴果或浆果状。种子 1～3 粒，坚硬，有胚乳和假种皮。

本科有 31 属约 525 种，泛热带分布，约 80% 的种类分布于美洲。中国原产的仅有 2 属 6 种，分布于华南及西南地区，其余均为引种栽培，其中 1 属 1 种为外来入侵种。竹芋科的植物类群中有许多种均为观赏价值高的种类，尤其适宜于温室或盆栽观赏，因此国内的各大植物园及植物爱好者们引种栽培了诸多外来种类，包括肖竹芋属（*Calathea*）、单室竹芋属（*Monotagma*）、竹芋属（*Maranta*）、栉花芋属（*Ctenanthe*）、紫背竹芋属（*Stromanthe*）和芦竹芋属（*Marantochloa*）等。

再力花属 *Thalia* Linnaeus

多年生挺水植物，具根茎或块茎。叶常较大，卵形至长椭圆形，具羽状平行脉，2 列，具柄，有叶鞘。穗状花序具短而直的分枝，总花梗较长。花两性，生于苞片内，可不断开放。花冠和退化雄蕊浅紫色至深紫色；萼片 3 枚，长 0.5～3 mm，膜质，果期宿存；花冠筒短，长 1～6 mm，花冠裂片近等长到极不等长。外轮退化雄蕊 1 枚，花瓣状，内轮 2 枚不育雄蕊分别变为兜状和胼胝体，肉质。花柱被触碰后可迅速卷曲。子房下位。蒴果，近球形，果皮薄，不开裂。内具 1 粒深棕色种子，表面平滑。

本属共 6 种，分布于温带至热带地区，北美洲（包括墨西哥和西印度群岛）、中美洲、南美洲和非洲西部均有分布（Kennedy, 2000）。中国引入栽培 2 种，包括再力花（*Thalia dealbata* Fraser ex Roscoe）和垂花水竹芋（*Thalia geniculata* Linnaeus），其中垂花水竹芋仅有少量栽培，尚未见归化。

再力花 *Thalia dealbata* Fraser ex Roscoe, Trans. Linn. Soc. London 8: 340. 1807.——*Thalia barbata* Small, Fl. S. E. U. S. 308, 1329. 1903.

【别名】 水竹芋、水莲蕉、白粉塔利亚、水美人蕉

【特征描述】 多年生挺水草本，高可达 2.5 m，全株附有白粉。叶基生，硬纸质，卵状披针形至长椭圆形，长 20～50 cm，宽 10～20 cm，浅灰绿色，边缘紫色，腹面具稀疏柔毛，叶背面被白粉；叶柄下部鞘状，基部略膨大。复穗状花序，生于叶鞘内抽出的总花梗顶端。总苞片多数，半闭合，花时易脱落；小花紫红色。萼片长 1.5～2.5 mm，紫色；侧生退化雄蕊呈花瓣状，基部白色至淡紫色，先端及边缘暗紫色；花冠筒短柱状，淡紫色，唇瓣兜形，紫色。蒴果近圆球形或倒卵状球形，长、宽约为 0.9～1.2 cm 至 0.8～1.1 cm，成熟时顶端开裂。成熟种子棕褐色，表面粗糙，具假种皮，种脐较明显。染色体：$2n=12$（Kennedy, 2000）。物候期：花果期长，约 8 个月，春季至秋季均可开花，果期为夏季至秋季。

【原产地及分布现状】 原产于美国南部、中部和墨西哥，为北美洲的特有种（Kennedy, 2000）。该种作为水生观赏植物被广泛引种栽培，归化于东亚、东南亚、大洋洲和非洲南部。国内分布：安徽、福建、湖南、江苏、江西、上海、浙江。中国南北各地的水域多有栽培。

【生境】 喜温暖湿润、阳光充足的生境，常生于湖泊、河流、沼泽、水田、池塘以及滨海滩涂等缓流和静水水域及湿地。

【传入与扩散】 文献记载:《中国植物志》及各地方植物志均未收录该种,在中国较早的记录见于王军(1998)关于夏花类园林植物的引种报道。缪丽华等(2010)首次指出该种具有极高的入侵风险,属于"不可引入"物种。刘雷等(2017)报道其为湖南省新记录的具有潜在入侵能力的外来植物。标本信息:[published illustration]'Thalia？dealbata'(Lectotype: BM)。该种最初引自美国南卡罗来纳州并栽培于英国 Mr. Fraser 花园,名称发表时仅有一幅绘图(由 James Sowerby 绘制)和一些简单的文字叙述,未指定模式,于 2018 年该绘图才被指定为其后选模式(Turner & Veldkamp, 2018)。中国早期并无该种的标本记录,较早的标本于 2010 年采自浙江临安(马丹丹、沈碧莹、蔡丛 20100905,ZMNH0054340)。传入方式:据记载,再力花作为夏花类水生观赏植物于 1992 年首次从日本引入中国南京,根据引种地的生长环境,首先将它种于溪边,生长良好,并于当年采收到种子(王军,1998)。因其易成活、繁殖快以及独特的观赏价值,近年来在湿地造景中被广泛应用,种植范围不断扩展。传播途径:主要随人为引种栽培而传播,其根茎或种子常随清淤、打捞等水上活动而随泥土携带传播,也可随水流自然传播。繁殖方式:主要通过根茎萌发芽进行营养繁殖,也可种子繁殖。入侵特点:① 繁殖性 再力花根系尤其发达,根茎上密布不定根,长为 10 cm 的根茎上可着生 70～90 根,不定根长 50～90 cm。根上有侧根,上层根的侧根尤其发达。其地下根和根茎的空间体量巨大,与地上部分相当,通过根茎萌发芽进行营养繁殖的能力极强,一年的个体繁殖可达到 7～12 倍,繁殖系数大(缪丽华 等,2010)。生长速率快,吸收水肥能力强,能形成高密度株丛。该种的 2～3 朵小花由两个小苞片包被,紧密着生于花轴,通常仅有一朵小花可以发育成果实,稀两个或三个发育成果实,因此结实率并不高,有性繁殖能力有限,但其种子不经休眠即可发芽,发芽率较高。② 传播性 由于该种在湿地园林造景、人工湿地污水净化等领域被大量引种栽培,因此随人为引种而传播扩散的风险极大。此外,其庞大的根茎系统也极易随清淤等活动而无意传播。③ 适应性 对水环境的适应性极强。耐半荫,在微碱性的土壤中生长良好(缪丽华 等,2010)。耐水湿,同时也能忍受一定程度的干旱,其抗旱性要强于梭鱼草(*Pontederia cordata* Linnaeus)和野生风车草(*Cyperus alternifolius* Linnaeus)(舒美英 等,2008)。不耐寒,最适生长温度为 20～30 ℃,在 10 ℃以下几乎停止生长,0 ℃以下时,地上部分死亡,以根状茎在泥土中越冬

（冯义龙和朱华明，2008）。也有实验表明，经过 2 个月 0 ℃低温处理的再力花虽然在生物量及开花数量上与低温处理时间较短的植株存在显著差异，但是却依然可以完成整个生活史（缪丽华 等，2010）。**可能扩散的区域**：陈思和丁建清（2011）根据 MaxEnt 的预测表明，再力花在北京—郑州—西安—成都—丽江一线以东都可以生长；江浙一带以及安徽省东南部尤其适合再力花的生长，其适生性概率都在 80% 以上；在江西、四川、广东和广西也存在少量适生性概率较高的地区；再力花在长江中下游地区的适生性概率基本上都在 50% 以上。其适生范围最北可到河北省中部；但是再力花在海拔较高的地区或热带地区（如福建西部、台湾中部和海南）的适生性较低。

【危害及防控】 **危害**：再力花侵占力强，繁殖速度快，植株根除难度大，极易形成单优势群落，大面积侵占水域和河道，改变原来水域的生态环境，干扰水域物种多样性。此外，该种还具有化感作用（异株克生），其植株各部分的浸提液对其他植物的萌发和幼苗生长均有抑制作用，尤以地下部分（根状茎）的浸提液的化感作用最强（缪丽华和王媛，2012；王媛 等，2012）。在中国，再力花已归化于多地的水生环境，尤其是江浙一带，具有极高的入侵风险。评估结果表明，种植再力花的风险极高，属于不可接受风险等级，因此，再力花为"不可引入"的物种（缪丽华 等，2010）。**防控**：严格管理种植，禁止随意遗弃到自然生境中。对于已造成入侵的种群，宜在春季或秋季挖出地下根茎，并将其暴晒至干死，避免根茎随淤泥扩散繁殖。园林应用中在利用再力花的同时，应预先设计风险防控措施，如在水域造景种植再力花时，可以采用地下硬质材料隔离，控制再力花地下根茎的生长区域。避免在开放水域中种植，定期跟踪和监控在自然生境中的再力花种群，以控制其繁殖速度。在华南地区，秋季再力花种子成熟前，可部分摘除，以减少其种子量。对于传入水田、藕塘等生产区域的再力花，应及时拔除，并清除其根茎，暴晒至其干死（缪丽华 等，2010）。

【凭证标本】 江西省赣州市章贡区火车站附近，海拔 91 m，24.574 5°N，114.949 3°E，2015 年 10 月 22 日，曾宪锋 RQHN06132（CSH）；福建省厦门市园博苑，海拔 12 m，22.780 3°N，118.067 3°E，2014 年 9 月 22 日，曾宪锋、邱贺媛 RQHN07573（CSH）；上

海市浦东新区上海海洋大学校园，海拔 7 m，30.885 3°N，121.891 4°E，2011 年 11 月 12 日，李宏庆等 SDP04155（CSH）。

【相似种】 该属在中国引入栽培 2 种，除再力花之外还有垂花水竹芋（*Thalia geniculata* Linnaeus），垂花水竹芋植株较再力花更为高大，植株不被白粉，花序下垂，花序分枝呈"之"字形弯曲，与再力花区别明显。其植株基部紫色，因此又叫紫秆再力花，该种原产于热带美洲，在中国仅云南西双版纳地区有少量栽培，尚未见归化。

再力花（*Thalia dealbata* Fraser ex Roscoe）

1、2.生境；3.植株，示花葶；4.植株，示叶片；5.复穗状花序；6.小花

相似种：垂花水竹芋（*Thalia geniculata* Linnaeus）

参考文献

陈思，丁建清，2011.外来湿地植物再力花适生性分析［J］.植物科学学报，29（6）：675-681.

冯义龙，朱华明，2008.优良的湿地挺水植物：再力花［J］.南方农业（园林花卉版），2（4）：36-37.

刘雷，段林东，周建成，2017.湖南省4种新记录外来植物及其入侵性分析［J］.生命科学研究，21（1）：31-34.

缪丽华，陈煜初，石峰，等，2010.湿地外来植物再力花入侵风险研究初报［J］.湿地科学，8（4）：395-400.

缪丽华，王媛，2012.外来水生植物再力花的化感作用探析［J］.湿地科学，10（1）：81-86.

舒美英，卢伟民，蔡建国，等，2008.5种湿地植物抗旱性的初步研究［J］.江苏农业科学，3：266-268.

王军，1998.夏花类园林植物的引种及繁育研究［J］.江苏林业科技，25（S1）：121-124.

王媛，缪丽华，高岩，等，2012.再力花地下部水浸提液对几种常见水生植物的化感作用［J］.浙江农林大学学报，29（5）：722-728.

Kennedy H, 2000. Marantaceae[M]// Flora of America Editorial Committee. Flora of North America: North of Mexico: Vol. 22. New York and Oxford: Oxford University Press: 315–319.

Turner I M, Veldkamp J F, 2018. The publication and typification of the name *Thalia dealbata* (Marantaceae)[J]. Kew bulletin, 73(4): 60.

附录 恩格勒（1964）系统与 APG IV 系统科名对照表

卷册	种中文名	种拉丁名（学名）	属中文名	属拉丁名	恩格勒科名	APG IV 科名
第一卷	细叶满江红	*Azolla filiculoides*	满江红属	*Azolla*	满江红科 Azollaceae	满江红科 Azollaceae
第一卷	速生槐叶蘋	*Salvinia molesta*	槐叶蘋属	*Salvinia*	槐叶蘋科 Salviniaceae	槐叶蘋科 Salviniaceae
第一卷	水盾草	*Cabomba caroliniana*	水盾草属	*Cabomba*	睡莲科 Nymphaeaceae	莼菜科 Cabombaceae
第一卷	草胡椒	*Peperomia pellucida*	草胡椒属	*Peperomia*	胡椒科 Piperaceae	胡椒科 Piperaceae
第五卷	大藻	*Pistia stratiotes*	大藻属	*Pistia*	天南星科 Araceae	天南星科 Araceae
第五卷	禾叶慈姑	*Sagittaria graminea*	慈姑属	*Sagittaria*	泽泻科 Alismataceae	泽泻科 Alismataceae
第五卷	黄花蔺	*Limnocharis flava*	黄花蔺属	*Limnocharis*	花蔺科 Butomaceae	泽泻科 Alismataceae
第五卷	水蕴草	*Egeria densa*	水蕴草属	*Egeria*	水鳖科 Hydrocharitaceae	水鳖科 Hydrocharitaceae
第五卷	伊乐藻	*Elodea nuttallii*	伊乐藻属	*Elodea*	水鳖科 Hydrocharitaceae	水鳖科 Hydrocharitaceae
第五卷	雄黄兰	*Crocosmia × crocosmiiflora*	雄黄兰属	*Crocosmia*	鸢尾科 Iridaceae	鸢尾科 Iridaceae
第五卷	黄菖蒲	*Iris pseudacorus*	鸢尾属	*Iris*	鸢尾科 Iridaceae	鸢尾科 Iridaceae
第五卷	假韭	*Nothoscordum gracile*	假葱属	*Nothoscordum*	百合科 Liliaceae	石蒜科 Amaryllidaceae
第五卷	韭莲	*Zephyranthes carinata*	葱莲属	*Zephyranthes*	石蒜科 Amaryllidaceae	石蒜科 Amaryllidaceae
第五卷	龙舌兰	*Agave americana*	龙舌兰属	*Agave*	龙舌兰科 Agavaceae	天门冬科 Asparagaceae

（续表）

卷册	种中文名	种拉丁名（学名）	属中文名	属拉丁名	恩格勒科名	APG IV 科名
第五卷	洋竹草	*Callisia repens*	洋竹草属	*Callisia*	鸭跖草科 Commelinaceae	鸭跖草科 Commelinaceae
第五卷	直立媚泪花	*Tinantia erecta*	媚泪花属	*Tinantia*	鸭跖草科 Commelinaceae	鸭跖草科 Commelinaceae
第五卷	白花紫露草	*Tradescantia fluminensis*	紫万年青属	*Tradescantia*	鸭跖草科 Commelinaceae	鸭跖草科 Commelinaceae
第五卷	吊竹梅	*Tradescantia zebrina*	紫万年青属	*Tradescantia*	鸭跖草科 Commelinaceae	鸭跖草科 Commelinaceae
第五卷	凤眼蓝	*Eichhornia crassipes*	凤眼蓝属	*Eichhornia*	雨久花科 Pontederiaceae	雨久花科 Pontederiaceae
第五卷	再力花	*Thalia dealbata*	再力花属	*Thalia*	竹芋科 Marantaceae	竹芋科 Marantaceae
第五卷	黄香附	*Cyperus esculentus*	莎草属	*Cyperus*	莎草科 Cyperaceae	莎草科 Cyperaceae
第五卷	风车草	*Cyperus involucratus*	莎草属	*Cyperus*	莎草科 Cyperaceae	莎草科 Cyperaceae
第五卷	苏里南莎草	*Cyperus surinamensis*	莎草属	*Cyperus*	莎草科 Cyperaceae	莎草科 Cyperaceae
第五卷	水蜈蚣	*Kyllinga polyphylla*	水蜈蚣属	*Kyllinga*	莎草科 Cyperaceae	莎草科 Cyperaceae
第五卷	节节麦	*Aegilops tauschii*	山羊草属	*Aegilops*	禾本科 Gramineae	禾本科 Gramineae
第五卷	野燕麦	*Avena fatua*	燕麦属	*Avena*	禾本科 Gramineae	禾本科 Gramineae
第五卷	地毯草	*Axonopus compressus*	地毯草属	*Axonopus*	禾本科 Gramineae	禾本科 Gramineae
第五卷	巴拉草	*Brachiaria mutica*	臂形草属	*Brachiaria*	禾本科 Gramineae	禾本科 Gramineae
第五卷	扁穗雀麦	*Bromus catharticus*	雀麦属	*Bromus*	禾本科 Gramineae	禾本科 Gramineae
第五卷	蒺藜草	*Cenchrus echinatus*	蒺藜草属	*Cenchrus*	禾本科 Gramineae	禾本科 Gramineae
第五卷	长刺蒺藜草	*Cenchrus longispinus*	蒺藜草属	*Cenchrus*	禾本科 Gramineae	禾本科 Gramineae
第五卷	芒颖大麦草	*Hordeum jubatum*	大麦属	*Hordeum*	禾本科 Gramineae	禾本科 Gramineae

（续表）

卷册	种中文名	种拉丁名（学名）	属中文名	属拉丁名	恩格勒科名	APG IV 科名
第五卷	多花黑麦草	*Lolium multiflorum*	黑麦草属	*Lolium*	禾本科 Gramineae	禾本科 Gramineae
第五卷	黑麦草	*Lolium perenne*	黑麦草属	*Lolium*	禾本科 Gramineae	禾本科 Gramineae
第五卷	硬直黑麦草	*Lolium rigidum*	黑麦草属	*Lolium*	禾本科 Gramineae	禾本科 Gramineae
第五卷	毒 麦	*Lolium temulentum*	黑麦草属	*Lolium*	禾本科 Gramineae	禾本科 Gramineae
第五卷	红毛草	*Melinis repens*	糖蜜草属	*Melinis*	禾本科 Gramineae	禾本科 Gramineae
第五卷	大 黍	*Panicum maximum*	黍 属	*Panicum*	禾本科 Gramineae	禾本科 Gramineae
第五卷	铺地黍	*Panicum repens*	黍 属	*Panicum*	禾本科 Gramineae	禾本科 Gramineae
第五卷	两耳草	*Paspalum conjugatum*	雀稗属	*Paspalum*	禾本科 Gramineae	禾本科 Gramineae
第五卷	双穗雀稗	*Paspalum distichum*	雀稗属	*Paspalum*	禾本科 Gramineae	禾本科 Gramineae
第五卷	毛花雀稗	*Paspalum dilatatum*	雀稗属	*Paspalum*	禾本科 Gramineae	禾本科 Gramineae
第五卷	丝毛雀稗	*Paspalum urvillei*	雀稗属	*Paspalum*	禾本科 Gramineae	禾本科 Gramineae
第五卷	铺地狼尾草	*Pennisetum clandestinum*	狼尾草属	*Pennisetum*	禾本科 Gramineae	禾本科 Gramineae
第五卷	牧地狼尾草	*Pennisetum polystachion*	狼尾草属	*Pennisetum*	禾本科 Gramineae	禾本科 Gramineae
第五卷	象 草	*Pennisetum purpureum*	狼尾草属	*Pennisetum*	禾本科 Gramineae	禾本科 Gramineae
第五卷	石 茅	*Sorghum halepense*	高粱属	*Sorghum*	禾本科 Gramineae	禾本科 Gramineae
第五卷	互花米草	*Spartina alterniflora*	米草属	*Spartina*	禾本科 Gramineae	禾本科 Gramineae
第五卷	大米草	*Spartina anglica*	米草属	*Spartina*	禾本科 Gramineae	禾本科 Gramineae
第一卷	蓟罂粟	*Argemone mexicana*	蓟罂粟属	*Argemone*	罂粟科 Papaveraceae	罂粟科 Papaveraceae

（续表）

卷册	种中文名	种拉丁名（学名）	属中文名	属拉丁名	恩格勒科名	APG IV 科名
第一卷	刺果毛茛	*Ranunculus muricatus*	毛茛属	*Ranunculus*	毛茛科 Ranunculaceae	毛茛科 Ranunculaceae
第一卷	洋吊钟	*Bryophyllum delagoense*	落地生根属	*Bryophyllum*	景天科 Crassulaceae	景天科 Crassulaceae
第一卷	落地生根	*Bryophyllum pinnatum*	落地生根属	*Bryophyllum*	景天科 Crassulaceae	景天科 Crassulaceae
第三卷	粉绿狐尾藻	*Myriophyllum aquaticum*	狐尾藻属	*Myriophyllum*	小二仙草科 Haloragaceae	小二仙草科 Haloragaceae
第二卷	五叶地锦	*Parthenocissus quinquefolia*	地锦属	*Parthenocissus*	葡萄科 Vitaceae	葡萄科 Vitaceae
第二卷	银荆	*Acacia dealbata*	金合欢属	*Acacia*	豆科 Leguminosae	豆科 Leguminosae
第二卷	黑荆	*Acacia mearnsii*	金合欢属	*Acacia*	豆科 Leguminosae	豆科 Leguminosae
第二卷	敏感合萌	*Aeschynomene americana*	合萌属	*Aeschynomene*	豆科 Leguminosae	豆科 Leguminosae
第二卷	阔荚合欢	*Albizia lebbeck*	合欢属	*Albizia*	豆科 Leguminosae	豆科 Leguminosae
第二卷	木豆	*Cajanus cajan*	木豆属	*Cajanus*	豆科 Leguminosae	豆科 Leguminosae
第二卷	毛蔓豆	*Calopogonium mucunoides*	毛蔓豆属	*Calopogonium*	豆科 Leguminosae	豆科 Leguminosae
第二卷	距瓣豆	*Centrosema pubescens*	距瓣豆属	*Centrosema*	豆科 Leguminosae	豆科 Leguminosae
第二卷	山扁豆	*Chamaecrista mimosoides*	山扁豆属	*Chamaecrista*	豆科 Leguminosae	豆科 Leguminosae
第二卷	蝶豆	*Clitoria ternatea*	蝶豆属	*Clitoria*	豆科 Leguminosae	豆科 Leguminosae
第二卷	绣球小冠花	*Coronilla varia*	小冠花属	*Coronilla*	豆科 Leguminosae	豆科 Leguminosae
第二卷	长果猪屎豆	*Crotalaria lanceolata*	猪屎豆属	*Crotalaria*	豆科 Leguminosae	豆科 Leguminosae
第二卷	三尖叶猪屎豆	*Crotalaria micans*	猪屎豆属	*Crotalaria*	豆科 Leguminosae	豆科 Leguminosae
第二卷	狭叶猪屎豆	*Crotalaria ochroleuca*	猪屎豆属	*Crotalaria*	豆科 Leguminosae	豆科 Leguminosae

（续表）

卷册	种中文名	种拉丁名（学名）	属中文名	属拉丁名	恩格勒科名	APG IV 科名
第二卷	猪屎豆	*Crotalaria pallida*	猪屎豆属	*Crotalaria*	豆 科 Leguminosae	豆 科 Leguminosae
第二卷	光萼猪屎豆	*Crotalaria trichotoma*	猪屎豆属	*Crotalaria*	豆 科 Leguminosae	豆 科 Leguminosae
第二卷	合欢草	*Desmanthus pernambucanus*	合欢草属	*Desmanthus*	豆 科 Leguminosae	豆 科 Leguminosae
第二卷	南美山蚂蝗	*Desmodium tortuosum*	山蚂蝗属	*Desmodium*	豆 科 Leguminosae	豆 科 Leguminosae
第二卷	野青树	*Indigofera suffruticosa*	木蓝属	*Indigofera*	豆 科 Leguminosae	豆 科 Leguminosae
第二卷	银合欢	*Leucaena leucocephala*	银合欢属	*Leucaena*	豆 科 Leguminosae	豆 科 Leguminosae
第二卷	紫花大翼豆	*Macroptilium atropurpureum*	大翼豆属	*Macroptilium*	豆 科 Leguminosae	豆 科 Leguminosae
第二卷	大翼豆	*Macroptilium lathyroides*	大翼豆属	*Macroptilium*	豆 科 Leguminosae	豆 科 Leguminosae
第二卷	南苜蓿	*Medicago polymorpha*	苜蓿属	*Medicago*	豆 科 Leguminosae	豆 科 Leguminosae
第二卷	紫苜蓿	*Medicago sativa*	苜蓿属	*Medicago*	豆 科 Leguminosae	豆 科 Leguminosae
第二卷	白花草木犀	*Melilotus albus*	草木犀属	*Melilotus*	豆 科 Leguminosae	豆 科 Leguminosae
第二卷	印度草木犀	*Melilotus indicus*	草木犀属	*Melilotus*	豆 科 Leguminosae	豆 科 Leguminosae
第二卷	草木犀	*Melilotus officinalis*	草木犀属	*Melilotus*	豆 科 Leguminosae	豆 科 Leguminosae
第二卷	光荚含羞草	*Mimosa bimucronata*	含羞草属	*Mimosa*	豆 科 Leguminosae	豆 科 Leguminosae
第二卷	巴西含羞草	*Mimosa diplotricha*	含羞草属	*Mimosa*	豆 科 Leguminosae	豆 科 Leguminosae
第二卷	无刺巴西含羞草	*Mimosa diplotricha* var. *intermis*	含羞草属	*Mimosa*	豆 科 Leguminosae	豆 科 Leguminosae
第二卷	刺轴含羞草	*Mimosa pigra*	含羞草属	*Mimosa*	豆 科 Leguminosae	豆 科 Leguminosae
第二卷	含羞草	*Mimosa pudica*	含羞草属	*Mimosa*	豆 科 Leguminosae	豆 科 Leguminosae

（续表）

卷册	种中文名	种拉丁名（学名）	属中文名	属拉丁名	恩格勒科名	APG Ⅳ 科名
第二卷	刺槐	*Robinia pseudoacacia*	刺槐属	*Robinia*	豆科 Leguminosae	豆科 Leguminosae
第二卷	翅荚决明	*Senna alata*	番泻决明属	*Senna*	豆科 Leguminosae	豆科 Leguminosae
第二卷	双荚决明	*Senna bicapsularis*	番泻决明属	*Senna*	豆科 Leguminosae	豆科 Leguminosae
第二卷	望江南	*Senna occidentalis*	番泻决明属	*Senna*	豆科 Leguminosae	豆科 Leguminosae
第二卷	刺田菁	*Sesbania bispinosa*	田菁属	*Sesbania*	豆科 Leguminosae	豆科 Leguminosae
第二卷	田菁	*Sesbania cannabina*	田菁属	*Sesbania*	豆科 Leguminosae	豆科 Leguminosae
第二卷	圭亚那笔花豆	*Stylosanthes guianensis*	笔花豆属	*Stylosanthes*	豆科 Leguminosae	豆科 Leguminosae
第二卷	白灰毛豆	*Tephrosia candida*	灰毛豆属	*Tephrosia*	豆科 Leguminosae	豆科 Leguminosae
第二卷	杂种车轴草	*Trifolium hybridum*	车轴草属	*Trifolium*	豆科 Leguminosae	豆科 Leguminosae
第二卷	红车轴草	*Trifolium pratense*	车轴草属	*Trifolium*	豆科 Leguminosae	豆科 Leguminosae
第二卷	白车轴草	*Trifolium repens*	车轴草属	*Trifolium*	豆科 Leguminosae	豆科 Leguminosae
第二卷	长柔毛野豌豆	*Vicia villosa*	野豌豆属	*Vicia*	豆科 Leguminosae	豆科 Leguminosae
第二卷	圆锥花远志	*Polygala paniculata*	远志属	*Polygala*	远志科 Polygalaceae	远志科 Polygalaceae
第一卷	大麻	*Cannabis sativa*	大麻属	*Cannabis*	桑科 Moraceae	大麻科 Cannabaceae
第一卷	小叶冷水花	*Pilea microphylla*	冷水花属	*Pilea*	荨麻科 Urticaceae	荨麻科 Urticaceae
第三卷	刺瓜	*Echinocystis lobata*	刺瓜属	*Echinocystis*	葫芦科 Cucurbitaceae	葫芦科 Cucurbitaceae
第三卷	垂瓜果	*Melothria pendula*	垂瓜果属	*Melothria*	葫芦科 Cucurbitaceae	葫芦科 Cucurbitaceae
第三卷	刺果瓜	*Sicyos angulatus*	野胡瓜属	*Sicyos*	葫芦科 Cucurbitaceae	葫芦科 Cucurbitaceae

（续表）

卷册	种中文名	种拉丁名（学名）	属中文名	属拉丁名	恩格勒科名	APG IV 科名
第三卷	四季秋海棠	*Begonia cucullata*	秋海棠属	*Begonia*	秋海棠科 Begoniaceae	秋海棠科 Begoniaceae
第二卷	关节酢浆草	*Oxalis articulata*	酢浆草属	*Oxalis*	酢浆草科 Oxalidaceae	酢浆草科 Oxalidaceae
第二卷	红花酢浆草	*Oxalis debilis* var. *corymbosa*	酢浆草属	*Oxalis*	酢浆草科 Oxalidaceae	酢浆草科 Oxalidaceae
第二卷	宽叶酢浆草	*Oxalis latifolia*	酢浆草属	*Oxalis*	酢浆草科 Oxalidaceae	酢浆草科 Oxalidaceae
第二卷	紫叶酢浆草	*Oxalis triangularis*	酢浆草属	*Oxalis*	酢浆草科 Oxalidaceae	酢浆草科 Oxalidaceae
第三卷	龙珠果	*Passiflora foetida*	西番莲属	*Passiflora*	西番莲科 Passifloraceae	西番莲科 Passifloraceae
第三卷	桑叶西番莲	*Passiflora morifolia*	西番莲属	*Passiflora*	西番莲科 Passifloraceae	西番莲科 Passifloraceae
第三卷	三角叶西番莲	*Passiflora suberosa*	西番莲属	*Passiflora*	西番莲科 Passifloraceae	西番莲科 Passifloraceae
第二卷	波氏巴豆	*Croton bonplandianus*	巴豆属	*Croton*	大戟科 Euphorbiaceae	大戟科 Euphorbiaceae
第二卷	硬毛巴豆	*Croton hirtus*	巴豆属	*Croton*	大戟科 Euphorbiaceae	大戟科 Euphorbiaceae
第二卷	火殃簕	*Euphorbia antiquorum*	大戟属	*Euphorbia*	大戟科 Euphorbiaceae	大戟科 Euphorbiaceae
第二卷	猩猩草	*Euphorbia cyathophora*	大戟属	*Euphorbia*	大戟科 Euphorbiaceae	大戟科 Euphorbiaceae
第二卷	齿裂大戟	*Euphorbia dentata*	大戟属	*Euphorbia*	大戟科 Euphorbiaceae	大戟科 Euphorbiaceae
第二卷	白苞猩猩草	*Euphorbia heterophylla*	大戟属	*Euphorbia*	大戟科 Euphorbiaceae	大戟科 Euphorbiaceae
第二卷	飞扬草	*Euphorbia hirta*	大戟属	*Euphorbia*	大戟科 Euphorbiaceae	大戟科 Euphorbiaceae
第二卷	通奶草	*Euphorbia hypericifolia*	大戟属	*Euphorbia*	大戟科 Euphorbiaceae	大戟科 Euphorbiaceae
第二卷	斑地锦	*Euphorbia maculata*	大戟属	*Euphorbia*	大戟科 Euphorbiaceae	大戟科 Euphorbiaceae
第二卷	银边翠	*Euphorbia marginata*	大戟属	*Euphorbia*	大戟科 Euphorbiaceae	大戟科 Euphorbiaceae

（续表）

卷册	种中文名	种拉丁名（学名）	属中文名	属拉丁名	恩格勒科名	APG IV 科名
第二卷	大地锦	*Euphorbia nutans*	大戟属	*Euphorbia*	大戟科 Euphorbiaceae	大戟科 Euphorbiaceae
第二卷	南欧大戟	*Euphorbia peplus*	大戟属	*Euphorbia*	大戟科 Euphorbiaceae	大戟科 Euphorbiaceae
第二卷	匍匐大戟	*Euphorbia prostrata*	大戟属	*Euphorbia*	大戟科 Euphorbiaceae	大戟科 Euphorbiaceae
第二卷	一品红	*Euphorbia pulcherrima*	大戟属	*Euphorbia*	大戟科 Euphorbiaceae	大戟科 Euphorbiaceae
第二卷	匍根大戟	*Euphorbia serpens*	大戟属	*Euphorbia*	大戟科 Euphorbiaceae	大戟科 Euphorbiaceae
第二卷	绿玉树	*Euphorbia tirucalli*	大戟属	*Euphorbia*	大戟科 Euphorbiaceae	大戟科 Euphorbiaceae
第二卷	蓖麻	*Ricinus communis*	蓖麻属	*Ricinus*	大戟科 Euphorbiaceae	大戟科 Euphorbiaceae
第二卷	纤梗叶下珠	*Phyllanthus tenellus*	叶下珠属	*Phyllanthus*	大戟科 Euphorbiaceae	叶下珠科 Phyllanthaceae
第二卷	野老鹳草	*Geranium carolinianum*	老鹳草属	*Geranium*	牻牛儿苗科 Geraniaceae	牻牛儿苗科 Geraniaceae
第三卷	无瓣海桑	*Sonneratia apetala*	海桑属	*Sonneratia*	海桑科 Sonneratiaceae	千屈菜科 Lythraceae
第三卷	长叶水苋菜	*Ammannia coccinea*	水苋菜属	*Ammannia*	千屈菜科 Lythraceae	千屈菜科 Lythraceae
第三卷	香膏萼距花	*Cuphea carthagenensis*	萼距花属	*Cuphea*	千屈菜科 Lythraceae	千屈菜科 Lythraceae
第三卷	美洲节节菜	*Rotala ramosior*	节节菜属	*Rotala*	千屈菜科 Lythraceae	千屈菜科 Lythraceae
第三卷	小花山桃草	*Gaura parviflora*	山桃草属	*Gaura*	柳叶菜科 Onagraceae	柳叶菜科 Onagraceae
第三卷	翼茎丁香蓼	*Ludwigia decurrens*	丁香蓼属	*Ludwigia*	柳叶菜科 Onagraceae	柳叶菜科 Onagraceae
第三卷	细果草龙	*Ludwigia leptocarpa*	丁香蓼属	*Ludwigia*	柳叶菜科 Onagraceae	柳叶菜科 Onagraceae
第三卷	月见草	*Oenothera biennis*	月见草属	*Oenothera*	柳叶菜科 Onagraceae	柳叶菜科 Onagraceae
第三卷	海滨月见草	*Oenothera drummondii*	月见草属	*Oenothera*	柳叶菜科 Onagraceae	柳叶菜科 Onagraceae

（续表）

卷册	种中文名	种拉丁名（学名）	属中文名	属拉丁名	恩格勒科名	APG IV 科名
第三卷	黄花月见草	*Oenothera glazioviana*	月见草属	*Oenothera*	柳叶菜科 Onagraceae	柳叶菜科 Onagraceae
第三卷	裂叶月见草	*Oenothera laciniata*	月见草属	*Oenothera*	柳叶菜科 Onagraceae	柳叶菜科 Onagraceae
第三卷	曲序月见草	*Oenothera oakesiana*	月见草属	*Oenothera*	柳叶菜科 Onagraceae	柳叶菜科 Onagraceae
第三卷	小花月见草	*Oenothera parviflora*	月见草属	*Oenothera*	柳叶菜科 Onagraceae	柳叶菜科 Onagraceae
第三卷	粉花月见草	*Oenothera rosea*	月见草属	*Oenothera*	柳叶菜科 Onagraceae	柳叶菜科 Onagraceae
第三卷	美丽月见草	*Oenothera speciosa*	月见草属	*Oenothera*	柳叶菜科 Onagraceae	柳叶菜科 Onagraceae
第三卷	待宵草	*Oenothera stricta*	月见草属	*Oenothera*	柳叶菜科 Onagraceae	柳叶菜科 Onagraceae
第三卷	四翅月见草	*Oenothera tetraptera*	月见草属	*Oenothera*	柳叶菜科 Onagraceae	柳叶菜科 Onagraceae
第三卷	长毛月见草	*Oenothera villosa*	月见草属	*Oenothera*	柳叶菜科 Onagraceae	柳叶菜科 Onagraceae
第三卷	桉	*Eucalyptus robusta*	桉属	*Eucalyptus*	桃金娘科 Myrtaceae	桃金娘科 Myrtaceae
第三卷	毛野牡丹	*Clidemia hirta*	毛野牡丹属	*Clidemia*	野牡丹科 Melastomataceae	野牡丹科 Melastomataceae
第二卷	火炬树	*Rhus typhina*	盐肤木属	*Rhus*	漆树科 Anacardiaceae	漆树科 Anacardiaceae
第二卷	长蒴黄麻	*Corchorus olitorius*	黄麻属	*Corchorus*	椴树科 Tiliaceae	锦葵科 Malvaceae
第二卷	苘麻	*Abutilon theophrasti*	苘麻属	*Abutilon*	锦葵科 Malvaceae	锦葵科 Malvaceae
第二卷	泡果苘	*Herissantia crispa*	泡果苘属	*Herissantia*	锦葵科 Malvaceae	锦葵科 Malvaceae
第二卷	野西瓜苗	*Hibiscus trionum*	木槿属	*Hibiscus*	锦葵科 Malvaceae	锦葵科 Malvaceae
第二卷	赛葵	*Malvastrum coromandelianum*	赛葵属	*Malvastrum*	锦葵科 Malvaceae	锦葵科 Malvaceae
第二卷	黄花稔	*Sida acuta*	黄花稔属	*Sida*	锦葵科 Malvaceae	锦葵科 Malvaceae

（续表）

卷册	种中文名	种拉丁名（学名）	属中文名	属拉丁名	恩格勒科名	APG Ⅳ 科名
第二卷	蛇婆子	*Waltheria indica*	蛇婆子属	*Waltheria*	梧桐科 Sterculiaceae	锦葵科 Malvaceae
第一卷	黄木犀草	*Reseda lutea*	木犀草属	*Reseda*	木犀草科 Resedaceae	木犀草科 Resedaceae
第一卷	皱子白花菜	*Cleome rutidosperma*	白花菜属	*Cleome*	白花菜科 Capparidaceae	白花菜科 Capparidaceae
第一卷	臭荠	*Coronopus didymus*	臭荠属	*Coronopus*	十字花科 Cruciferae	十字花科 Cruciferae
第一卷	绿独行菜	*Lepidium campestre*	独行菜属	*Lepidium*	十字花科 Cruciferae	十字花科 Cruciferae
第一卷	密花独行菜	*Lepidium densiflorum*	独行菜属	*Lepidium*	十字花科 Cruciferae	十字花科 Cruciferae
第一卷	北美独行菜	*Lepidium virginicum*	独行菜属	*Lepidium*	十字花科 Cruciferae	十字花科 Cruciferae
第一卷	豆瓣菜	*Nasturtium officinale*	豆瓣菜属	*Nasturtium*	十字花科 Cruciferae	十字花科 Cruciferae
第一卷	野萝卜	*Raphanus raphanistrum*	萝卜属	*Raphanus*	十字花科 Cruciferae	十字花科 Cruciferae
第一卷	珊瑚藤	*Antigonon leptopus*	珊瑚藤属	*Antigonon*	蓼科 Polygonaceae	蓼科 Polygonaceae
第一卷	麦仙翁	*Agrostemma githago*	麦仙翁属	*Agrostemma*	石竹科 Caryophyllaceae	石竹科 Caryophyllaceae
第一卷	球序卷耳	*Cerastium glomeratum*	卷耳属	*Cerastium*	石竹科 Caryophyllaceae	石竹科 Caryophyllaceae
第一卷	蝇子草	*Silene gallica*	蝇子草属	*Silene*	石竹科 Caryophyllaceae	石竹科 Caryophyllaceae
第一卷	无瓣繁缕	*Stellaria pallida*	繁缕属	*Stellaria*	石竹科 Caryophyllaceae	石竹科 Caryophyllaceae
第一卷	杂配藜	*Chenopodium hybridum*	藜属	*Chenopodium*	藜科 Chenopodiaceae	苋科 Amaranthaceae
第一卷	铺地藜	*Dysphania pumilio*	腺毛藜属	*Dysphania*	藜科 Chenopodiaceae	苋科 Amaranthaceae
第一卷	土荆芥	*Dysphania ambrosioides*	腺毛藜属	*Dysphania*	藜科 Chenopodiaceae	苋科 Amaranthaceae
第一卷	华莲子草	*Alternanthera paronychioides*	莲子草属	*Alternanthera*	苋科 Amaranthaceae	苋科 Amaranthaceae

（续表）

卷册	种中文名	种拉丁名（学名）	属中文名	属拉丁名	恩格勒科名	APG IV 科名
第一卷	空心莲子草	*Alternanthera philoxeroides*	莲子草属	*Alternanthera*	苋科 Amaranthaceae	苋科 Amaranthaceae
第一卷	刺花莲子草	*Alternanthera pungens*	莲子草属	*Alternanthera*	苋科 Amaranthaceae	苋科 Amaranthaceae
第一卷	白苋	*Amaranthus albus*	苋属	*Amaranthus*	苋科 Amaranthaceae	苋科 Amaranthaceae
第一卷	北美苋	*Amaranthus blitoides*	苋属	*Amaranthus*	苋科 Amaranthaceae	苋科 Amaranthaceae
第一卷	凹头苋	*Amaranthus blitum*	苋属	*Amaranthus*	苋科 Amaranthaceae	苋科 Amaranthaceae
第一卷	假刺苋	*Amaranthus dubius*	苋属	*Amaranthus*	苋科 Amaranthaceae	苋科 Amaranthaceae
第一卷	绿穗苋	*Amaranthus hybridus*	苋属	*Amaranthus*	苋科 Amaranthaceae	苋科 Amaranthaceae
第一卷	长芒苋	*Amaranthus palmeri*	苋属	*Amaranthus*	苋科 Amaranthaceae	苋科 Amaranthaceae
第一卷	合被苋	*Amaranthus polygonoides*	苋属	*Amaranthus*	苋科 Amaranthaceae	苋科 Amaranthaceae
第一卷	鲍氏苋	*Amaranthus powellii*	苋属	*Amaranthus*	苋科 Amaranthaceae	苋科 Amaranthaceae
第一卷	反枝苋	*Amaranthus retroflexus*	苋属	*Amaranthus*	苋科 Amaranthaceae	苋科 Amaranthaceae
第一卷	刺苋	*Amaranthus spinosus*	苋属	*Amaranthus*	苋科 Amaranthaceae	苋科 Amaranthaceae
第一卷	糙果苋	*Amaranthus tuberculatus*	苋属	*Amaranthus*	苋科 Amaranthaceae	苋科 Amaranthaceae
第一卷	皱果苋	*Amaranthus viridis*	苋属	*Amaranthus*	苋科 Amaranthaceae	苋科 Amaranthaceae
第一卷	银花苋	*Gomphrena celosioides*	千日红属	*Gomphrena*	苋科 Amaranthaceae	苋科 Amaranthaceae
第一卷	番杏	*Tetragonia tetragonoides*	番杏属	*Tetragonia*	番杏科 Aizoaceae	番杏科 Aizoaceae
第一卷	垂序商陆	*Phytolacca americana*	商陆属	*Phytolacca*	商陆科 Phytolaccaceae	商陆科 Phytolaccaceae
第一卷	数珠珊瑚	*Rivina humilis*	数珠珊瑚属	*Rivina*	商陆科 Phytolaccaceae	商陆科 Phytolaccaceae

（续表）

卷册	种中文名	种拉丁名（学名）	属中文名	属拉丁名	恩格勒科名	APG IV 科名
第一卷	紫茉莉	*Mirabilis jalapa*	紫茉莉属	*Mirabilis*	紫茉莉科 Nyctaginaceae	紫茉莉科 Nyctaginaceae
第一卷	落葵薯	*Anredera cordifolia*	落葵薯属	*Anredera*	落葵科 Basellaceae	落葵科 Basellaceae
第一卷	土人参	*Talinum paniculatum*	土人参属	*Talinum*	马齿苋科 Portulacaceae	土人参科 Talinaceae
第一卷	毛马齿苋	*Portulaca pilosa*	马齿苋属	*Portulaca*	马齿苋科 Portulacaceae	马齿苋科 Portulacaceae
第一卷	仙人掌	*Opuntia dillenii*	仙人掌属	*Opuntia*	仙人掌科 Cactaceae	仙人掌科 Cactaceae
第一卷	梨果仙人掌	*Opuntia ficus-indica*	仙人掌属	*Opuntia*	仙人掌科 Cactaceae	仙人掌科 Cactaceae
第一卷	单刺仙人掌	*Opuntia monacantha*	仙人掌属	*Opuntia*	仙人掌科 Cactaceae	仙人掌科 Cactaceae
第三卷	小海绿	*Anagallis minima*	琉璃繁缕属	*Anagallis*	报春花科 Primulaceae	报春花科 Primulaceae
第三卷	山东丰花草	*Diodia teres*	双角草属	*Diodia*	茜草科 Rubiaceae	茜草科 Rubiaceae
第三卷	双角草	*Diodia virginiana*	双角草属	*Diodia*	茜草科 Rubiaceae	茜草科 Rubiaceae
第三卷	盖裂果	*Mitracarpus hirtus*	盖裂果属	*Mitracarpus*	茜草科 Rubiaceae	茜草科 Rubiaceae
第三卷	巴西墨苜蓿	*Richardia brasiliensis*	墨苜蓿属	*Richardia*	茜草科 Rubiaceae	茜草科 Rubiaceae
第三卷	墨苜蓿	*Richardia scabra*	墨苜蓿属	*Richardia*	茜草科 Rubiaceae	茜草科 Rubiaceae
第三卷	田茜	*Sherardia arvensis*	田茜属	*Sherardia*	茜草科 Rubiaceae	茜草科 Rubiaceae
第三卷	阔叶丰花草	*Spermacoce alata*	丰花草属	*Spermacoce*	茜草科 Rubiaceae	茜草科 Rubiaceae
第三卷	光叶丰花草	*Spermacoce remota*	丰花草属	*Spermacoce*	茜草科 Rubiaceae	茜草科 Rubiaceae
第三卷	长春花	*Catharanthus roseus*	长春花属	*Catharanthus*	夹竹桃科 Apocynaceae	夹竹桃科 Apocynaceae
第三卷	马利筋	*Asclepias curassavica*	马利筋属	*Asclepias*	萝藦科 Asclepiadaceae	夹竹桃科 Apocynaceae

（续表）

卷册	种中文名	种拉丁名（学名）	属中文名	属拉丁名	恩格勒科名	APG IV 科名
第三卷	琉璃苣	*Borago officinalis*	琉璃苣属	*Borago*	紫草科 Boraginaceae	紫草科 Boraginaceae
第三卷	聚合草	*Symphytum officinale*	聚合草属	*Symphytum*	紫草科 Boraginaceae	紫草科 Boraginaceae
第三卷	原野菟丝子	*Cuscuta campestris*	菟丝子属	*Cuscuta*	旋花科 Convolvulaceae	旋花科 Convolvulaceae
第三卷	亚麻菟丝子	*Cuscuta epilinum*	菟丝子属	*Cuscuta*	旋花科 Convolvulaceae	旋花科 Convolvulaceae
第三卷	短梗土丁桂	*Evolvulus nummularius*	土丁桂属	*Evolvulus*	旋花科 Convolvulaceae	旋花科 Convolvulaceae
第三卷	月光花	*Ipomoea alba*	番薯属	*Ipomoea*	旋花科 Convolvulaceae	旋花科 Convolvulaceae
第三卷	五爪金龙	*Ipomoea cairica*	番薯属	*Ipomoea*	旋花科 Convolvulaceae	旋花科 Convolvulaceae
第三卷	毛果甘薯	*Ipomoea cordatotriloba*	番薯属	*Ipomoea*	旋花科 Convolvulaceae	旋花科 Convolvulaceae
第三卷	裂叶牵牛	*Ipomoea hederacea*	番薯属	*Ipomoea*	旋花科 Convolvulaceae	旋花科 Convolvulaceae
第三卷	橙红茑萝	*Ipomoea coccinea*	番薯属	*Ipomoea*	旋花科 Convolvulaceae	旋花科 Convolvulaceae
第三卷	变色牵牛	*Ipomoea indica*	番薯属	*Ipomoea*	旋花科 Convolvulaceae	旋花科 Convolvulaceae
第三卷	瘤梗甘薯	*Ipomoea lacunosa*	番薯属	*Ipomoea*	旋花科 Convolvulaceae	旋花科 Convolvulaceae
第三卷	七爪龙	*Ipomoea mauritiana*	番薯属	*Ipomoea*	旋花科 Convolvulaceae	旋花科 Convolvulaceae
第三卷	牵牛	*Ipomoea nil*	番薯属	*Ipomoea*	旋花科 Convolvulaceae	旋花科 Convolvulaceae
第三卷	圆叶牵牛	*Ipomoea purpurea*	番薯属	*Ipomoea*	旋花科 Convolvulaceae	旋花科 Convolvulaceae
第三卷	茑萝	*Ipomoea quamoclit*	番薯属	*Ipomoea*	旋花科 Convolvulaceae	旋花科 Convolvulaceae
第三卷	三裂叶薯	*Ipomoea triloba*	番薯属	*Ipomoea*	旋花科 Convolvulaceae	旋花科 Convolvulaceae
第三卷	槭叶小牵牛	*Ipomoea wrightii*	番薯属	*Ipomoea*	旋花科 Convolvulaceae	旋花科 Convolvulaceae

（续表）

卷册	种中文名	种拉丁名（学名）	属中文名	属拉丁名	恩格勒科名	APG IV 科名
第三卷	苞叶小牵牛	*Jacquemontia tamnifolia*	小牵牛属	*Jacquemontia*	旋花科 Convolvulaceae	旋花科 Convolvulaceae
第三卷	块茎鱼黄草	*Merremia tuberosa*	鱼黄草属	*Merremia*	旋花科 Convolvulaceae	旋花科 Convolvulaceae
第三卷	毛曼陀罗	*Datura inoxia*	曼陀罗属	*Datura*	茄科 Solanaceae	茄科 Solanaceae
第三卷	洋金花	*Datura metel*	曼陀罗属	*Datura*	茄科 Solanaceae	茄科 Solanaceae
第三卷	曼陀罗	*Datura stramonium*	曼陀罗属	*Datura*	茄科 Solanaceae	茄科 Solanaceae
第三卷	假酸浆	*Nicandra physalodes*	假酸浆属	*Nicandra*	茄科 Solanaceae	茄科 Solanaceae
第三卷	苦蘵	*Physalis angulata*	酸浆属	*Physalis*	茄科 Solanaceae	茄科 Solanaceae
第三卷	灰绿酸浆	*Physalis grisea*	酸浆属	*Physalis*	茄科 Solanaceae	茄科 Solanaceae
第三卷	黏果酸浆	*Physalis ixocarpa*	酸浆属	*Physalis*	茄科 Solanaceae	茄科 Solanaceae
第三卷	灯笼果	*Physalis peruviana*	酸浆属	*Physalis*	茄科 Solanaceae	茄科 Solanaceae
第三卷	毛酸浆	*Physalis pubescens*	酸浆属	*Physalis*	茄科 Solanaceae	茄科 Solanaceae
第三卷	少花龙葵	*Solanum americanum*	茄属	*Solanum*	茄科 Solanaceae	茄科 Solanaceae
第三卷	牛茄子	*Solanum capsicoides*	茄属	*Solanum*	茄科 Solanaceae	茄科 Solanaceae
第三卷	北美刺龙葵	*Solanum carolinense*	茄属	*Solanum*	茄科 Solanaceae	茄科 Solanaceae
第三卷	黄果龙葵	*Solanum diphyllum*	茄属	*Solanum*	茄科 Solanaceae	茄科 Solanaceae
第三卷	银毛龙葵	*Solanum elaeagnifolium*	茄属	*Solanum*	茄科 Solanaceae	茄科 Solanaceae
第三卷	假烟叶树	*Solanum erianthum*	茄属	*Solanum*	茄科 Solanaceae	茄科 Solanaceae
第三卷	野烟树	*Solanum mauritianum*	茄属	*Solanum*	茄科 Solanaceae	茄科 Solanaceae

（续表）

卷册	种中文名	种拉丁名（学名）	属中文名	属拉丁名	恩格勒科名	APG IV 科名
第三卷	珊瑚樱	*Solanum pseudocapsicum*	茄属	*Solanum*	茄科 Solanaceae	茄科 Solanaceae
第三卷	黄花刺茄	*Solanum rostratum*	茄属	*Solanum*	茄科 Solanaceae	茄科 Solanaceae
第三卷	腺龙葵	*Solanum sarrachoides*	茄属	*Solanum*	茄科 Solanaceae	茄科 Solanaceae
第三卷	木龙葵	*Solanum scabrum*	茄属	*Solanum*	茄科 Solanaceae	茄科 Solanaceae
第三卷	蒜芥茄	*Solanum sisymbriifolium*	茄属	*Solanum*	茄科 Solanaceae	茄科 Solanaceae
第三卷	水茄	*Solanum torvum*	茄属	*Solanum*	茄科 Solanaceae	茄科 Solanaceae
第三卷	羽裂叶龙葵	*Solanum triflorum*	茄属	*Solanum*	茄科 Solanaceae	茄科 Solanaceae
第三卷	毛果茄	*Solanum viarum*	茄属	*Solanum*	茄科 Solanaceae	茄科 Solanaceae
第三卷	田玄参	*Bacopa repens*	假马齿苋属	*Bacopa*	玄参科 Scrophulariaceae	车前科 Plantaginaceae
第三卷	戟叶凯氏草	*Kickxia elatine*	凯氏草属	*Kickxia*	玄参科 Scrophulariaceae	车前科 Plantaginaceae
第三卷	伏胁花	*Mecardonia procumbens*	伏胁花属	*Mecardonia*	玄参科 Scrophulariaceae	车前科 Plantaginaceae
第三卷	野甘草	*Scoparia dulcis*	野甘草属	*Scoparia*	玄参科 Scrophulariaceae	车前科 Plantaginaceae
第三卷	轮叶离药草	*Stemodia verticillata*	离药草属	*Stemodia*	玄参科 Scrophulariaceae	车前科 Plantaginaceae
第三卷	直立婆婆纳	*Veronica arvensis*	婆婆纳属	*Veronica*	玄参科 Scrophulariaceae	车前科 Plantaginaceae
第三卷	常春藤婆婆纳	*Veronica hederifolia*	婆婆纳属	*Veronica*	玄参科 Scrophulariaceae	车前科 Plantaginaceae
第三卷	阿拉伯婆婆纳	*Veronica persica*	婆婆纳属	*Veronica*	玄参科 Scrophulariaceae	车前科 Plantaginaceae
第三卷	婆婆纳	*Veronica polita*	婆婆纳属	*Veronica*	玄参科 Scrophulariaceae	车前科 Plantaginaceae
第四卷	芒苞车前	*Plantago aristata*	车前属	*Plantago*	车前科 Plantaginaceae	车前科 Plantaginaceae

（续表）

卷册	种中文名	种拉丁名（学名）	属中文名	属拉丁名	恩格勒科名	APG IV 科名
第四卷	北美车前	*Plantago virginica*	车前属	*Plantago*	车前科 Plantaginaceae	车前科 Plantaginaceae
第三卷	圆叶母草	*Lindernia rotundifolia*	母草属	*Lindernia*	玄参科 Scrophulariaceae	母草科 Linderniaceae
第四卷	角胡麻	*Martynia annua*	角胡麻属	*Martynia*	角胡麻科 Martyniaceae	角胡麻科 Martyniaceae
第四卷	猫爪藤	*Dolichandra unguis-cati*	鹰爪藤属	*Dolichandra*	紫葳科 Bignoniaceae	紫葳科 Bignoniaceae
第三卷	马缨丹	*Lantana camara*	马缨丹属	*Lantana*	马鞭草科 Verbenaceae	马鞭草科 Verbenaceae
第三卷	蔓马缨丹	*Lantana montevidensis*	马缨丹属	*Lantana*	马鞭草科 Verbenaceae	马鞭草科 Verbenaceae
第三卷	南假马鞭	*Stachytarpheta australis*	假马鞭草属	*Stachytarpheta*	马鞭草科 Verbenaceae	马鞭草科 Verbenaceae
第三卷	假马鞭	*Stachytarpheta jamaicensis*	假马鞭草属	*Stachytarpheta*	马鞭草科 Verbenaceae	马鞭草科 Verbenaceae
第三卷	荨麻叶假马鞭	*Stachytarpheta cayennensis*	假马鞭草属	*Stachytarpheta*	马鞭草科 Verbenaceae	马鞭草科 Verbenaceae
第三卷	柳叶马鞭草	*Verbena bonariensis*	马鞭草属	*Verbena*	马鞭草科 Verbenaceae	马鞭草科 Verbenaceae
第三卷	长苞马鞭草	*Verbena bracteata*	马鞭草属	*Verbena*	马鞭草科 Verbenaceae	马鞭草科 Verbenaceae
第三卷	狭叶马鞭草	*Verbena brasiliensis*	马鞭草属	*Verbena*	马鞭草科 Verbenaceae	马鞭草科 Verbenaceae
第三卷	白毛马鞭草	*Verbena strista*	马鞭草属	*Verbena*	马鞭草科 Verbenaceae	马鞭草科 Verbenaceae
第二卷	朱唇	*Salvia coccinea*	鼠尾草属	*Salvia*	唇形科 Lamiaceae	唇形科 Lamiaceae
第三卷	椴叶鼠尾草	*Salvia tiliifolia*	鼠尾草属	*Salvia*	唇形科 Lamiaceae	唇形科 Lamiaceae
第三卷	短柄吊球草	*Hyptis brevipes*	吊球草属	*Hyptis*	唇形科 Lamiaceae	唇形科 Lamiaceae
第三卷	吊球草	*Hyptis rhomboidea*	吊球草属	*Hyptis*	唇形科 Lamiaceae	唇形科 Lamiaceae
第三卷	山香	*Hyptis suaveolens*	吊球草属	*Hyptis*	唇形科 Lamiaceae	唇形科 Lamiaceae

（续表）

卷册	种中文名	种拉丁名（学名）	属中文名	属拉丁名	恩格勒科名	APG IV 科名
第三卷	田野水苏	*Stachys arvensis*	水苏属	*Stachys*	唇形科 Lamiaceae	唇形科 Lamiaceae
第三卷	荆芥叶狮耳草	*Leonotis nepetifolia*	狮耳草属	*Leonotis*	唇形科 Lamiaceae	唇形科 Lamiaceae
第四卷	马醉草	*Hippobroma longiflora*	马醉草属	*Hippobroma*	桔梗科 Campanulaceae	桔梗科 Campanulaceae
第四卷	异檐花	*Triodanis perfoliata*	异檐花属	*Triodanis*	桔梗科 Campanulaceae	桔梗科 Campanulaceae
第四卷	卵叶异檐花	*Triodanis perfoliata* subsp. *biflora*	异檐花属	*Triodanis*	桔梗科 Campanulaceae	桔梗科 Campanulaceae
第四卷	刺苞果	*Acanthospermum hispidum*	刺苞果属	*Acanthospermum*	菊科 Asteraceae	菊科 Asteraceae
第四卷	天文草	*Acmella ciliata*	金钮扣属	*Acmella*	菊科 Asteraceae	菊科 Asteraceae
第四卷	桂圆菊	*Acmella oleracea*	金钮扣属	*Acmella*	菊科 Asteraceae	菊科 Asteraceae
第四卷	白头金钮扣	*Acmella radicans*	金钮扣属	*Acmella*	菊科 Asteraceae	菊科 Asteraceae
第四卷	白花金钮扣	*Acmella radicans* var. *debilis*	金钮扣属	*Acmella*	菊科 Asteraceae	菊科 Asteraceae
第四卷	沼生金钮扣	*Acmella uliginosa*	金钮扣属	*Acmella*	菊科 Asteraceae	菊科 Asteraceae
第四卷	紫茎泽兰	*Ageratina adenophora*	紫茎泽兰属	*Ageratina*	菊科 Asteraceae	菊科 Asteraceae
第四卷	河岸泽兰	*Ageratina riparia*	紫茎泽兰属	*Ageratina*	菊科 Asteraceae	菊科 Asteraceae
第四卷	藿香蓟	*Ageratum conyzoides*	藿香蓟属	*Ageratum*	菊科 Asteraceae	菊科 Asteraceae
第四卷	熊耳草	*Ageratum houstonianum*	藿香蓟属	*Ageratum*	菊科 Asteraceae	菊科 Asteraceae
第四卷	豚草	*Ambrosia artemisiifolia*	豚草属	*Ambrosia*	菊科 Asteraceae	菊科 Asteraceae
第四卷	裸穗豚草	*Ambrosia psilostachya*	豚草属	*Ambrosia*	菊科 Asteraceae	菊科 Asteraceae
第四卷	三裂叶豚草	*Ambrosia trifida*	豚草属	*Ambrosia*	菊科 Asteraceae	菊科 Asteraceae

（续表）

卷册	种中文名	种拉丁名（学名）	属中文名	属拉丁名	恩格勒科名	APG IV 科名
第四卷	南泽兰	*Austroeupatorium inulifolium*	南泽兰属	*Austroeupatorium*	菊科 Asteraceae	菊科 Asteraceae
第四卷	白花鬼针草	*Bidens alba*	鬼针草属	*Bidens*	菊科 Asteraceae	菊科 Asteraceae
第四卷	婆婆针	*Bidens bipinnata*	鬼针草属	*Bidens*	菊科 Asteraceae	菊科 Asteraceae
第四卷	大狼杷草	*Bidens frondosa*	鬼针草属	*Bidens*	菊科 Asteraceae	菊科 Asteraceae
第四卷	芳香鬼针草	*Bidens odorata*	鬼针草属	*Bidens*	菊科 Asteraceae	菊科 Asteraceae
第四卷	三叶鬼针草	*Bidens pilosa*	鬼针草属	*Bidens*	菊科 Asteraceae	菊科 Asteraceae
第四卷	南美鬼针草	*Bidens subalternans*	鬼针草属	*Bidens*	菊科 Asteraceae	菊科 Asteraceae
第四卷	多苞狼杷草	*Bidens vulgata*	鬼针草属	*Bidens*	菊科 Asteraceae	菊科 Asteraceae
第四卷	金腰箭舅	*Calyptocarpus vialis*	金腰箭舅属	*Calyptocarpus*	菊科 Asteraceae	菊科 Asteraceae
第四卷	矢车菊	*Centaurea cyanus*	矢车菊属	*Centaurea*	菊科 Asteraceae	菊科 Asteraceae
第四卷	铺散矢车菊	*Centaurea diffusa*	矢车菊属	*Centaurea*	菊科 Asteraceae	菊科 Asteraceae
第四卷	苹果蓟	*Centratherum punctatum* subsp. *fruticosum*	苹果蓟属	*Centratherum*	菊科 Asteraceae	菊科 Asteraceae
第四卷	飞机草	*Chromolaena odorata*	飞机草属	*Chromolaena*	菊科 Asteraceae	菊科 Asteraceae
第四卷	菊苣	*Cichorium intybus*	菊苣属	*Cichorium*	菊科 Asteraceae	菊科 Asteraceae
第四卷	香丝草	*Conyza bonariensis*	白酒草属	*Conyza*	菊科 Asteraceae	菊科 Asteraceae
第四卷	小蓬草	*Conyza canadensis*	白酒草属	*Conyza*	菊科 Asteraceae	菊科 Asteraceae
第四卷	苏门白酒草	*Conyza sumatrensis*	白酒草属	*Conyza*	菊科 Asteraceae	菊科 Asteraceae
第四卷	大花金鸡菊	*Coreopsis grandiflora*	金鸡菊属	*Coreopsis*	菊科 Asteraceae	菊科 Asteraceae

（续表）

卷册	种中文名	种拉丁名（学名）	属中文名	属拉丁名	恩格勒科名	APG IV 科名
第四卷	剑叶金鸡菊	*Coreopsis lanceolata*	金鸡菊属	*Coreopsis*	菊科 Asteraceae	菊科 Asteraceae
第四卷	两色金鸡菊	*Coreopsis tinctoria*	金鸡菊属	*Coreopsis*	菊科 Asteraceae	菊科 Asteraceae
第四卷	秋英	*Cosmos bipinnatus*	秋英属	*Cosmos*	菊科 Asteraceae	菊科 Asteraceae
第四卷	硫磺菊	*Cosmos sulphureus*	秋英属	*Cosmos*	菊科 Asteraceae	菊科 Asteraceae
第四卷	南方山芫荽	*Cotula australis*	山芫荽属	*Cotula*	菊科 Asteraceae	菊科 Asteraceae
第四卷	野茼蒿	*Crassocephalum crepidioides*	野茼蒿属	*Crassocephalum*	菊科 Asteraceae	菊科 Asteraceae
第四卷	蓝花野茼蒿	*Crassocephalum rubens*	野茼蒿属	*Crassocephalum*	菊科 Asteraceae	菊科 Asteraceae
第四卷	屋根草	*Crepis tectorum*	还阳参属	*Crepis*	菊科 Asteraceae	菊科 Asteraceae
第四卷	假苍耳	*Cyclachaena xanthiifolia*	假苍耳属	*Cyclachaena*	菊科 Asteraceae	菊科 Asteraceae
第四卷	白花地胆草	*Elephantopus tomentosus*	地胆草属	*Elephantopus*	菊科 Asteraceae	菊科 Asteraceae
第四卷	离药金腰箭	*Eleutheranthera ruderalis*	离药金腰箭属	*Eleutheranthera*	菊科 Asteraceae	菊科 Asteraceae
第四卷	缨绒花	*Emilia fosbergii*	一点红属	*Emilia*	菊科 Asteraceae	菊科 Asteraceae
第四卷	粉黄缨绒花	*Emilia praetermissa*	一点红属	*Emilia*	菊科 Asteraceae	菊科 Asteraceae
第四卷	梁子菜	*Erechtites hieraciifolius*	菊芹属	*Erechtites*	菊科 Asteraceae	菊科 Asteraceae
第四卷	菊芹	*Erechtites valerianifolius*	菊芹属	*Erechtites*	菊科 Asteraceae	菊科 Asteraceae
第四卷	一年蓬	*Erigeron annuus*	飞蓬属	*Erigeron*	菊科 Asteraceae	菊科 Asteraceae
第四卷	类雏菊飞蓬	*Erigeron bellioides*	飞蓬属	*Erigeron*	菊科 Asteraceae	菊科 Asteraceae
第四卷	加勒比飞蓬	*Erigeron karvinskianus*	飞蓬属	*Erigeron*	菊科 Asteraceae	菊科 Asteraceae

（续表）

卷册	种中文名	种拉丁名（学名）	属中文名	属拉丁名	恩格勒科名	APG Ⅳ 科名
第四卷	春飞蓬	*Erigeron philadelphicus*	飞蓬属	*Erigeron*	菊科 Asteraceae	菊科 Asteraceae
第四卷	粗糙飞蓬	*Erigeron strigosus*	飞蓬属	*Erigeron*	菊科 Asteraceae	菊科 Asteraceae
第四卷	黄顶菊	*Flaveria bidentis*	黄顶菊属	*Flaveria*	菊科 Asteraceae	菊科 Asteraceae
第四卷	天人菊	*Gaillardia pulchella*	天人菊属	*Gaillardia*	菊科 Asteraceae	菊科 Asteraceae
第四卷	牛膝菊	*Galinsoga parviflora*	牛膝菊属	*Galinsoga*	菊科 Asteraceae	菊科 Asteraceae
第四卷	粗毛牛膝菊	*Galinsoga quadriradiata*	牛膝菊属	*Galinsoga*	菊科 Asteraceae	菊科 Asteraceae
第四卷	里白合冠鼠麹草	*Gamochaeta coarctata*	合冠鼠麹草属	*Gamochaeta*	菊科 Asteraceae	菊科 Asteraceae
第四卷	匙叶合冠鼠麹草	*Gamochaeta pensylvanica*	合冠鼠麹草属	*Gamochaeta*	菊科 Asteraceae	菊科 Asteraceae
第四卷	合冠鼠麹草	*Gamochaeta purpurea*	合冠鼠麹草属	*Gamochaeta*	菊科 Asteraceae	菊科 Asteraceae
第四卷	胶菀	*Grindelia squarrosa*	胶菀属	*Grindelia*	菊科 Asteraceae	菊科 Asteraceae
第四卷	裸冠菊	*Gymnocoronis spilanthoides*	裸冠菊属	*Gymnocoronis*	菊科 Asteraceae	菊科 Asteraceae
第四卷	堆心菊	*Helenium autumnale*	堆心菊属	*Helenium*	菊科 Asteraceae	菊科 Asteraceae
第四卷	紫心菊	*Helenium flexuosum*	堆心菊属	*Helenium*	菊科 Asteraceae	菊科 Asteraceae
第四卷	菊芋	*Helianthus tuberosus*	向日葵属	*Helianthus*	菊科 Asteraceae	菊科 Asteraceae
第四卷	白花猫儿菊	*Hypochaeris albiflora*	猫儿菊属	*Hypochaeris*	菊科 Asteraceae	菊科 Asteraceae
第四卷	智利猫儿菊	*Hypochaeris chillensis*	猫儿菊属	*Hypochaeris*	菊科 Asteraceae	菊科 Asteraceae
第四卷	光猫儿菊	*Hypochaeris glabra*	猫儿菊属	*Hypochaeris*	菊科 Asteraceae	菊科 Asteraceae
第四卷	假蒲公英猫儿菊	*Hypochaeris radicata*	猫儿菊属	*Hypochaeris*	菊科 Asteraceae	菊科 Asteraceae

（续表）

卷册	种中文名	种拉丁名（学名）	属中文名	属拉丁名	恩格勒科名	APG IV 科名
第四卷	野莴苣	*Lactuca serriola*	莴苣属	*Lactuca*	菊科 Asteraceae	菊科 Asteraceae
第四卷	糙毛狮齿菊	*Leontodon hispidus*	狮齿菊属	*Leontodon*	菊科 Asteraceae	菊科 Asteraceae
第四卷	滨菊	*Leucanthemum vulgare*	滨菊属	*Leucanthemum*	菊科 Asteraceae	菊科 Asteraceae
第四卷	微甘菊	*Mikania micrantha*	假泽兰属	*Mikania*	菊科 Asteraceae	菊科 Asteraceae
第四卷	银胶菊	*Parthenium hysterophorus*	银胶菊属	*Parthenium*	菊科 Asteraceae	菊科 Asteraceae
第四卷	伏生香檬菊	*Pectis prostrata*	香檬菊属	*Pectis*	菊科 Asteraceae	菊科 Asteraceae
第四卷	美洲阔苞菊	*Pluchea carolinensis*	阔苞菊属	*Pluchea*	菊科 Asteraceae	菊科 Asteraceae
第四卷	翼茎阔苞菊	*Pluchea sagittalis*	阔苞菊属	*Pluchea*	菊科 Asteraceae	菊科 Asteraceae
第四卷	点叶菊	*Porophyllum ruderale*	点叶菊属	*Porophyllum*	菊科 Asteraceae	菊科 Asteraceae
第四卷	假臭草	*Praxelis clematidea*	假臭草属	*Praxelis*	菊科 Asteraceae	菊科 Asteraceae
第四卷	假地胆草	*Pseudelephantopus spicatus*	假地胆草属	*Pseudelephantopus*	菊科 Asteraceae	菊科 Asteraceae
第四卷	欧洲千里光	*Senecio vulgaris*	千里光属	*Senecio*	菊科 Asteraceae	菊科 Asteraceae
第四卷	串叶松香草	*Silphium perfoliatum*	松香草属	*Silphium*	菊科 Asteraceae	菊科 Asteraceae
第四卷	水飞蓟	*Silybum marianum*	水飞蓟属	*Silybum*	菊科 Asteraceae	菊科 Asteraceae
第四卷	包果菊	*Smallanthus uvedalia*	包果菊属	*Smallanthus*	菊科 Asteraceae	菊科 Asteraceae
第四卷	加拿大一枝黄花	*Solidago canadensis*	一枝黄花属	*Solidago*	菊科 Asteraceae	菊科 Asteraceae
第四卷	裸柱菊	*Soliva anthemifolia*	裸柱菊属	*Soliva*	菊科 Asteraceae	菊科 Asteraceae
第四卷	翅果裸柱菊	*Soliva sessilis*	裸柱菊属	*Soliva*	菊科 Asteraceae	菊科 Asteraceae
第四卷	续断菊	*Sonchus asper*	苦苣菜属	*Sonchus*	菊科 Asteraceae	菊科 Asteraceae

（续表）

卷册	种中文名	种拉丁名（学名）	属中文名	属拉丁名	恩格勒科名	APG IV 科名
第四卷	南美蟛蜞菊	*Sphagneticola trilobata*	蟛蜞菊属	*Sphagneticola*	菊 科 Asteraceae	菊 科 Asteraceae
第四卷	钻叶紫菀	*Symphyotrichum subulatum*	联毛紫菀属	*Symphyotrichum*	菊 科 Asteraceae	菊 科 Asteraceae
第四卷	金腰箭	*Synedrella nodiflora*	金腰箭属	*Synedrella*	菊 科 Asteraceae	菊 科 Asteraceae
第四卷	万寿菊	*Tagetes erecta*	万寿菊属	*Tagetes*	菊 科 Asteraceae	菊 科 Asteraceae
第四卷	印加孔雀草	*Tagetes minuta*	万寿菊属	*Tagetes*	菊 科 Asteraceae	菊 科 Asteraceae
第四卷	伞房匹菊	*Tanacetum parthenifolium*	菊蒿属	*Tanacetum*	菊 科 Asteraceae	菊 科 Asteraceae
第四卷	药用蒲公英	*Taraxacum officinale*	蒲公英属	*Taraxacum*	菊 科 Asteraceae	菊 科 Asteraceae
第四卷	光耀藤	*Tarlmounia elliptica*	光耀藤属	*Tarlmounia*	菊 科 Asteraceae	菊 科 Asteraceae
第四卷	肿柄菊	*Tithonia diversifolia*	肿柄菊属	*Tithonia*	菊 科 Asteraceae	菊 科 Asteraceae
第四卷	长喙婆罗门参	*Tragopogon dubius*	婆罗门参属	*Tragopogon*	菊 科 Asteraceae	菊 科 Asteraceae
第四卷	羽芒菊	*Tridax procumbens*	羽芒菊属	*Tridax*	菊 科 Asteraceae	菊 科 Asteraceae
第四卷	北美苍耳	*Xanthium chinense*	苍耳属	*Xanthium*	菊 科 Asteraceae	菊 科 Asteraceae
第四卷	意大利苍耳	*Xanthium italicum*	苍耳属	*Xanthium*	菊 科 Asteraceae	菊 科 Asteraceae
第四卷	刺苍耳	*Xanthium spinosum*	苍耳属	*Xanthium*	菊 科 Asteraceae	菊 科 Asteraceae
第四卷	多花百日菊	*Zinnia peruviana*	百日菊属	*Zinnia*	菊 科 Asteraceae	菊 科 Asteraceae
第三卷	细叶旱芹	*Cyclospermum leptophyllum*	细叶旱芹属	*Cyclospermum*	伞形科 Umbelliferae	伞形科 Umbelliferae
第三卷	野胡萝卜	*Daucus carota*	胡萝卜属	*Daucus*	伞形科 Umbelliferae	伞形科 Umbelliferae
第三卷	刺芹	*Eryngium foetidum*	刺芹属	*Eryngium*	伞形科 Umbelliferae	伞形科 Umbelliferae
第三卷	南美天胡荽	*Hydrocotyle verticillata*	天胡荽属	*Hydrocotyle*	伞形科 Umbelliferae	伞形科 Umbelliferae

中文名索引

学名索引

总索引

中文名索引

学名索引